KB098381

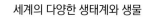

세계의 다양한 생태계와 생물

김기태

세계의 다양한 생태계와 생물

채륜

일러두기

1. 이 책은 『자연보호』지와 『내수 및 하구 생태학』 등에서 다룬 내용이 주류를 이루고 있다.
2. 참고문헌은 직결된 것만 수록하였고, 실험이나 답사가 따르지 못한 것은 백과사전 또는 조사 지역의 정보를 활용하였다.
3. 이 책에 수록된 사진은 필자가 직접 촬영한 것이다.

머리말

    세계의 자연을 살펴보면, 지난 수십 년 사이에 산자수명하던 산천초목의 자연은 온데간데없고, 그 자리에는 많은 인총이 늘어나 도시가 들어서고 도로가 건설되는가 하면, 산업단지가 형성되고, 골프장이 들어서고, 레져 타운 또는 스키장이 건설되어 자연 환경의 변화가 불가피하게 되었다.

    따라서 논과 밭의 평야가 사라지고 야산이 없어지는가 하면, 울창하던 자연림이 개발이라는 명목으로 훼손되었다. 이렇듯 녹색 식물의 양은 감소된 반면, 자동차의 홍수 속에 탄산가스의 배출량은 기하급수적으로 늘어났다. 이것은 지구의 온난화 현상이 주역으로 기후 변화의 요인이 되고 있다. 이러한 현상이 인류에게 어떤 영향을 가져 올지 현재로서는 예측하기 어렵지만, 지구환경에 커다란 변화를 예고하고 있음은 틀림없다.

    북극에 쌓여 있던 만년설과 빙하가 녹기 시작하여 막혔던 북극해의 항로가 열리고, 남극대륙의 커다란 빙하가 유빙이 되어 남극 바다에 떠돌게 되었다. 방대한 얼음이 물로 변해서 대양의 수위가 높아지고 해안가에 찬란하게 물질문명을 누리고 있는 대도시가 침수의 위험에 처하게 되었다.

    인생살이야 길어야 백 년 정도라고 하지만 지구역사에서 백 년이란 눈 깜짝할 시간에 불과 한 것이고, 인류문명 역시 유구한 항성의 역사로 본다면 찰나에 불과할 뿐이다. 이러한 우주의 자연 속, 별들의 세계에서 나고 지는 생물의 세계는 조그마한 이벤트에 불과하지 않겠는가.

그러나 지난 수십 년간 지구는 많이 변했고, 인류는 과학기술에 취하여 비틀거리면서 자연, 자연생태계, 자연스러운 환경을 그리워하기 시작하였다. 그간 인간은 무소불위無所不爲의 과학기술을 앞장 세워 궁핍함에서 벗어나 부유함을 누리며, 질병을 정복해 왔으며, 자연을 훼손하며 유린해 왔다. 이는 인간이 인간 중심의 안락과 편안함, 복지와 행복, 그리고 향락을 누리며 살고 있는 것이다. 그러나 그러면 그럴수록 인간의 행복지수는 떨어지고 절망과 시련의 골은 깊어져 가고 있다.

세계적인 변천의 흐름 속에서 과학 기술의 발전은 눈부실 정도이다. 우리나라의 발전상만 보더라도, 에너지 소비가 세계 10위권 이내의 강국으로 부상하는 반면, 자연의 변화도 상전벽해처럼 이루어졌다. 피폐했던 자연에서부터 눈부신 녹화 사업도 이루어졌으나 산업 발전은 산자수명한 강물, 깨끗한 호수의 물 그리고 청정한 바닷물에 이르기까지 엄청난 변화를 만들어 냈다.

1950년대의 산천. 우리나라의 자연은 산이 많고 계곡이 많은 심산유곡의 원시림을 지니고 있었으나 일제와 제2차 대전의 민족 수난기를 거쳐 6·25 사변으로 인하여 산림 자원이 황폐될 대로 황폐된 벌거숭이의 산이었다. 그러나 하천의 담수오염과 바다의 해양오염에 대해서는 전혀 거론되지 않던 시대였다.

1960년대의 산천은 전란 후의 폐허 속에서 식목에 전력투구하는 과정이었다. 그러나 산천은 여전히 공허했고, 홍수와 산사태의 피해는 연중행사처럼 발생하고 있었다. 공업화의 초기 단계로 하천 오염이 시작되었으나 많이 거론되지 않았고 사회적으로도 아무런 문제가 제기되지 않았다. 산천의 물은 여전히 어느 정도 맑고 깨끗하였고, 역시 해양오염을 거의 인식하지 못하고 살던 시기였다.

1970년대는 국가 발전을 위하여 혼신의 노력이 경주되던 시절로서 식목에도 박차를 가했으며, 산천의 녹화가 조금씩 회복되기 시작하던 시절이다. 그러나 공업화의 국가 시책에 따라 하천 오염이 시작되었으며, 진해·마산만의 공업화에 따른 해양오염으로 적조현상이 발생하기 시작하였다. 그 당시는 오로지 수출만이 살 길이었고, 해양오염 같은 자연의 변화에 대해서는 신경을 쓰지 못하였다.

1980년대와 1990년대의 산천은 식목의 효과가 나타나기 시작하여 녹화가 어느 정도 정착되었다. 꾸준한 노력으로 녹화 사업은 상당히 성공적으로 진전되어 벌거숭이산은 없어졌으나, 녹화의 세력은 미약하였다. 하천의 수질이 급속하게 악화되어, 수질 오염의 방지책을 수립하기 시작하였으나 이미 사후약방문격이었다.

자동차 산업을 비롯한 다양한 중공업의 발달로 도로의 확대와 해안

공업단지의 조성으로 환경 공해가 가중되었다. 하천의 맑고 깨끗한 물은 사라지고, 수질 오염으로 인해 먹고 마시는 물까지 위협을 받아, 마시는 샘물이 시판되기 시작하였다. 바닷물도 악화되어 적조현상이 두드러졌다.

2000년대의 산천은 격세지감을 느낄 만큼 많은 변화가 이루어졌다. 교통망의 발달로 발이 닿지 않던 산간벽지가 없어지면서 자연경관이 서로 달랐던 도시, 농촌, 산간의 차이가 거의 사라진 현실이다. 반면에 자연을 관리하기 시작하여, 상수원을 보호하고 해양오염에도 신경을 쓰면서 자연보호를 중요한 시책으로 삼게 되었다.

2010년대부터는 우리나라만이 누릴 수 있는 자연환경 중에 전 세계의 생태학자 뿐 아니라 많은 사람들의 이목을 끌 수 있는 비무장지대 DMZ의 자연환경을 주목하기 시작하였다. 1953년 한국전쟁이 휴전됨으로서 60여년 이상 북위 38°선에 사람의 발길이 닿지 않은 "있는 그대로"의 자연생태공원이 형성된 것이다. 면적은 폭 4km 길이 248km의 방대한 면적으로 강, 호수, 바다, 산림, 늪지 등을 두루 갖춘 아주 특수한 생태지역이다.

반세기이상 각종 동식물이 자유로운 번식으로 종의 다양성이 크며, 자연생태계의 변천과정을 관찰, 조사, 연구할 수 있는 천혜의 자연생태인 동시에 친자연적인 휴식공간이 될 수 있는 곳이며 생물자원의 보고이기도 하다. 전쟁의 공포에서 벗어나 전 세계의 모든 사람들에게 평화와 안식과 건강을 선사하는 평화의 공원이 이루어 질 수 있는 공간이다.

광복과 동란의 격동기를 거치면서 피폐된 산림을 살리기 위하여 식목일까지 정하면서 녹화에 전심전력을 다 해온 결과, 녹화는 성공적으로 이루어졌으나, 새로운 국면의 환경 공해, 지구의 온난화 현상과 기상이변이 등장하기 시작하였다.

최근 몇 년의 기상적인 추세를 보면, 기후가 변해가고 있음을 알 수 있다. 겨울의 모진 추위가 누그러진 반면에 여름철은 몹시 더워졌다. 매머드 산업 단지는 막대한 열을 대기 중으로 발산하고 있으며, 각종 난방 기구는 대도시의 공기를 덥히고 있다. 넓은 도로의 아스팔트는 폭염의 열을 되뿜어 내고 있다.

그리고 자동차는 뜨겁지 않은 난로와 같이 작용하면서 도심의 기온을 시골의 기온보다 유의성이 있을 만큼 높이고 있다. 예로서 극심한 가뭄으로 가로수는 물론, 산천의 초목까지 시들어 간 경우도 있다. 이렇듯 산자수명하던 환경은 많이 변화되었고, 사람의 마음도 많이 각박해지고, 스트레스와 성인병으로 시달림을 받는 사람의 수가 급증하고 있다.

풍요로운 물질 환경을 위한 산업 발전도 중요하지만 사람이 살아가는 환경이 더욱 중요하다. 자연이 변하면서 사람들의 안식처는 위협당하고, 그 생활이 불안해지고 있다. 최근 몇 년동안 지구상에서 일어나고 있는 기록적인 기상 변화에 따른 환경 변화는 사람의 마음과 생활을 당황하게 하고 있다.

산천초목의 건강이 사람의 건강이며, 물과 공기는 생명과 직결되어 있는 최우선 요소들이다. 우리가 건강하게 살려면 자연을 알아야 하고, 피폐해져가는 자연을 살려야 한다. 있는 그대로의 자연을 보존하고 보호하는 것이 가장 좋은 자연 보전의 방책이다. 무엇보다도 훼손된 다양한 종류의 물과 산천초목을 건강하게 살리는 것이 중요하다.

지구 생태계를 논하는 데는 여러 가지 방법론이 있다. 그 중의 하나는 지구의 권역에 따라 또는 생물의 생활권에 따라 열대, 아열대, 온대, 아한대, 한대, 동토대, 사막, 초원, 밀림 또는 강, 호수, 바다, 산, 고원, 평야, 계곡 등으로 다양하게 볼 수 있다. 어떻든 지구의 생태계는 대단히 방대하고 다양하기만 하다.

따라서 세계의 다양한 자연생태계를 논하는 것은 매우 어렵다. 왜소하지만 필자가 비교적 오랜 세월, 세계의 여러 곳을 답사하며 관찰 조사한 생물과 환경에 대한 것을 기술하여 생물학에 관심이 있는 분들과 이 분야를 공부하는 젊은이들에게 전하고자 하며, 다른 한편으로는 건강과 자연에 대한 글을 수록함으로써 연령과 분야를 불문하고 폭 넓게 활용될 수 있게 하였다.

찬란한 기계 문명 속에서 살고 있는 우리에게 자연과 자연생태계는 중요할 뿐만 아니라, 매력적이고 흥미로운 주제이기도 하고 피할 수 없는 생활 환경이기도 하다. 필자가 2008년에 발행한 『세계의 바다와 해양생물』에서는 전적으로 바다만을 다루려고 하였으나 불가피하게 육상과 내수에 대해서 다소 논한 부분이 있다. 이 책에서는 육상 생태와 내수 및 하구생태를 주로 다루고 있으나, 해양 생태도 다소 포함시킴으로서 지구 생태계 전반에 대하여 다루었다. 그러나 두 책은 극명하게 다른 연구 영역을 지니고 있다.

하루가 다르게 발전하며 변화하고 있는 초고속의 세상에서 뒷전에 있는 자연 생태에 대하여 관심을 가지고 원고를 수주해서 좋은 책으로 만들어 주신 채륜의 구성원분들에게 감사한다.

2016년 여름의 끝자락
김기태

차례

3장 북미의 자연환경과 생물

4장 중남미의 자연환경과 생물

5장 유럽의 자연환경과 생물

1장

자연보호의 중요성

1. 세계의 다양한 자연과 생물

지구는 우주나 태양계에 비교하면 보잘 것 없이 작은 유성이지만, 생명체를 지니고 있는 아주 독특하고 유일무이한 별로, 생물의 세계에서는 대단히 다양한 생태계를 이루며, 우리 인간에게는 무한광대한 생활공간이 되고 있다.

지구 환경을 위도 상으로 나누어보면 크게 한대, 온대, 열대 지방으로 나누어 볼 수 있고, 그 속에서 다시 세분되어 아한대, 아열대 등과 같이 나누어진다.

대체적인 관점으로 지구환경은 뭍과 물, 즉 육지와 바다로 나뉘어진다. 뭍과 물은 다양한 생물 환경을 가지고 있고, 그 다양한 생물 환경에는 다양한 생태계가 내포되어 있다. 다시 말해서, 담수, 기수, 해수 등에 의해 자연생태계가 나눠지며 여기에서도 하구 생태계, 또는 호수 생태계와 같이 세분화될 수 있다.

지구는 태양과 접하는 시공간과 강우량에 따라 생태계는 지대한 영향을 받는데, 이것에 따라서 사막, 초원, 밀림, 또는 열대림 등의 생태계가 형성되며, 살아가는 생물의 환경적 성격과 지역적 또는 위도적 성격이 전개된다.

지구의 표면은 기복이 심하여 고저가 나타나는 정도에 따라 생태계가 다르게 형성된다. 지구상에는 히말라야 산맥, 안데스 산맥, 로키 산맥, 맥킨리, 알프스, 킬리만자로 같은 고산이 있는가 하면, 바다 속에는 필리핀 해구를 비롯하여 깊은 해연이 곳곳에 있으며, 때로는 해구를 이루고 있기도 한다. 산악의 고저에 따라서 기온의 차이가 심하게 나타나고 심해 자연 환경은 또 다른 생태계를 전개하는 것이다.

바닷물 속에서도 수심의 깊이에 따라 해양 생물의 서식 환경이 전혀 다르다. 수심 200m까지는 광합성이 원활하게 이루어지는 광 투과의 수층이지만 그 밑의 수층은 암흑의 차갑고 무거운 거대한 물 덩어리이다. 따라서 여기에서 생존하는 생물은 아주 특수한 기능을 지닌 심해 상어 류, 전기뱀장어, 또는 눈이 퇴화되어 없는 어류가 생존하고 있다.

풍부한 강우량과 강렬한 태양 광선에 따라서 형성되는 열대의 밀림 지역이 있다. 이곳에서는 수많은 생물이 경쟁적으로 나고 지는 자연생태계가 펼쳐진다. 따라서 생물의 종도 많으며 생체량도 폭발적으로 생성된다.

반면에 사하라사막같이 몇 년 동안 빗방울하나 떨어지지 않는 절대 불모지가 있다. 이와 같은 사막은 지구상의 도처에 산재해 있다. 그래도 그 곳에는 아주 특수한 생물들이 살아가고 있다. 비록 생체량은 보잘것 없이 적지만 밤의 이슬에 의존하여 생명을 유지하는 사막식물도 있다.

중국의 서북쪽인 신강성은 거의 사막지대이다. 그 중에 투루판근처에는 사암석으로 된 절대 불모지인 화염산이라는 사막 산이 있다. 이 산의 높이는 1,000m 이하이지만 면적상으로는 폭이 대략 10km이고 길이가 100km에 이르는데 여름철의 기온이 대단히 높아 보통 60℃이며 최고 온도 일 때는 무려 81.4℃까지 올라간다. 비가 내리지 않는 이런 환경에서 생명이 어떻게 존재할 수 있겠는가. 그러나 이곳에도 지하수가 있고 그 물로 인하여 오아시스마을이 형성되어 있다. 이런 곳에서 생산되는 포도 같은 과수는 대단히 당도가 높으며 맛이 뛰어 나다. 물이 존재한다는 것은 식물뿐 만아니라 모든 생물이 생존할 수 있는 근원이 되는 것이다.

이와 같이 다양한 생물환경에 따라 수많은 생태계가 형성되며 다양한 생물의 세계가 펼쳐진다. 생물학 또는 생태학이라고 쉽게 부르지만, 사실 그 안의 연구 범위는 대단히 광범위하고 복잡한 것이다.

2. 자연보호는 녹화운동으로부터

산과 들에는 초목이 어우러진 푸름이, 그리고 바다와 강에는 눈에 보이지 않는 녹색의 작은 생명체가 가득하여 푸름을 내뿜으면서 다양하고 조화로운 생물의 세계가 펼쳐지고 있다.

태양 에너지를 활용하는 녹색 식물의 출현은 지구상에서 가장 중요한 녹색혁명이었다. 녹색 식물은 탄산가스(CO_2)를 흡수하여 산소를 발생함과 동시에, 대부분의 모든 생물체에게 생활 에너지를 공급한다.

사람이 극상을 이루고 있는 지구에서 산소는 인간들에게 곧 생명으로서, 산소 없이는 잠시의 생존도 허용되지 않는다. 산소의 부족 내지 오염 현상은 잠재적인 살인, 즉 인간을 서서히 활력을 잃게 하고 결국 죽음에 이르게 한다. 이러한 각종 오염을 자정하거나 정화하는 작용은 절대적으로 녹색 식물의 기능에 의존한다.

1) 우리나라의 수목

우리나라의 수목은 6.25 한국전쟁을 지나면서 거의 완전히 황폐화되었다. 그 전까지 우리나라 수목의 우점종dominant species이었던 소나무가 숲을 이뤄 도처에 울창했었다. 그러나 사변은 각종 벌목과 더불어 생태적인 환경 조건을 악화시킴으로써 수목의 자생력을 여지없이 짓밟았고, 이로 인해 1950~1960년대의 우리나라는 목불인견目不忍見에 가까울 정도의 벌거숭이 산천으로 전락되었다. 또한 이 당시 비일 비재했던 산사태와 홍수로 인한 피해도 컸다.

전화戰禍의 상처 속에서도 식수와 녹화운동은 전국적으로 끊임없이 펼쳐졌고, 그 엄청난 노력은 지금도 계속되고 있다. 이러한 노력은 반세기가 지난 오늘날에 와서 성과를 거두었다. 그렇다고 옛날에 이룩되었던 소나무 숲의 재건이 이루어지고 있는 것은 아니다. 그 이유는 소나무 숲에서 솔잎의 낙엽이 쌓여 분해되고 재 흡수될 수 있는 환경이 완전히 제거되었기 때문이다. 소나무보다는 생활력과 번식력이 강한 아카시아나 버드나무 류가 대치 수목으로 등장하였다.

녹화운동의 노력으로 그런대로 산천마다 푸름이 조성되었지만, 아직 어린 수목들이어서 생체량으로 본다면 서구의 숲들에 비하여 미약하다. 경부 고속도로 변에 전개되는 산야의 녹화 현상은 수 십여 년 전의 헐벗은 때와는 양상이 완전히 달라졌다. 질서정연하게 줄이 맞추어져 자라고 있는 인공조림은 어린 묘목에서 울울창창한 거대한 숲으로 변모하여 가고 있다.

전 국토의 65% 정도가 산악인데 과연 어떠한 수종이 기후, 토양, 토속적으로 알맞으며, 나아가서 경제적이고 생산적인가에 대한 연구는 전 국토를 가장 효율적으로 녹화시키는 활력소가 되는 것이다.

2) 알프스의 인공조림

프랑스에는 각 지역마다 그 지방을 대표하는 숲이나 식물원이 잘 관리되고 있다. 파리 근교에 있는 오르세이 숲이나 퐁탠느불로 숲은 울창하여 정서적인 휴식처로 기능하고 있고, 북불北佛의 우유, 버터, 치즈의 주산지인 노르망디Normandie 지방의 숲은 윤기가 도는 목가적인 분위기를 지니고 있다. 세계적으로 유명한 장수 마을이 있는 남불南佛의 피레네 산맥의 인공조림 역시 경관 상으로 뛰어나다. 특히, 알프스 산맥의 숲은 프랑스인이 내세우는 조림의 대표작에 속하며, 자연 경관을 절경으로 만들고 있다.

알프스는 프랑스 국토의 내륙에 위치하고 있으며, 동계 올림픽이 열렸던 그르노불 시市는 이 산맥의 중심 산악 도시 중 하나이다. 이 지역은 첩첩 산으로, 모든 경사면에는 쭉쭉 뻗은 인공조림이 가득 메워져 있다.

1940년대 종전 후 이 나라의 산야 역시 황폐화되었지만, 녹화 산림정책으로 알뜰하게 가꾸어진 나무들 덕분에 오늘날 그 위용을 유감없이 발휘하는 숲으로 변모하였다. 지금도 노동자들이 산의 암벽까지 자일Zeil을 타고 올라 다니면서 빈틈없이 식수를 하고 있다.

알프스 산맥은 그 위용을 뽐내는 4,807m의 최고봉 뿐 아니라, 방대한 지역에 펼쳐져 있는 고산준령들 모두를 일컫는다. 같은 산맥이라 하더라도, 각 산들의 고도에 따라 기후대가 전혀 다르며, 식생이 명백하게 달라진다.

봄은 신록이 산의 중허리까지 어우러지는 계절인가 하면, 곧 이어 초하의 녹음 계절로 접어들면 2,000m 이상의 고산대에 비로소 신록이 형성되어 색상이 싱그럽다. 지역에 따라 활엽수 또는 침엽수의 숲 속에는 각종 초본 류가 어우러져 층이현상도 보이고 있다. 동·식물의 나고 지는 자연그대로의 풍요로움 역시, 자연 경관의 미를 더해주고 있다.

3) 독일의 검은 숲과 라인 강의 숲

검은 숲Schwartz Wald이란 남부 독일 전역에 식수되어진 울창한 인공조림을 두고 하는 말이다.

독일은 위도, 기후 또는 토양 면으로 보아 프랑스보다 산림 조성에 좋은 여건을 지녔다고 하기는 어렵다. 그러나 프랑스에서 독일 쪽으로 향하는 국경선을 넘어가면, 잘 포장된 도로와 구석구석에 어김없이 가꾸어져 있는 정원 같은 조림대를 쉽게 접하게 된다.

스트라스부르그 시市는 불·독 전쟁 때마다 승자에 따라 국적이 바뀐 짓궂은 운명의 도시로, 알퐁스 도테의 〈마지막 수업〉이라는 작품으로 잘 알려진 곳이기도 하다. 이 도시를 두고 독일 쪽으로는 검은 숲이, 프랑스 쪽으로는 보쥬Voges라는 숲이 마주하고 있다.

이 두 숲은 지연적·기후적으로 별로 차이가 없음은 물론, 식생 군락의 성격 역시 큰 차이가 없다. 두 숲 모두 인공조림이지만 사람의 손이 얼마만큼 더 미쳤느냐에 따른 시각적인 차이가 있는데, "인공"과 "자연"이란 단어가 생각될 만큼 시각적인 차이가 크다.

검은 숲이 근면한 독일인에 대한 표상처럼 하늘을 찌를 듯 한 나무들이 장대처럼 곧고 씩씩하게, 마치 정원의 화초처럼 잘 가꾸어지고 있다면, 보쥬 숲은 그저 비옥한 땅에서 제멋대로 하늘 높은 줄 모르고 자란 자연림 같은 인상이다. 이것으로도 두 나라의 민족성이 다름을 보이는 것 같기도 하지만 사실상 보쥬 숲은 프랑스 쪽에서는 2류에 속하는 숲이다.

반면에 검은 숲은, 생태학적으로 층이현상이 거의 없으며, 무서우리만큼 철저하고 치밀한 식목에 대한 관리와 정성이 담긴 숲으로, 마치 독일 국민 저력의 총화 같다.

라인Rhein 강은 프랑스와 독일의 국경을 이루는, 아주 잘 개발된 국제 하천이다. 비교적 사람의 발자국이 뜸한 이 강의 주변에는 자연적으로 형성된 숲이 울창하게 전개되는데, 천연 그대로 보존되고 있다는 느낌을 준다. 검은 숲의 경관과는 전혀 다른 면모를 갖추고 있다. 각종 식

생이 멋대로 자생하여 층이현상이 아주 뚜렷하고, 따라서 종의 다양성
도 커서 생태학 연구에도 좋은 대상지로써 활용되고 있다. 필자는 스트
라스부르그 대학의 생태 조사팀에 참여하여 이곳을 답사할 수 있었던
것에 대하여 기쁘게 생각하고 있다.

4) 런던 시내의 숲

런던의 거리는 지저분하고, 건물은 고색창연하여 우중충하고 음산
하게 느껴진다. 옛날의 영광도 별수 없이 역사 속으로 사라지고 있는
것만 같다. 겨울철이면 아침 10시나 되어야 해가 뜨고, 저녁 5시도 못
되어 어둠이 깔리니 도시에 활기가 없어 보인다.

그러나 세계적인 이 대도시의 생명과 활력은 바로 도심 속에 가로
놓여 있는 세인트 제임스 공원, 그린 파크, 하이드 파크, 킨싱톤 정원에
서 찾을 수 있다. 이 방대한 공원 면적에는 울울창창한 노목들이 밑둥
치에 이끼를 거느리고 오래된 도시에 젊은 활력을 불어넣고 있다. 해
가 뜨고 지는 시간과는 상관없이, 시민들은 규칙적으로 이곳을 산보 장
소로, 운동장으로, 조깅장으로 마음껏 활용하고 있다. 하이드 파크에는
자유의 광장이 있어서 시민들이 불평불만을 마음대로 자유롭게 방담할
수 있기도 하다.

위도 상으로 런던은 거의 북극권에 속하지만, 기후 상으로는 멕시코
만류의 영향으로 안개와 비가 많아 기온이 온화하여 거대한 수림을 거
느린다. 이 공원들에는 잘 조화된 인공호가 있으며, 주변에는 거목들이
많다. 뿐만 아니라, 도시의 도처에 수목이 우거져 있고, 남·북쪽으로는
베터시 공원과 리젠트 공원이 넓은 면적 속에 녹지를 이루고 있다. 또

한 런던시의 외곽, 영불해협에 이르기까지 전역이 산장과 별장으로 연결되어 있어 마치 숲 속에 집들이 자리 잡고 있다는 느낌을 준다.

초록의 아름다운 나무들의 풍요로움은 사람들을 부드럽게 만드는데 영향을 끼치지 않겠는가. 그렇다면 런던 시민의 신사도는 이런 풍요로운 녹화 분위기 속에서 자라나지 않았을까 싶다.

5) 산림은 국력이다

산림이 국력이라면 언뜻 비약이 심한 듯 느껴진다. 그러나 산림이 근본적으로 태양 에너지를 저장하고 있는 창고에 해당되니 에너지 상으로만 봤을 때도 국력이라고 할 수 있을 듯하다.

우리나라는 면적에 비하여 인구가 조밀하고, 이에 맞는 수목의 양도 적정하게 맞아야 한다. 풍요로운 녹화를 위하여 식수는 기후와 지역적 특성에 맞추고, 연중 조화롭게 산소 발생을 해야 한다는 점을 고려하여 활엽수와 침엽수의 선택과 경제성이 있는 수종의 선택이 바람직하다.

도시 면적이 급격히 늘어나 산림이나 경작지의 면적이 감소됨에 따라 산소의 감소현상을 극복해야 하는 노력도 중요한 과제가 되었다. 우리나라 도시의 주택 밀집 환경에는 수목이 부족하다. 서울 타워에 올라가 전 서울을 바라다보면, 녹지의 빈곤이 느껴지는 지역을 볼 수 있다.

가로수의 수종 결정은 일차적으로 공해에 강해야 하지만 꽃가루로 인한 피해가 없고, 생산력이 강한 것이 바람직하다. 또한 기존의 가로수에 대하여는 일괄적인 전지 작업과 식수 간격에 대한 연구도 필요하다. 유럽의 경우에는 산야에만 조림을 한 것이 아니고, 전 국토 녹화운동으로 정원이나 도로 변에도 녹화가 되어 수목이 우거져 있다. 때로는 숲 속에 도로가 만들어진 것 같은 경우도 있다. 그러니 마치 차로 숲 속을 달리는 기분이 아니겠는가.

생장이 더디거나 생체량의 변화가 거의 없는 고급 수종이 정원에서 특별 대접을 받는 경우가 많은 것을 생각하고 도시 조림의 수종들을 고려하여야 한다. 우리나라에서도 정원에 산소 발생량이 많은 교목류를 심는 캠페인이 필요한 듯하다. 이러한 것은 도시를 일단 푸르고 윤기가 돌게 할 것이다.

결국, 전 국토의 녹화운동은 우리 자연에 어울리면서도 우리 국민의 정서에 알맞은, 짙푸른 국토를 건설해 나가는 작업이라 하겠다.

3. 자연보호는 수질보전으로부터

1) 자연수의 변천

자연 속에 있는 그대로의 물은 해수, 기수, 담수로 나눌 수 있고, 자연 지리적 성격이나, 수량에 따라, 바닷물, 강물, 냇물, 호수 물 또는 연못이나 웅덩이의 물로 나눌 수 있다. 이들 물 덩어리는 대·소의 차이와 수문학적 성격의 차이에 따라 천차만별이다. 또한 자연수는 대기와의 교류에 따라 모양과 형태가 다양하여, 비雨나 안개, 구름으로서 존재한다.

자연수는 시대 상황에 따라 수많은 변천이 불가피하였다. 맑고 깨끗한 청정의 자연수가 각종 용도에 따라 공업용수, 농업용수, 생활용수로 쓰여 탁하고 더러운 오탁수로 변했다. 각양각색으로 오염된 용수, 즉 단물, 신물, 짠물, 떫은 물 같이 변모된 물이 주위 환경 속에 창궐하고 있다. 자연수의 일부는 수돗물, 샘물, 우물물, 약수 같은 먹는 물로 우리의 생존에 쓰이지만, 오늘날 이런 오수汚水가 온 산천을 뒤덮어 우리의 생존을 위협하고 있다.

그렇다고 지금 당장 절대적으로 필요한 전기를 생산하는데 꼭 필요한 발전용수를 어떻게 막을 것이며, 철강 산업단지의 냉각수나 공업용수를 어찌 막을 것인가. 그리고 이렇게 많은 사람이 대도시를 이루어 살아가는데 피치 못하게 내놓는 생활하수는 어쩔 것인가. 또한 농업용수가 없다면 무얼 먹고 살아갈 것인가.

물의 쓰임새는 다양하고, 수량을 확보해야 하는 것은 절대적인 생존 과제이다. 날로 증가되는 물의 수요량은 어떻게 충족시킬 것인가. 자연수의 환경은 급속한 오염 현상으로 치닫고 있는데, 수질은 고려하지 않고, 수량에만 급급하여 댐에 가두기만 하면 되는 일인가.

얼마 전까지만 해도 금수강산錦繡江山의 산하에 흐르고 있는 물은 맑고 아름다워 산자수명山紫水明 하였다. 수려秀麗하기만 하였던 물은 질이 좋아서 먹고 마시는 물로서 더 없이 좋기만 했다. 그렇지만 이제 물은 옛날의 그 맑은 물이 아니고 어디서나 마실 수 있는 좋은 물이 아니다. 금수강산의 물의 모습이 변천되고, 수질오염이 심각한 환경문제로 대두되기 시작하였다.

2) 산천山川의 물을 살리자

유구한 반만년 역사의 산고수려山高秀麗한 한반도와 한겨레. 근세에 이르러 일제와 해방, 6.25 한국전쟁과 전화, 격동기의 혁명과 변혁. 이 모든 것은 우리에게 수난의 세월이었다. 역사는 눈 코 뜰 사이 없이 가파르게 내달렸고, 자연도 이런 사연을 안고 몸부림을 쳤다. 산은 벌거숭이였고, 물은 갖가지 색깔로 멍들었다.

지금부터 40~50여 년 전 국민소득 100달러시대, 초근목피草根木皮의 춘궁기에서는 이래도 먹을 것이 없었고 저래도 뾰족한 수단이 없었다. 기아선상에서 몸부림치며 살길을 찾아도 막막하기만 했다. 그야말로 이판사판의 시절에 "잘 살아보세"는 절망을 딛고 일어서는 꿈과 희망의 구호가 아닐 수 없었다.

다시 말해서 "잘 살아 보세" 라는 기치 하에 산업화와 공업화의 뜨거운 열기는 "가난에서의 탈출", 즉 살기 위한 수단으로 온 국민의 열망이었다. 눈만 뜨면 일을 하고, 허기진 배를 달래가면서 일에만 온 마음과 힘을 집중시켰다. 오로지 배불리 먹을 수만 있다면 더 없이 행복했다.

이런 상황에서 어찌 자연생태계에 대해서 신경을 쓸 여유가 있었겠는가. 비록 먹고 마시는 물이라고 해도 신경을 쓸 여력도, 지식도, 아무 것도 없었다.

전국의 방방곡곡에 공장이 세워지고 굴뚝에서 나오는 검은 연기가 하늘을 뒤덮었고, 괴물 같은 공장폐수는 주야장장 쏟아져 냇물을 물들이며 강물에 합류되어 연안의 바다로 흘러들어 갔다.

세월은 말없이 흘러가고 산고수려했던 우리의 강산이 이렇게 멍든 것은 한 두 해의 문제가 아니다. 강산은 온통 오염의 도가니가 되었고, 심지어 오염으로 인한 생명의 위협까지도 피하지 못하게 되었다.

다른 한편으로 지난 세월을 되돌아보면, 참으로 다행스러운 일이 있다. 지난 수십 년에 걸쳐 진력한 녹화 사업은 벌거숭이산을 초목草木으로 변화시켰다. 온 국민의 끈질긴 노력의 소산이다.

그런데 물은 어떠한가? 녹화만큼 시각적으로 드러나지 않는 수질은 관심 밖으로 밀려 멍들어 가고 있다. 그러나 산하에 흐르고 있는 물은 우리에게 변함없는 젖줄이고 생명수이다. 이제는 산에 나무를 살려왔

듯이 산천山川의 물을 살려야 한다. 녹화사업을 하듯이 인내를 가지고 온 국민 개개인이 수질 개선을 위하여 노력을 해야, 물은 살아날 수 있고 산천의 물이 살아나야, 우리 모두는 건강하게 살아갈 수 있다.

3) 청정했던 바닷물도 살리자

(1) 연안 오염원

오늘날 바다의 이용은 가중되고 있는 한편 유류의 유출 같은 해양 오염이 비일비재하게 발생하고 있다. 그리고 연안에는 항만의 건설, 해수욕장의 건설, 어류 양식장의 건설, 방파제의 축조 또는 연안 공업단지의 조성이 왕성하다. 이로 인해 해양 생태계의 파괴는 물론, 연·근해의 해중림은 이미 사멸되었거나 사멸의 위기에 처해 있다. 해조류의 변화 내지 사멸은 해양 생태계를 심각하게 위협하고 있다.

생산성이 좋던 만구 또는 포구에 대규모의 방파제가 축조되거나, 대형의 축제식 양식장이 건설되는 경우, 해조류의 서식은 치명적인 타격을 받는다. 해중림의 소멸은 이와 더불어 서식하는 다양한 생물군을 함께 사멸시켜 생태계를 파괴시킨다.

(2) 원양 오염원

해양 오염이란 측면에서 원양성 적조현상Red tide은 생태계의 파괴 내지 해양 생산을 격감시키는 심각한 원인이 되고 있다. 청정수역인 동해에서도 악성 적조현상이 비일비재하게 일어나고 있다. 일례를 들면 각종 산업 폐기물이 동해상에 투기되어 적조 발생요인중의 하나로 작용하고 있는 것이다.

방대한 해양에 막대한 양으로 서식하고 있는 미세조류인 식물 플랑크톤은 환경 조건에 대단히 민감하여, 산업 폐기물 같은 다량의 영양염류를 접하게 되면 일시에 대량으로 증식한다. 이 중에 어떤 독성이 강한 쌍편모 조류, 또는 남조류의 이상 번식은 심각한 적조피해 현상으로 직결된다.

우리나라는 해안선의 자연경관이 뛰어나게 아름다울 뿐만 아니라 어류가 풍부한 다도해 환경으로, 도처에 대단히 풍부한 해중림과 어류 자원을 보유하고 있었다. 그러나 해중림에 대한 기록이나 과거의 바다 환경에 대한 과학적인 자료는 거의 보유하고 있지 않다. 연안 오염으로 인한 해중림의 사멸은 연안 생태계의 변모와 함께 수중의 방파제 역할을 상실함으로서 해류 또는 조석이 연안에 강한 영향력을 행사할 수 있다. 다시 말하자면, 해중림은 연안 생태계의 성격을 좌우할 뿐 만 아니라, 그 해역의 물리·화학적 요인에 막대한 영향을 미친다.

동해 남부 해역 중에 영일만 같은 해역은 산업 단지가 조성되기 전에 좋은 해중림을 이루고 있었다. 다시 말하면, 영일만의 자연 환경과 형산강으로 부터 영양염류의 유입은 이 해역을 굴지의 어장으로 명성을 누리게 하였다. 그러나 맘모스 산업단지인 포항 제철의 가동과 포항시의 발달은 이 해역을 오염의 도가니로 몰아넣었다. 해중림은 흔적도 없고 해양 생물의 서식 환경은 극악한 상태로 변모되고 말았다. 이러한 해역에서 해중림을 옛날처럼 복원하는 일은 어렵겠지만 적어도 오염을 조금이라도 줄이기 위해서 해조류의 서식 환경을 만들어 주는 연구가 필요하다.

동해중부해역을 접하고 있는 강원도 해안에는 자연경관이 뛰어난 설악산과 관동팔경을 지니고 있다. 이런 명소를 감상하고, 어느 한 곳의 연안에서 잠수함을 이용하거나, 스킨스쿠버로 무성한 해중림의 경관을 볼 수 있게만 하더라도, 이는 뛰어난 관광자원이 될 것이다. 해중림의 조성은 산야에 인공조림을 이루는 것처럼 오랜 세월을 요하지 않는다. 비록 바다 속이라고 하지만 해중림을 조성하는 것은 자연경관의 개발이고, 지역개발인 것이다.

4) 자연보호의 마음

옛날에는 적어도 동네마다 동구 앞에 아마도 수백 년 묵은 느티나무가 있어 한 여름 온 동네 사람들의 땀방울을 식혀주는 마을의 휴식처가 되었다. 그리고 마을 뒤편 산기슭에는 역시 거목巨木의 서낭당이 있어서 온 동민의 애환과 소망을 짊어졌을 것이고, 마을 동산에도 쭉쭉 뻗은 노송老松이 동네 마을을 굽어보고 있는 경우가 많았음을 상기할 수 있다. 옛날 선조들도 그런 거목거수巨木巨樹에는 손을 대는 법이 없었다. 그 우람했던 나무들은 어디에 갔나. 대부분이 개발에 희생되었다. 문화의 발달이란 그런 것인가.

요즘의 실정은 심산유곡의 수원지에 쓰레기가 쌓이고, 냇물에서 악취가 나고, 강물은 탁하기 그지없다. 수해樹海(나무의 바다)를 이루고 있는 강원도의 산림 속에서도 발길이 닿아 쉬어가는 곳이라면 쓰레기가 구석구석 쌓여 있다가 큰 비가 오기만 하면, 거대한 인공호의 표층을 쓰레기로 온통 덮어 버린다. 그리고 피서객이 모여 수영을 하는 강물이라고 해도, 밑바닥 돌은 오염 물질로 온통 덮여있다. 사람의 발길이 닿는 물속이면 물 먼지가 일어 지척을 구별할 수 없다.

몇 년 전 지독한 가뭄을 기화로 지하수는 먹으려고, 또는 각종 용수로 활용하기 위하여 시도 때도 없이 땅 구멍을 과다하게 뚫었다. 수맥이 신통치 않으면 또는 퍼 올리던 물이 마르면, 뚫린 구멍 채 내던져 버리고 말았다. 그래서 비가 오면 갖은 오염물질이 육상으로부터 바로 그 구멍으로 흘러들어가 지하수를 오염시키고 있다. 그러니 지하수로 개발된 각종 먹는 물에도 각양각색의 시시비비가 붙지 않을 수 없다. 때로는 어떤 음용수를 먹어야 좋을지 판단이 흐려질 때가 한 두 번이 아니다.

바다에도 물의 색깔은 변하여 적조현상赤潮現象과 같은 이변이 속출하고 있다. 항구가 크면 클수록, 물동양이 많으면 많을수록, 바다에 배가 많으면 많을수록 해수는 제 빛을 잃어가며 해양오염이 가중되고 있다. 그리고 맘모스 공업단지가 들어선 해안일수록, 자연경관이 아름답고 풍광이 독특했던 해역일수록, 옛날 그때의 그 바다자연은 제 모습을 잃어 갔다.

이제 대부분의 우리는 의식주가 안정되었고, 먹고 마시는 일이 넘칠만큼 풍요로워 졌다. 배고파 굶어 죽는 일이 없고, 지나치게 잘 먹고 너무 편하게만 살려고 해서 각종 성인병과 사회적인 폐단이 만연하고 있다.

요컨대, 물이 좋았을 때의 사람들은 먹거리가 없어서 굶어 죽다시피 했고, 이제 산업화로 식생활 걱정이 없어지니 도처의 물과 자연환경이 오염되어 알게 모르게 사람들의 건강이 악화되어가고 있는 실정이다.

소위 산업 전사들은 부富를 축적하였고 현란한 금자탑을 쌓아 올렸다. 그리고 그들은 하고 싶은 일은 대부분 다 할 수 있다고 으쓱한다. 참으로 잘된 일이고 다행스러운 일이요 축하할 일이다. 그런데 자연은 어디로 갔고, 건강은 어떻게 되어가고 있으며 우리의 생명은 어떤 위협을 받고 있는가. 아무리 떠들어도 근본적인 수질 오염은 크게 개선된 것이 없고, 물을 이용하여 부자가 된 사람들은 의식의 변화도 양심의 개선도 거의 없다.

자명한 사실은 그들이 그럴수록 자연의 파괴는 방치되고 자정작용에 의한 자연의 회생력이 늦어지고 있다는 점이다. 직설적으로 얘기해서, 사회적으로 막강한 힘을 지닌 사람들이 양심을 발동하지 않는 한, 그리고 그들이 자연을 무시하는 태도를 바꾸지 않는 한, 자연이 숨을 쉴 수 있는 자생력을 되찾는 길은 멀기만 하다. 그리고 온 국민이 자연을 사랑하고 아끼는 마음을 발동시킨다면 과거의 아름다운 금수강산을 다시 이룩할 수 있을 것이다.

물은 지구상의 모든 생물에게 필수 불가결한 생활물질이며, 우리에게 한시도 멀리할 수 없는 세포 구성분이다. 그리고 물은 생명 현상을 주도하는 가장 중요한 기능을 지니고 있다. 물을 귀하게 여기는 만큼, 우리의 생명과 건강은 증진된다.

4. 미국인의 자연보호 의식

방대한 자연, 국립공원 내지 수목경관에 대하여 단편적인 몇 가지를 소개하면서 미국인의 자연보전 의식을 논한다는 것은 필자의 끊임없는 관심에도 불구하고 역부족力不足임을 밝히지 않을 수 없다.

미국을 여행한 사람은 누구나 미국의 다양한 자연, 그랜드 캐년, 모하비 사막, 나이아가라 폭포, 요세미티, 루레이 동굴, 버지니아 비치, 콜로라도 강의 댐들, 미시시피 강의 비옥한 평원 등의 강, 바다, 산의 경관 등에 대하여 입을 모아 찬탄한다.

우리나라든 미국이든 지구상의 어디이든 사람이 사는 곳은 자연과 함께 살아가는 것은 마찬가지이다. 미국의 국토는 우리나라 남한 면적의 약 100배에 가까운데, 그 속에 사는 인구는 2억 6천만 정도이다. 미국의 인구밀도가 우리 나라와 같다면 미국 땅에는 약 50억의 인구가 살아갈 수 있다. 이러한 인구 밀집도의 차이는 두 나라의 비교할 수 없는 자연 상황이 근본 요인으로 작용한다.

그럼에도 오염이 지극히 적은 미국의 자연들은 끊임없는 노력과 관심으로 인해 가능했음을 간과할 수 는 없기에 미국의 자연보존 노력에 대한 예를 들어보기로 하자.

버지니아 비치를 비롯한 미 동부 해안은 세계적으로 이름이 나있는 해수욕장이다. 특히 여름철에는 많은 피서객이 모여들어 붐비는 곳이다. 넓은 모래사장에 기온이 온화하고 자연환경이 좋아 해수욕장으로 적격이다. 아직까지 이 해안의 대부분은 자연 그대로 보전되어 있다. 그러나 도박과 환락의 도시 라스베가스와 같은 오션 시티Ocean City가 경관이 좋은 해안에 건설되어 성업이 되자, 사람이 즐겨 찾는 해안에 호텔과 위락시설들을 세우려고 안간힘을 쏟고 있다.

미국의 자연보전협회는 이런 인위적인 건설로 인한 자연파괴를 막기 위하여 강력하게 대응하고 있음도 볼 수 있다. 호텔이 들어 설만한 구역은 자연보전협회에서 땅을 드문드문 매입하여 방치함으로써 문화시설이나 환락시설이 들어서지 못하도록 막고 있다. 이 밖에도 각종 캠페인을 통하여 자연을 보전하려는 노력이 다방면으로 이루어지고 있다.

그러나 미국의 모든 생활이 다 이상적인 것 같지는 않다. 많은 사람이 모이는 곳에는 역시 오물이 뒹굴고 지저분하다. 뉴욕의 거리 구석구석에 보이는 오물, 경기장에 널려지는 음료수 깡통, 또는 관광단지에서 보이는 각종 오물, 이것은 우리나라에서 쓰레기가 무질서하게 버려져 있는 것과 비슷하다. 약간 다른 점이 있다면 수거하는 사람이 있어서 오염이 만연되지 않도록 부단히 노력하고 있는 점이라고 하겠다.

미국의 고속도로에서도 우리나라처럼 빈 깡통이나 오염물질을 버리는 경우를 본다. 그러나 우리나라의 고속도로변에 쌓이는 것과는 다르게 깨끗해 보인다. 이것은 차의 수효, 인구, 그리고 버리는 횟수에 비례하겠지만 고속도로변이 넓어서 다소 버려도 오염물질이 잘 보이지 않으니 깨끗해 보이는 것 뿐아닌가.

이러한 국토의 면적과 인구 밀집도에 따른 차이를 고려할 때 우리나라와 미국과는 자연보전의식이 달라야 한다. 우리에게는 넉넉한 국토와 자연이 부족하다. 이런 국토를 환경공해에 찌들게 해서는 안 된다. 국토가 큰 나라 사람이 10개, 100개의 오염물질을 버릴 때 우리는 1개, 2개를 버리는 비율로 자연을 살리는 노력을 해야 한다. 국토가 좁다고 실망할 것은 없다. 비록 좁은 국토라고 해도 우리에게는 아기자기한 자연의 아름다움이 있고, 삼천리금수강산의 멋과 맛이 있으며, 무엇보다도 물이 좋다. 이런 물로 만들어지는 모든 산물은 산나물이든 농산물이든 수산물이든 맛이 일품이다.

우리에게는 북한산, 설악산, 지리산, 한라산, 오대산, 그리고 금오산, 가야산, 팔공산 등의 참으로 수려한 산들이 많이 있다.

이런 산들 중에는 무슨 개발의 이름으로 순환도로가 건설되며, 위락시설이니, 관광단지의 조성이니 하면서 과대한 자연훼손으로 경관을 망치거나, 몸살을 앓게 하는 경우가 드물지 않으며 때로는 자연을 망치는 지름길이다.

산업도 중요하고 개발도 필요하다. 그러나 맘모스 공업단지를 조성하느니, 자연을 정복하느니 하면서 자연을 파헤친다면 자연이 보전될 수 없다. 자연이 망하면 사람이 망한다. 자연이 숨을 쉬도록 자연대로 놓아둘 필요가 있다. 모두 다 같이 잘 살기 위해서는 자연을 극진히 보호하고 보전해야 한다. 무엇보다 그런 마음과 자세가 우선되어야 하겠다.

5. 우리나라의 해양오염

1) 서언

문명의 발달과 산업화는 바닷물, 특히 연안의 바닷물에 엄청난 타격을 입히고 있다. 공업용수, 농업용수, 산업용수, 도시하수 등의 각종 오수汚水가 바다에 유입되고 있다.

넓은 바다이지만 날마다 퍼붓는 오수는 가히 가공할 만큼 해양오염을 인출하고 있다. 선박오염, 특히 석유 수송에 따른 수산화탄소 Hydrocarbon오염, 해양개발과 대규모 양식 산업시설에 따른 오염은 극에 달하고 있다. 이런 결과는 해양 생태계를 직접 또는 간접적으로 파괴했으며, 현재에도 파괴하고 있다. 해양의 물리·화학적 성격을 변화시킴으로써 어떤 생물들은 급격하게 번식하기도 하고, 어떤 생물은 완전히 도태되어 자연생태계의 평형이 붕괴되었다. 독성 물질이 하등생물에서 고등생물에게로 전이됨으로서 어류양식 피해는 빈발되는 사례가 되고 있다.

해양 오염의 또 다른 요인으로는 전국적으로 발생하고 있는 공업용수, 농업용수, 축산폐수, 산업용수, 발전용수, 생활폐수, 도시용수 등의 각종 폐수와 오수가 강물에 합류되어 바다로 유입된다는 점이다. 높은 농도의 인산염류 또는 질산염류 등이 바닷물로 들어가 부영양화를 일으키고 적조를 발생시킨다. 결국 오염된 하구의 담수는 바닷물 속에서 각종 오염원으로 작용하고 있다. 낙동강에 합류되는 금호강은 대표적인 예가 되어 왔다.

크고 작은 항구 및 어항의 오염도 예외는 아니다. 인천항, 군산항, 목포항, 여수항, 부산항, 포항항 같은 대형 항구는 물론이고 조그만 어촌의 어항도 오염이 심각하다. 영일만의 경우에도 포항제철의 엄청난 물동량의 선적과 하적과정에서 심각한 오염원이 인출되었다. 이러한 연안 수역의 저층에서 채취한 시료로 중금속을 분석하게 되면 많은 양의 중금속이 표출되고 있다.

한때는 세계적으로 우리나라에서도 공해상에 산업 폐기물을 투하하는 산업이 번성하던 시기가 있었다. 투기되는 폐기물의 총량도 적지 않았으며, 해양 생태계에 적지 않은 영향을 미치고 있었다. 그러나 자연 보호적 차원에서 관리되지 않아 원양성 적조를 일으키고, 시공간적인 확산은 연안까지 적조발생에 영향을 미쳤다.

수많은 해안 도시와 어촌에서는 도시폐수와 생활오수를 비롯한 각종 오염원이 많은 경우에 처리과정을 거치지 않고 바다로 유입되고 있었다. 인구가 밀집되면 밀집될수록, 자연 보호 의식이 높지 않으면 높지 않은 만큼, 연안의 바닷물은 오염이 심화되어 자정작용의 능력을 잃게 되고 해양 생태계는 파괴되어 가고 있다.

이제 많이 개선되어 지난 이야기이기는 하지만, 어촌에서는 생활 쓰레기를 바다에 버리는 것이 보통이었으며, 인분도 버려왔다. 연안의 저층에서 수집되는 막대한 양의 쓰레기는 대부분 생활 쓰레기였다. 물론 이런 요인들이 적조현상을 부추기고 다른 요인과 공조가 될 적에는 심각한 적조현상이 발생되는 것이다.

다른 한편으로 수산물 양식이 초래하는 오염현상에도 주목하여야 한다. 남해안을 비롯한 동·서해안에서는 다양한 생물, 우렁쉥이, 굴, 해태, 미역 같은 해산물을 양식하고 있으며, 광어, 우럭 같은 고급 어종도 가두리 양식을 하고 있다. 때로는 대단히 과밀하게 양식을 하고 있다. 이러한 양식 과정에서 어류의 신진대사와 먹이의 공급과정에서 발생되는 해양 오염은 불가피하다. 이것이 바로 해수의 부영양화 현상과 직결되어 적조를 부추기는 주요한 요인으로 작용하고 있다.

어로 활동에 따른 생태계의 파괴를 보면, 어업의 발달은 남획을 이끌어 냈다. 지금까지 거의 무제한의 어로 활동은 어족 자원의 고갈을 초래했다. 예로서, 영덕의 대게 자원 같은 경우에는 현재 극심한 자원 고갈 상태에 있다. 그러나 일정기간 어획을 하지 않으면 자원량이 늘어난다. 치어 또는 자어의 어획을 막고 성어가 된 다음 어획하는 자연 보호 의식이 절실히 필요하다.

간척사업과 방파제 축조는 생태계의 파괴를 초래하고 있다. 최근 몇 년 동안 방파제와 대형 축양장의 대형 공사는 장기간 광범위한 수역에서 행하여 졌다. 그 일대는 바다거나 연안이거나 해양 생태계의 변조는 불가피한 것이었다. 이런 공사로 바다저층에 서식하던 저서생물Benthos이 사멸되었다.

2) 동해-영일만의 오염

동해 남부역에서 항만으로서 가장 커다란 영일만의 오염 실태와 적조현상을 살펴보면, 과거 수십여 년 동안 일진월보日進月步하는 포항시와 대규모의 산업단지 및 날로 늘어나는 항만의 물동량에 영향을 받아 해양 생태학적으로 완전히 변모되었다.

영일만의 면적은 약 115km²이고, 수량은 약 20억 톤이다. 수심이 50m이하로서 바다를 목장화하는데 좋은 환경을 지니고 있었다. 이 해역에서는 어류의 번식을 활발하게 하고, 회유성 어족을 유치함으로써 수산에 좋은 환경을 조성할 수 있었다. 또한 다양한 어류 양식과 패류 양식을 유치하여 어민의 소득을 증대시킬 수 있는 천혜의 어장이 될 수 있는 해역이다.

영일만 내에 위치하는 북부해수욕장, 송도해수욕장, 도구해수욕장은 옛날의 청정수역에서 완전히 벗어나 오염에 휩싸여 있다. 또한 포항시의 생활폐수는 냉천, 양학천, 칠성천, 학산천, 두호천, 어남천, 포대천 등을 통하여 직접 바다로 유입되고 있었다. 이것은 완전 무산소 상태의 짙은 콜타르물 같은 심각한 오수였다. 근래에는 하수 종말 처리장이 건설되어 개선되었다.

영일만으로 유입되는 형산강의 하구는 은어, 황어, 실뱀장어의 서식지로서 좋은 어장이었으나, 오늘날에는 완전히 변모되었다.

철강공단의 엄청난 양의 폐수와 냉각수, 그리고 각종 열 오염은 영일만 뿐만 아니라, 동해남부해역의 적조현상을 일으키는 주요 요인이 되고 있다. 이러한 오염원은 수질뿐만 아니라, 저층에 장기간 축적되어서 원양성어류Pelagos는 물론, 저서생물Benthos에 이르기까지 심대한 영향을 끼쳤다.

포항제철의 해양학적 입지 조건은 수질환경적인 측면에서 형산강의 하구와 접하고 있으며, 담수원을 확보하여 사용함으로써 매일 약 10만 톤의 폐수가 유출되며, 1백만 톤 이상의 해수가 냉각수로 활용되고 있다. 이러한 산업용수는 가뭄이 심할 때는 식수공급까지도 영향을 미치며 해양오염을 심화시켰으며 적조발생의 요인이 되어 왔다.

또한 산업용수 중에는 화학물질과 유류가 포함되어 있기도 하였고, 열 오염을 동반하기도 하였다. 따라서 장기간 누적되는 경우에는 연안해역의 저층에는 백화현상 또는 기소현상磯燒現象이 나타나며, 적조발생의 요인으로 작용한다.

결론적으로 영일만에는 물고기가 별로 없고, 인위적인 환경 변화가 극에 달한 상태에 있다. 포철은 우리나라 산업 발달의 기수 역할을 담당하여 왔다. 그러나 환경 문제와 해양 오염에 대하여 무심했던 결과로 누적효과Concentration factor가 적지 않다. 다시 말해서, 포철에서는 막대한 열을 바다로 방출하여 열 오염을 불가피하게 했다. 열오염이 장구한 세월 바닷물에 영향을 미침으로써 해양 생물상이 변천한 것이다.

다른 한편으로, 산업단지는 수많은 매립공사와 준설공사를 비롯하여, 대소형의 방파제 축조공사가 빈번하게 수반된다. 이런 자연변조는 해양생물에게 치명적인 타격을 준다. 해조류의 서식지가 없어지고, 어류의 산란과 부화의 장소가 없어짐은 물론, 어류의 회유조차 할 수 없는 환경을 만듦으로써 해양생물에게 타격을 주는 것이다.

영일만의 해양 생태계의 다른 파괴 사례로서는 오염 물질의 해양 투기를 들 수 있다. 비근한 예로서 포철이 영일만 내에 슬래그Slag의 해양투기는 극히 적은 비용으로 산업 폐기물을 처리하는 과정이며, 부수적으로 방파제가 만들어지고 부두가 설립되는 일거삼득一擧三得의 대단히 좋은 경제 방안이었다. 바로 이것으로 연안 생태계는 치명적인 영향을 받았던 것이다.

경상북도 연안에 위치하는 항구들, 예로서 죽변항, 후포항, 축산항, 강구항, 영일만, 대보항, 구룡포항, 감포항 등은 심도 차이는 있지만 대단히 오염되어 있다.

어떤 곳은 해양 생태계가 완전히 파괴된 상태이다. 이곳의 저층에는 해초 또는 해조류의 서식대가 사라져서 어류의 번식은 거의 없는 형편이다. 그 대신 저변에는 각종 오염물질, 예로서 각종 생활 쓰레기와 선박 쓰레기가 쌓여 있으며, 각종 산업 폐기물이 장기간 집적된 까닭에 해양생물은 사멸되었으며, 서식환경이 부적격한 상태에 이르렀다.

이런 오염현상은 청정수역을 이루는 인접수역으로까지 뻗어나가서 항외의 수역에도 적지 않은 영향을 미치고 있다. 일례로서, 이런 오염에 따른 해저의 변모 등 해양 생태계는 불가피하게 변조되거나 파괴된 것이다. 바다 저층에서는 해조의 군락이 완전히 파괴된 상태이다. 따라서 같이 자생하던 다른 생물도 양적으로 감소되었거나 멸종된 상태이다.

영일만 바다 밑의 저층은 시궁창의 침전물과 비슷하고, 폐사한 패각에 묻어 나온 흙은 시궁창의 부패한 냄새를 풍기고 있다. 이곳의 바다 밑은 오염된 쓰레기가 깔려 있으며, 무산소 저층의 수질환경을 이루고 있어서 생물의 생존이 불가능한 상황에 있었다.

3) 서해-해안의 매립

서해안의 간척사업 중에서 경기도 시흥군 시화지구 간척사업의 물막이 공사가 1994년 1월 24일 완료되었다. 그 길이는 12.7km이고, 넓이는 여의도의 60배나 되는 5,300만 평의 세계 제 2의 해안 토목공사였으며, 동양 제 1의 방조제 공사였다.

이렇게 만들어진 평야 중 1,500만 평은 농경지로 쓰이고, 1,200만 평은 대지를 조성하겠다고 한다. 이것은 국토의 대확장을 의미하는 획기적인 간척 사업이다. 그러나 오늘날처럼 우루과이 라운드UR가 체결되고 농·수산물의 수입 자유화가 이루어지고 나면, 농경지를 이루기 위한 간척 사업은 경제성이 결여된다.

백령도는 서해안의 북단 도서로서 인구 밀도가 낮으며, 뱃길이 대단히 먼 곳이다. 1993년 2월 백령도의 해양 환경 조사에서 확인한 간척 사업은 백령도의 동남부에 위치하고 있는 진촌 간척 사업으로서 약 3km²의 갯벌이 국토 확장, 농지 조성, 수자원 개발이라는 목적으로 매립되고 있었다. 이곳의 해안 자연은 대단히 아름답기도 하고, 규조토가 침적되어 천연 비행장을 이룰 만큼 독특한 해안을 이루고 있는 곳이었다. 산을 깎아 바다를 메우는 공사였다. 천혜의 자연 경관을 변모시켜도 되고, 천연의 해양 생태계를 파괴시켜도 되는가. 이의를 제기하였고 공사는 중단되었다.

우리는 산업화가 팽배해 가면서 자연 환경이 심각하게 오염되어 가고 있음을 직시하고 있다. 바다에서도 오염의 심각성은 점증되어 이제는 대단히 심각하다. 자연보호와 산업화의 양면성은 인류복지와 생존에 직결되어 있다. 어떻든 자연파괴 내지 멸망위기는 방지되어야 한다.

4) 남해-적조피해

우리 나라의 해양 오염의 시발은 1960년대 진해·마산만에 자유수출공단을 비롯한 각종 공업단지를 조성한 데서 비롯되었다. 이 때에 진해마산만의 해양 생태계는 파괴되었으며, 청정수역이었던 해수는 적조현상으로 사회 문제를 일으켰다. 하수오염, 공업단지의 폐수 오염, 선박에 의한 항만오염은 해양 생태계의 활력을 잃게 했는가 하면, 해양 자원을 황폐화시키는 근원적인 요인이 되었다.

남해는 상습적인 적조해역에서 벗어날 수 없었다. 이것은 해양 환경이 오염되면서 변천되었기 때문이다. 해양오염원을 대략적으로 분석해 봄으로써 해양오염의 관리, 즉 해양오염을 줄일 수 있는 방안을 모색해 보기로 한다.

해안에 자리 잡고 있는 산업단지, 예로 광양만의 광양제철소, 울산만의 각종 중공업단지, 영일만의 포항제철단지 등에서는 불가피하게 어떤 형식으로든 막대한 오염을 인출하고 있다. 이들이 들어선 입지는 원래 천혜의 어장환경을 누리고 있던 수역이다.

연안의 해수 오염은 심각하다. 연안의 도처에는 오물이 뒹굴고, 바닷물 속에는 많은 양의 쓰레기가 난무하고 있었다. 예로서 정치망의 어획 과정으로, 그물을 들어 올리면 물고기는 거의 없고 바닷물 속에 떠다니는 쓰레기만 수거하게 된다. 이것은 일반적인 생활 쓰레기로 각종 비닐 봉투, 과자 봉지, 막걸리 비닐통 등이 주종을 이루고 있었다.

이런 오염 행위가 바로 물고기는 물론, 각종 해양 생물의 씨를 말리는 근원인 적조를 부추기는 것이다. 이것은 대부분 어촌의 생활 쓰레기, 선원의 일용품 또는 한번 거쳐 가면 그만이라는 관광객이 내던진 쓰레기이다.

5) 맺는말

바다는 아주 중요한 생활 환경이다. 바다를 살리기 위한 방안은 다음과 같다.

첫째, 해안도시와 어촌의 주민 한 사람 한 사람이 자연보호 의식이 투철하여 오염원을 극소화해야 한다. 범국민적인 운동 내지 교육이 필요하다.

둘째, 맘모스 산업단지의 자연보호 의지가 투철하여 기본적인 개념과 책임이 곁들여져야 바다가 살아날 수 있다.

셋째, 항구내의 각종 선박의 하적, 선적과정에서 생기는 오염과 유류유출에 대해서 엄격하게 관리해야 한다.

넷째, 바다에 청정수역Blue belt을 선포하여 효율적으로 바다를 관리하는 방안을 모색해야 한다.

다섯째, 기초과학적으로 해양의 자연현상을 파악하고, 해양 생태계 복원 또는 사막화된 해조류의 서식환경을 조성하는 노력이 필요하다.

여섯째, 어민들이 활용하는 어촌의 조그만 항·포구의 오염은 어민들의 무심 속에 오염되고 있기 때문에 어민들에게 환경교육을 통하여 오염을 방지하는 것이 필요하다.

해양 오염의 만연을 막기 위해서는 바다에 대한 자연 보호 운동이 생활 속에서 이루어 져야 한다. 온 국민은 해양오염이 자신과 자손들에게 건강과 행복에 직결된 과제라는 것을 인식하고 바다의 자연보호 운동에 참여하여 오염의 확산방지와 극소화에 노력을 기울여야 한다.

2장

아시아의 자연환경과 생물

1. 백두산의 자연

1) 서언

백두산 천지의 전경

아시아 대륙의 동단이고 한반도의 최북단에 위치하는 백두산은 한 민족의 영산이다. 우리 민족의 발생지인 동시에 근원지이다. 최근 중국 은 백두산을 북한과 반분하여 영유하며, 중국에서 가장 뛰어난 풍치 지 역의 하나로 부각시켜 왔다.

백두산은 260만 년 전에 화산 폭발로 형성된 화산 산이며, 현재는 화산 활동을 잠시 멈추고 있는 화산이지만 언제 어떻게 다시 불을 품어 낼지 모른다. 백두산의 높이는 2,774m이고 화산이 만들어 낸 산봉 우리로 둘러싸여 만들어진 자연호수가 천지이다.

천지의 둘레는 14.4km이고, 수면의 해발은 2,257m이며, 면적은

9.165km^{2}이다. 평균 수심은 213m이며 수량은 19억 5,500만m^{3}로서 유네스코가 지정한 세계 자연 유산으로 등록되어 있다. 규모상으로 대단히 크며, 세계적으로 아름다운 경관을 지닌 풍치지구이다.

중국과 북한이 천지를 반분하여 국경선을 만들어 놓고 있다. 북한쪽에서는 최고봉인 백두봉을 비롯하여 7~8개의 봉우리를 지니고 있고, 중국에서는 장백산이라는 이름으로 천지 주변에 우뚝 솟아있는 산봉우리를 8~9개 영유하고 있다.

북한은 백두산의 풍치를 전혀 개발하지 않아 "자연 그대로" 남아 있다. 다만 최고위급 공산당원들만 사용하는 별장과 국경수비대의 초소가 있을 뿐이다. 반면에 중국에서는 세계적인 관광의 메카로 개발하여 천지를 등반하는 북파코스와 서파코스를 완성하여 막대한 관광수입을 올리고 있으며, 가까운 시일 내에 또 다른 등산로가 될 남파코스를 개발하여 완성단계에 있다.

2) 북파코스

장백산의 천문봉을 중심으로 천지의 경관을 가장 잘 볼 수 있는 위치에 관광객이 올라가서 절경을 감상하는 등산길을 북파코스라고 한다. 매우 아름다운 경관이 펼쳐지는 곳이다. 가장 먼저 개발된 등산로이고, 장백폭포, 녹연담 등을 볼 수 있다. 따라서 천문봉까지 구절양장같은 심산 유곡을 짚차로 올라가는데, 길 양편으로 전개되는 자연의 아름다움도 대단히 좋다. 그러나 산은 자동차 길을 내느라고 원시림이 벌목되고 자연파괴가 심각한 면이 구석 구석 보여진다.

이곳을 등반하는 베이스캠프에는 용암으로부터 흘러나오는 온천수를 직접 접할 수 있다. 수온은 80℃ 정도로 계란을 넣으면 익는데, 여기에서는 계란의 노른자위부터 익는 특징이 있다. 온천수가 흘러나온 지표면에는 온천조가 번성하여 청색을 띠고 있다.

기상의 변화는 극심한데, 위도가 높은 고산지대여서 일기의 변화가 무상하다. 따라서 천지를 조망하는 것은 관광객에게 일진에 따라 행운이 아닐 수 없다. 산 아래는 쾌청하지만 고산으로 올라갈수록 구름의 이동이 심하게 변하고, 수시로 비가 내리거나 운무의 덩어리에 갇히게 되어 지척을 분간하기 어렵기도 하다. 그런가하면 이런 구름이 순식간에 흘러가면서 아주 잠깐 천지의 물을 보여주기도 한다. 천지의 물 색깔은 하늘색과 구름의 색깔과 짝을 이루는 것이어서 심히 탁하거나 흐리멍덩하게 보인다.

그러나 하늘에 구름 한점 없고 티 하나 없이 맑고 깨끗하여 청명할 때는 천지의 물은 맑고 깨끗할 뿐만 아니라 푸른 옥색의 신비에 가까운 수색을 보여줌으로서 매혹적인 경관을 연출하는 것이다. 이와 더불어 고산의 모든 환경이 청정하며 백두산의 빼어난 경치가 펼쳐지는 것이다.

이 등산로에는 장백폭포가 많은 수량을 쏟아 내며 장관을 이루고 있다. 물이 쏟아내는 수력의 소리는 활력이 넘친다. 폭포의 수량은 비가 쏟아지는 장마 철에나 비가 오지 않는 가뭄에서도 일정량을 유지하면서 발원지인 천지로부터 흘러 내린다. 계곡은 용암석으로 이루어졌는데, 이 용암석은 비중이 작아 물에 뜬다. 그러나 나무는 비중이 커서 물에 가라앉는다.

녹연담은 천지 아래쪽에는 대소의 연못들이 형성되어 있다. 그 중에 녹연담의 경관은 수려하다. 녹연담 폭포는 여러 폭의 병풍처럼 흘러 내리는데 높이는 상당히 높으며 수목이 폭포의 바위 사이사이에 자라고 있다. 특히 자작나무의 생육이 수려하다. 또한 연못 속에 자작나무들이

백두산의 금강 대협곡의   백두산의 녹연담의 폭포
기암괴석

고사하여 서있거나 쓰러져있는 경관도 태고의 자연처럼 아름답다. 녹
연담의 산책로 역시 잘 형성되어 있다. 연못의 물과 폭포의 정경과 산
야의 원시림 그리고 하늘의 기상등이 조화를 이루어 일품인 자연미를
나타낸다. 비가 오거나 또는 쏟아질 때, 연못에 떨어지는 빗방울의 시
각적인 경치도 운치가 있고 아름답다.

3) 서파코스

장백산의 서쪽에서 천지까지 올라가는 등산길을 서파라고 한다. 해
발 2,470m까지 올라가서 천지의 수면을 조망하는 것과 장백산 전체를
조망하는 것은 장관이기도 하지만 한 민족의 영산으로서 감개무량하
다. 이곳의 전망대는 옥주봉으로 백두산의 최고봉인 백두봉을 마주하
여 천지를 내려다 보는 경관이다.

백두산의 광활한 초원지대

서파의 원경은 수목이 울창한 원시림의 지대가 아니고 고산의 스텝 지역 즉 야생화의 생육지를 답사하는 코스라고 할 수 있다. 이곳은 백두 산의 광활한 초원지대이며 야생화가 철따라 다양하게 피고 지는 지역이 다. 위도가 높고 고산의 스텝지역이어서 희귀식물이 자생하는 곳이다.

이곳은 자동차 길이 아니고 계단으로 천지까지 올라가는데 1,442 계 단이 놓여있다. 계단을 따라 올라가면서 백두산의 정경을 만끽할 수 있 다. 실제로 접할 수 있는 야생화가 매우 풍부하고 귀한 식물들일 뿐만 아니라 아름다운 자연을 "있는 그대로" 보여주고 있다.

4) 금강 대협곡

서파코스에서 하산을 하면서 장백산의 원시림 속을 한 시간 정도 트 래킹할 때, 장백산의 대협곡을 지나면서 계곡의 아름다운 전경을 조망할 수 있다. 이곳은 고산준령의 깊은 계곡이 장구한 세월 풍화작용으로 괴암 절벽을 이루고 있는 곳이다. 울울창창한 원시림을 배경으로 자연 그대로의 화산암의 석조 전시관을 이루고 있다.

이곳은 백두산의 원시림을 관찰할 수 있는 생태적인 여건을 지니고 있다. 자연적으로 많은 양의 나무들이 수명을 다하고 쓰러져 썩어 가는가 하면 그것을 대치하여 새롭게 성장하는 나무들이 있어서 원시림의 생성 소멸이 자연스럽게 이루어지는 자연 평형이 잘 보여지고 있다.

5) 백두산의 야생화

백두산의 눈은 8월이 되어야 다 녹으며 9월이 되면 다시 눈이 내려 쌓인다. 그러나 응달진 곳에는 눈이 남아있어 1년 내내 눈이 남아있는 셈이다. 백두산은 한대 지역에 인접해 있으며, 고산의 고도에 따라 기온 차이가 심해서 식생의 분포를 뚜렷하게 분별시키고 있다. 그럼에도 산의 저변에는 원시림의 장관이 펼쳐지고, 위쪽으로 올라갈수록 수목의 양이 줄어들고 2,000m의 고지부터는 초본의 고산 식물 지대를 이룸으로 백두산의 야생화지대를 이루고 있다. 철따라 고도에 따라 피고지는 야생화의 종류가 다르고 지세에 따라 다름은 물론이지만 대략 살펴보면 다음과 같다.

개망초, 까마중, 패랭이꽃, 구름패랭이, 술패랭이, 쑥부쟁이, 개쑥부쟁이, 땅채송화, 동자꽃, 꽈리꽃, 매발톱, 할미꽃, 말나리, 뻐꾹나리, 섬말나리, 솔나리, 하늘나리, 인동초, 양귀비, 천일홍, 접시꽃, 얼레지, 흰얼레지, 노루귀, 붓꽃, 원추리, 큰원추리, 나비난초, 새우난초, 금낭화, 제비꽃, 동자꽃, 상상화, 부레옥잠, 엉겅퀴, 바람꽃, 석잠풀, 범부

채, 삼잎국화, 우담바라꽃, 당아욱, 모시대꽃, 개불알꽃, 화살곰취, 잔
대, 상상화, 꿩의다리, 개갓냉이꽃, 불로화, 달구지풀, 목화, 개머위,
산당화, 배롱 나무, 명자나무, 석류나무, 산사나무, 찔레꽃, 자귀나무.
자목련 등.

6) 백두산의 영유권

백두산은 천지를 중심으로 중국이 6개의 봉우리를, 북한이 7개의 봉
우리를 영유하는데 중국과 북한의 국경선에는 3개씩의 봉우리를 경계
지역으로 하고 있다. 이것은 1950년 6.25 한국전쟁 당시 모택동이 중
공군 30만 명을 참전시켜서 18만 명이 희생된 대가로 백두산을 반분하
여 빼앗아간 것이다. 중국은 산세가 비교적 덜 험한 쪽의 산봉우리를
지니며 북한은 산세가 험한 봉우리를 차지하고 있다.

북파코스는 천문봉을, 서파코스는 옥주봉을 중심으로 막대한 개발
비용을 투자하여 대단위 관광단지를 형성한 것이다. 2014년 6월부터
는 북한의 동의를 얻어 남파코스, 즉 대서대하파라는 관광코스를 새로
이 개발하였다. 이곳은 소나무의 원시림 지역으로서 최적의 삼림욕장
이다. 특히 조명을 잘해 놓아 직장인들이 야간에도 산림욕을 즐길 수
있도록 하였다. 이런 원시림은 원래 공기가 신선하고 삽상하여 자연을
만끽할 수 있는 환경으로, 소나무의 피톤치드를 적절하게 활용한 개발
이다.

반면에 북한의 경우에는 완전히 폐쇄된 형태로, 절경을 이루는 관광
자원을 가지고 있음에도 불구하고 고위층인 공산당원만 다니면서 쉬는
별장으로 이용될 뿐이다. 국민은 굶어 죽는데 몇몇 독재자만 다니면서

즐기는 곳으로 악용되고 있는 것이다. 어찌 경제적 파탄을 피할 수 있겠는가.

2. 몽골의 에델바이스 초원

에델바이스는 고산 식물로서 고산 또는 고위도의 환경에 자생하는 식물로서 많은 사람들의 애호를 받고 있다. 유럽에서는 알프스 산에 자생하며, 영원한 꽃이라는 명칭을 지니고 있다.

이 초본이 분포되어 있는 지역을 보면 중국, 한국, 일본, 몽골 등지이다. 우리나라에서도 고산인 설악산, 지리산, 한라산 같은 높은 초원 지대에 자생하고 있으며, 흔히 보이지 않아 희귀식물로 분류되고 있다.

몽골의 테를지 국립공원에서는 에델바이스가 넓은 초원에 우점종 dominant species으로 자리 잡고 있어서 초원을 대단히 아름답고 희귀하게 꾸미고 있다.

에델바이스는 학명으로는 'Leontopdium alpinum'이라고 하는데 이것은 국화과 식물의 다년생 초본으로 입과 줄기가 온통 하얀 솜털로 덮여 있다. 줄기의 길이는 10~20cm 정도이고 잎과 줄기에는 하얀 솜털로 덮여 있다. 한 여름에는 줄기 끝에 백옥같이 하얀 별모양의 꽃이 피어난다. 그 자태가 매우 아름답다. 독일어로 에델Edle은 고귀하다는 뜻을, 바이스Weiss는 하얗다는 뜻을 가지고 있다.

몽골 초원의 에델바이스

에델바이스는 건냉한 곳에서 자라며

높은 산의 특수한 환경에 자생하고 있는데, 우리나라에서는 이와 비슷한 종류로 솜다리, 산솜다리 또는 한라솜다리 등이 기록되고 있다.

에델바이스는 순수함, 순수한 사랑, 고상한 품위, 불순 또는 부정과 불결함을 멀리 하고 깨끗함과 정결함을 상징하기에 아주 귀하게 대접받는 희귀 야생화로서 많은 사람들에게서 사랑을 받는다.

몽골의 테를지 국립공원은 울란바토르 시에서 동북쪽으로 약 80km 떨어져 있는 해발 약 1,400m의 고원지대이다. 이곳을 답사한 시기는 2006년 7월 20일에서 22일이었는데 기후가 대단히 온화하고 기온은 22~24℃로 쾌청한 일기를 보였다.

이 국립공원의 특색은 수많은 야생화의 천국이었다. 초본의 종류로는 에델바이스, 민들레, 질경이, 엉겅퀴, 클로버, 꽃다지, 나리, 애기똥풀, 할미꽃, 피, 노랑 양귀비, 붉은 양귀비, 파랭이, 방가지 풀 등이 어우러져 한여름의 환상적인 초원을 이루고 있었다.

다른 한편으로 이 국립공원에는 다양한 수목도 관찰되었다. 그 종류를 보면 소나무, 잣나무, 전나무, 자작나무, 시베리아 포플러, 버드나무, 낙엽송 등이다. 이들은 한 대 지방에서 잘 적응하여 고목이 된 수목류로서 숲을 이루고 있다.

테를지 국립공원 내에는 하천이 흐르고 있는데 한여름의 수온이라고 해도 12℃ 정도 될 듯하며 수량이 적지 않은데 차가운 냇물의 구배로 유속이 급하게 흐른다. 하상은 돌로 되어 있고, 돌 위에는 물이끼가 덮여있는 것을 보아 수생 동식물도 서식하는 것으로 보인다. 특히 냉수성 어족인 빙어 같은 어류가 서식할 것으로 보인다. 하천의 양안은 상당한 연륜을 보이는 버드나무를 비롯한 침엽수와 자작나무 고목으로 이루어진 숲을 이루고 있는 것이 특징이다.

몽골의 하늘은 오염되지 않은 대단히 맑고 깨끗한 자연을 지니고 있

야생화의 천국을 이루는 몽골의 초원   울란바토르에 있는 징키스칸의 기념 산성

다. 그리고 한밤에는 맑은 하늘에서 별이 쏟아지는 정경을 관찰할 수 있다. 특히 두드러지게 보이는 것은 유난히 반짝이는 금성과 북극성이 일직선상에서 관찰되고 국자모양으로 무리를 이루는 북두칠성을 뚜렷하게 관찰할 수 있다. 그리고 아름답고 순수한 사랑을 나눈다는 견우와 직녀의 별들도 만날 수 있다. 이러한 하늘의 자연과 땅위에 만발한 순백의 에델바이스 초원은 대단히 잘 어울린다. 별이 쏟아지는 밤에 하얀 빛을 발하는 에델바이스 초원이란 환상적인 자연의 조화가 아닐 수 없다.

　몽골의 국호는 'The republic of Mongolia'이고 면적은 1,567,000km²인데 이것은 한반도의 7.4배이며 남한 면적의 16배 정도이다. 인구는 약 250만명에 불과하고 수도 울란바토르Ulan Baatro는 해발 1,850m나 되는 고원에 자리잡은 도시로서 인구가 81만명이다. 이 나라의 인구는 몽골족이 79%이고 그 외에 여러 소수민족이 있다. 종교는 94%가 티벳불교인 라마교인이며 국민소득은 일인당 500불정도이다. 주로 목축업을 하는데 말, 소, 낙타, 양, 염소 등을 기른다.

　몽골은 220년 동안 청나라(중국)의 지배를 받다가 복드칸 왕

(1872~1928년)에 의해서 러시아의 도움으로 독립을 하게 되고 1940년 일본과 전쟁을 했을 때에도 러시아의 도움으로 승리를 하였다. 그래서 몽골은 러시아를 선호하고 중국과 일본을 미워한다. 실제로 몽골은 중국에게 내몽고의 광활한 땅을 빼앗기고 있으며, 자연경관이 뛰어나고 독특한 지역적 성격을 지닌 바이칼 호수의 시베리아의 땅은 러시아에 넘겨줌으로서 1/3정도의 국토를 지니고 있는 셈이다. 몽골 사람들은 이러한 국가적 아픔을 가슴에 안고 살아가는 듯하다.

몽골이 발전하려면 무엇보다도 인구의 증가가 불가피하게 중요한 요인이 되고 둘째로는 고비사막 같은 강우량이 극히 적은 방대한 국토를 개발하기 위해서 홉스골의 풍부한 수원을 활용하는 것이 바람직하다.

다시 말해서 댐의 건설 혹은 하천의 유로 변경 같은 토목공사가 수행되어야 한다. 다음으로는 녹화운동을 통하여 사막을 옥토로 만드는 일이며 위도가 높기 때문에 고랭지의 유기농 내지 무농약 채소를 생산하여 국제경쟁력을 가진 수출이 필요하다. 실제로 이러한 좋은 환경을 지니고 있는 것이다.

이러한 것을 뒷받침하기 위해서는 생명과학과 농업에 관한 발전이 긴요하다. 다른 한편으로 사회주의 내지 공산주의의 러시아와 중국의 밀착된 정책으로부터 탈피하여 시장경제를 운용할 필요가 있으며 이것은 한국과 미국의 시장경제를 원용할 필요가 있다.

그리고 교육정책이 보다 능동적이어서 외국어를 강화하고 스위스와 같은 여건을 조성할 필요가 있다. 또한 광대한 국토의 요소요소에 특수한 관광개발 사업을 성사시키는 것이 이 나라발전에 크게 도움이 될 것이다. 테를지 국립공원의 지형적인 특성만 보아도 몽골은 생태학적으로 생물자원 면으로 무한한 잠재력을 지니고 있는 천연 자연의 부국이라고 하겠다.

3. 러시아의 화려한 자작나무 숲

바이칼 호수를 둘러싸고 있는 방대한 지역은 자작나무의 울창한 숲을 이루고 있다. 자작나무는 이지역의 풍토에 잘 맞는 수종으로서 우점종dominant species을 이루면서 오랜 세월 원시림으로 성장한 것이다.

그러나 소나무, 전나무, 잣나무들은 어느 정도 일정한 비율을 가지면서 서로 경쟁하면서 군락을 이루고 있다. 자작나무가 이들 나무들과 경쟁적으로 자랄 적에는 둥치는 아주 가늘고 키는 대단히 크게 자라는 것을 볼 수 있다.

이곳의 숲은 원시림이며, 생태학적으로 층이현상stratification을 잘 보여주고 있다. 다른 한편으로 관목류도 자생하고 있지만 초본류의 자생은 아주 두드러지게 현란하다. 초본류로서는 민들레가 가장 우점적으로 보여 지며 질경이도 많이 서식하고 있다. 이 밖에 엉겅퀴, 애기똥풀, 닭의장풀, 쑥류, 구절초류, 피, 망초, 클로버 등도 뒤섞여 풍성한 초원을 이루고 있다. 이러한 초원은 우리나라에서도 흔히 관찰되어 색다른 식생은 아니다.

자작나무과Betulaceae의 자작나무*Betula platyphylla var. japonica* Hara는 통속적으로 불리는 명칭으로는 화피수, 화목, 화수, 화 또는 백화, 백단목, 백수, 또는 천화, 취화, 붓나무 등으로도 불리는데, 노르웨이, 스웨덴, 핀란드, 러시아, 중국 등지에서 원시림을 이루는 중요한 수목이며 산림자원이다. 우리나라에서도 강원도 북쪽에서 자생하고 있다.

자작나무는 수피에 지방성분이 많아서 탈적에 지지직하고 타는데 이때 발생되는 의성어를 사용하여 자작나무라는 명칭이 붙여졌다고 한다.

자작나무는 낙엽성 교목이며 높이는 약 20m에 달하고 나무껍질은 백색이며 수평으로 얇게 벗겨지는 특색이 있다. 잎은 세모진 난형이며

자작나무 숲

길이는 5~7cm이다. 엽병은 1.5~2cm이다. 4~5월에 꽃이 피고 꽃은 자갈색이며 자웅일가이다.

자작나무는 약용, 관상용 또는 염료식물로 사용되고 또한 조림수로서 사용되고 있다. 일반인에게는 민간요법으로 피부병 치료에 사용되며, 염료 식물로서도 사용되고 있다. 이곳에서 생산되는 자작나무는 목재로서의 활용은 비교적 적지만 고급 인테리어에 사용되고 있다.

봄에 자작나무의 수액은 고로쇠 물로 활용되는데 건강음료로서 인기가 있다. 그리고 자작나무에서 추출한 것으로는 드링크제로 사용하고 있다. 핀란드식 사우나에서는 자작나무의 나뭇가지 잎으로 몸을 탁탁 치는데 혈액 순환에 상당히 좋다고 한다.

자작나무에서 형성되는 차가버섯은 나무의 끝부분의 수액을 빨아먹어 형성되는 세포 이상 현상의 결과물이다. 이 버섯은 각종 성인병 예방에 효과가 있는 것으로 알려져 있다. 자작나무는 껍질이 얇은 대팻밥처럼 벗겨져 나오며 자이리톨xylitol성분이 추출되어 껌을 만드는 원료로 사용된다.

바이칼 호수를 끼고 달리는 기차 안에서 보이는 방대한 양의 자작나무 숲은 자연경관적인 면에서 아름다우며, 인적이 거의 없는 시베리아 벌판의 주인이라고 할만하다. 버려진 땅, 또는 불모의 광야가 아닌 한여름철에 대초원을 이루면서 들꽃으로 장식되는 야생화의 천국이라고 하겠다.

그런데 위도가 높은 러시아의 시베리아에서 위도가 낮은 몽골의 고비 사막 쪽으로 갈수록 구릉 지대는 많아 지고, 초원은 상대적으로 빈약해 보인다. 반면에 암석으로 평원을 이루고 있거나 기후적으로 준 사막의 경관을 보여주는 불모의 땅으로 변하고 있다.

러시아의 바이칼 호수를 중심으로 끊임없이 이루어져 있는 자작나무 숲은 대단히 울창한 자연림이며 아름다운 자연 군락을 이루고 있다. 특히 북구의 노르웨이, 스웨덴, 핀란드, 러시아에 방대하게 자생하고 있는 자작나무의 원시림과 같이 지구환경의 경이로운 한 단면이라고 하겠다.

4. 중국의 구채구와 황룡의 자연

1) 산악의 자연 경관

인천과 성도사이의 비행거리는 약 2,400km이고 비행시간은 3시간 정도이다. 그리고 성도에서 구채구까지는 약 460km의 험한 산길을 버스로 9시간정도 이동한다. 이곳은 약 5,000m나 되는 고산지대이며 산들 사이로 나있는 산길은 네팔의 산악지대와 비슷하며, 차마고도의 한부분을 만나기도 한다.

이 지대는 지진지대로서 2008년 사천 성의 비참한 강진의 잔재를 볼 수 있다. 이때에 희생된 사람은 10만 명이 넘는다. 도시 전체가 매몰, 또는 파괴되었으며 지금도 신도시로 건축되고 있다. 이 길은 동 티벳 쪽으로 열려있는 길이기도 하다.

자연 경관은 산세가 험한 산악지대로 우뚝우뚝 서있는 산들의 모임이 매우 위협적으로 느껴진다. 이곳은 강수량이 상당히 많아 계곡의 수량도 많으며 수색은 회색을 띄고 있다. 산의 구배에 따라 급경사 지역에서는 물살이 세차게 흐른다. 이러한 물줄기는 최종적으로 장강, 즉 양자강과 합류한다.

고산이기에 산사태의 조짐이 여기 저기서 보여 지며, 도로관리에 상당히 신경을 쓰고 있다. 산의 밑둥은 많은 강수량과 풍화작용으로 침식당하여 토사가 상당량 유실되고 깎여서 대소의 사태가 언제 일어날런지 가늠하기 어려운 형국이다. 또한 지진 지대여서 언제 다시 지진이 발생될는지 예측할 수 없기도 하다.

산 전체의 식생은 뚜렷한 특색이 없고, 고산이어서 수직 분포가 이루어져 있으며, 전반적으로 풍부한 초목이 자생하고 있지 않다. 이 지역에서는 주로 목축업을 하는데 특히 야크를 방목하여 소득을 올리고 있다. 그러나 주민의 수효가 적어서 인가가 여기저기 흩어져 있고, 산자락의 비탈에 조금씩 붙어있는 작은 땅 쪼가리에 경작을 하는데 옥수수를 비롯하여 사과, 배, 자두 같은 과수를 심어서 농산물을 생산하는데 질은 우수해 보인다.

다른 한편으로 이곳에는 차마고도의 일부와 만나기도 한다. 차마고도는 말과 소금, 그리고 필요한 생필품들이 고산지대의 산길을 통하여 교역되는 통로이다. 차마고도의 중간 중간에는 산촌 마을이 형성되어 있다. 이러한 열악한 고산의 자연환경 속에는 장족이라고 하는 소수민족이 살고 있다. 이들의 주거 형태는 나무로 집을 짓고 창틀은 격자형을 하고 처마는 우리나라의 전통가옥과 비슷하다.

이 지역의 식생을 보면 소나무, 전나무, 회나무, 버드나무, 주목, 산벚나무, 산목련, 자작나무, 청단풍, 산 매화, 향나무, 회양목, 노간주, 미루나무, 포플러, 느티나무 등이 여기저기에서 보여지며 초본으로는 질경이, 클로버, 엉겅퀴 등 여러 가지 잡풀들이 보인다. 그런데 도로 옆의 초목은 심한 매연으로 고사한 나무가 많고 대부분의 수목은 매연의 영향 속에 생기를 잃고 있으며, 고사 중에 있음을 관찰할 수 있다.

2) 구채구의 환상적인 수색

구채구는 사천성의 산악지대에 위치하는 국립공원으로 입장료가 310위안이다. 경노표는 90위안이다. 산의 계곡에 펼쳐지는 찬란한 비취색의 연못들의 수색은 대단히 황홀한 색채를 띠고 있어서 수려한 경관을 보이고 있다. 구채구의 물의 경관을 보지 않고는 물에 대해서 이야기를 하지 말라는 말도 있는데 적절한 표현같다.

괄목할만한 몇 개를 보면 진주해 호수, 진주해 폭포, 경해 등이 있다. 구채구의 다른 한 코스의 관광은 3,150m에 있는 장해이다. 이곳 역시 비취색의 매혹적인 연못 물을 지니고 있다. 이 물로부터 아래쪽으로 800m에 이르도록 물의 흐름이나 중간에 형성된 연못들도 운치가 있는데, 그 중에 오채지라는 곳이 아주 아름답다. 그리고 마지막으로 저지대의 늪지를 이루고 있으며 늪지 사이에 여러 가지 형태의 식생이 발달되어 있다. 그러한 환경 속에 화화해火花海라는 연못이 있는데 이곳 역시 상당히 보기에 좋은 곳이다.

구채구는 성도시에서 산악으로 460km 떨어져 있는데 사천성의 창족과 장족의 자치구 안에 위치하고 있다. 골짜기 안에 9개의 장족마을이 있는데 여기에서 구채구라는 이름이 전래된 것이다. 중요한 풍경구는 Y자 모양을 띄고 있으며 구채구의 세부적인 것을 보면 수정구, 일측구, 측사와구와 같이 3개의 골짜기로 되어 있으며 원시 비경을 보존하고 있는 세계적인 자연 유산 지구이다. 물론 1992년에 유네스코에 등록된 곳이다. 1997년에는 세계 생물권 보호구로 지정되면서 세계적인 관광명소로 자리 잡았다. 구채구의 자연에는 신비한 운해, 맑은 물과 폭포, 기이한 지형, 환상적인 수색 등이 조화롭게 별천지를 이루고 있는 것이다.

3) 황룡의 매혹적인 연못들

구채구에서 황룡을 가기 위해서는 산소가 적은 고산을 넘어야 하는 힘든 고비가 있다. 약 4,300m의 고지를 넘어서 자리 잡고 있는 황룡은 고도가 높으므로 노약자들은 산소통을 준비하고 고산 약을 먹는 것이 보통이다.

황룡은 10월 중순임에도 기온이 낮고 얼음이 얼어 한기를 느끼게 한다. 황룡의 오채지에는 케이블카를 타고 올라가지만 케이블카까지 올라가는 데는 3~4km를 걸어야 한다. 거기서 부터는 데크목으로 등산로가 전개되어 있는 트래킹코스이다.

데크목이 얼어서 걸을 수가 없을 정도로 미끄럽다. 이것은 이슬이 곧바로 서리가 되어 빙판길을 만든 것으로 매우 위험한 등산길이다.

오채지에 올라가니 별천지가 전개되었다. 터키의 파묵칼레와 비슷한 비취색의 연못이 전개되는데 그 규모가 대단히 크고 화려하다. 구채구의 수색과는 또 다른 뉘앙스를 가지는데, 수색의 향연이 펼쳐지는 곳이다.

수색을 결정하는 것은 땅의 환경이 무슨 원소로 되어 있느냐 또는 맑고 깨끗한 하늘의 투명도와 색깔 그리고 구름의 색깔과 모양이 수색에 영향을 주며, 또한 물을 받쳐주는 밑바닥의 암석 색깔이 수색을 결정한다. 다른 한편으로 연못 주변에 자생하고 있는 식물상과 그것이 만드는 그림자가 수색에 깊이 관련되어 있다.

오채지는 고산준령의 깊은 골짜기에 갖가지 색채의 보석이 펼쳐져서 빛이 산란되는 것 같다. 이곳을 찾아낸 것은 불과 몇 십 년밖에 되지 않는다.

황룡은 구채구와 더불어 세계 자연 유산으로 지정되어 있고 구채구 공항에서 약 한 시간 떨어진 거리에 위치하고 있다. 경관이 기이하고 특이하며 자원이 풍부하여 많은 사람들에게 현생의 신선경이라고 불릴 만큼 에메랄드의 물빛, 투명한 연못, 원시림의 아름다운 계곡, 구름의 모양 등이 매혹적으로 전개되는 곳이다.

황룡의 에메랄드 물빛 경관　　　　　　구채구의 동시 다발성 폭포

4) 낙산대불의 자연

성도에서 두시간정도 남쪽으로 달리면 낙산시가 있고 낙산시의 민강 연안에는 낙산대불이 있다. 민강은 대하를 이루는 양자강으로 합류되는 지점에 있다. 낙산대불은 해안에 위치하는 작은 돌산을 좌불의 형상으로 무려 90년 동안 조각하여 만든 것이다.

낙산대불은 낙산시의 민강, 청의강 등이 합류하는 곳에 위치하며, 양자강에 합류하는 강들이다. 낙산대불은 71m의 높이를 지니며 민강의 동쪽연안 절벽을 삼대에 걸쳐서 조각한 세계최대의 석각 미륵보살의 좌상이다. 머리는 14.7m이고 어깨길이는 24m이고 무릎과 발등의 길이는 28m이다. 코는 5.6m이고 입술과 눈은 3.3m이며 목은 3m이다. 귀는 7m이고 눈썹도 5.6m이다. 손가락은 8.3m, 발등의 폭은 8.5m이다. 이와 같이 거대한 조각은 산 한편의 절벽을 조각한 것이다. 따라서 불상의 전모는 풍화작용과 비바람, 폭풍 등의 영향으로 산뜻해 보이지 않는다.

낙산대불의 배경과 전경

좌불의 형상을 한 낙산대불과 관광객의 원경

당나라 시절, 713년에 착공하여 3대에 걸쳐서 803년에 완성하였다고 하는데 그 규모가 대단히 커서 세계 제일이라고 하며 배를 타고 멀리서 바라보아야 불상 전체를 볼 수가 있다.

5. 네팔의 에베레스트Everest 자연

에베레스트는 지구의 지붕이라고 할 만큼 높은 최고봉의 산이다. 에베레스트가 위치하는 곳은 네팔이고 티벳과 접경을 이루고 있다.

네팔은 내륙의 나라이고 수도는 카트만두이며 중요 도시로는 포카라, 빌간지, 비트라 등이다. 80%가 아리안 족이며, 티벳족과 몽골족이 섞여 있다. 종교로는 90%가 힌두교이고 불교가 9%이며 나머지는 회교이다. 네팔의 면적은 약 147,000km^2 로서 한반도의 2/3에 상당한다. 네팔은 동서의 길이가 약 800km이고 남북의 길이가 제일 넓은 곳이 약 300km이고 좁은 곳은 약 170km 이다. 인구는 약 3,000만 명이며 카트만두에는 200만 명이 살고 있다.

에베레스트 산의 전경

산의 면적은 83%이고 평지가 17%에 불과하다. 국민소득GNP은 300불 내외이며 세계에서 최빈 국가에 속한다. 국민의 51%는 산중에 살고 49%는 평지에 살고 있다.

네팔이 자랑하는 것은 히말라야 산맥의 8,000m이상 되는 14개의 봉우리 중에 8개를 지니고 있고, 부처님이 탄생한 나라이며, 수력발전을 하면 이 나라가 다 쓰고도 남을 만큼 물이 풍부하다는 것이다. 네팔은 산악의 나라로 7,650m 이상의 고산이 50개가 넘는 산의 왕국이라고 하겠다. 그러나 정치적으로 부정부패가 심하고 국민을 위한 행정이 없다. 8,000m이상 되는 히말라야 산맥의 14봉우리, 즉 14좌는 에베레스트 8,848m, k2 8,611m, 칸첸중아Kanchenjunga 8,586m, 롯체Lhotse 8,516m, 마칼루Makalu 8,463m, 초오유CHo Oyu 8,201m, 다울라기리1봉Dhaulagiri 8,169m, 마나슬루Manaslu 8,163m, 낭카파르바트Nanga Parbat 8,126m, 안나푸르나Annapurna 8,091m, 가셔브룸1봉Gasherbrum 8,086m, 브로드피크Broad Peak 8,051m, 가셔브룸2봉 8,036m, 시샤팡마Shisha Pangma 8,013m이다.

8,000m가 넘으면서도 주봉과 산줄기가 동일하여 위성 산봉우리로 분류되는 얄룽캉 8,507m과 로체샤르 8,400m를 더하여 히말라야 16좌라고 한다. 히말라야Himalaya에서 두 번째로 높은 k2(8,611m)는 파키스탄Pakistan에 있으며, 14좌중에는 중국과 인도에 각기 하나씩 있으나, 여러개의 산 봉우리는 네팔과 중국의 접경에 위치하고 있다.

비행기에서 에베레스트 산봉우리를 비교적 뚜렷하게 바라볼 수 있고, 히말라야 산맥의 몇몇 봉우리를 조망하는 것은 경이롭다. 히말라야 산맥의 몸체는 구름으로 싸여 있으나 구름위에 드러난 산봉우리들을 원경으로 바라볼 수 있다. 안나푸르나Annapurna봉을 가운데 두고 서쪽으로는 다울라기리Dhaulagiri가 약 40km 거리에 위치하고, 동쪽으로는 마나슬루Manaslu가 약 60km 떨어진 곳에 조망할 수 있다.

쾌청한 일기에 비행기가 오리무중같은 구름을 뚫고 하늘 높이 치솟으면 우선 흰 구름이 무한광대한 평야처럼 펼쳐지는데 마치 흰 목화 송이를 깔아 놓은 듯 하고, 찬란하게 내려 쪼이는 태양광선에 눈이 부시나, 에베레스트를 비롯하여 8,000m 이상되는 영봉들이 흰 구름의 베일속에서 드러나는 모습은 장엄하고 신비롭기만 하다. 마치, 천번 만번 부르니 비파로 얼굴을 반쯤 가리고 나타나기 시작한다는 백거이의 〈장한가〉를 생각나게 한다.

千呼萬喚始出來 猶抱琵琶半遮面
천호만환시출래 유포비파반차면

히말라야 산맥은 높은 산봉우리들의 신비로운 경치 뿐만 아니라, 광대한 산악 지대에 펼쳐지는 대자연의 지구의 모습이며 별천지이다. 이 모습을 시로 노래하면 다음과 같다.

고산의 정기

산 첩첩
나무 첩첩
구름 첩첩

그리고
맑고 깨끗한 바람
순수한 태양광선

시원한 공기
고산의 정기도 첩첩

히말라야는 명실 공히 세계에서 제일가는 고산준령의 면모를 보이고 있다. 산악 전체가 형용할 수 없는 장관을 연출하고 있다. 이곳에서 쉽게 접하는 식생을 보면 소나무, 유칼립스 나무, 상수리나무, 보리수나무와 같은 거목들이 많으며, 초본으로는 망초, 마가렛, 고사리 등이 쉽게 눈에 뜨이고, 깨라풀 꽃이 보이는데 이것은 바나나 꽃에서 바나나가 달리듯 피어 있는데 붉은색과 노란색을 나타내고 있다. 논과 밭의 농작물을 보면 벼농사를 비롯하여 옥수수, 감자, 오이 등이 생산되고 수목으로는 사과, 망고, 오렌지 등을 생산하고 있다. 히말라야 산에서 흘러내리는 강의 이름은 쎄끼 강이라고 하는데 석회질성분이 많아 물의 색이 뿌옇고 희게 보인다.

세계에서 제일 비가 많은 지역은 인도의 아쌈 지역이고, 다음으로는 네팔의 포카라 지역이다. 이 도시는 해발 500~600m의 고지에 위치하고 있는 네팔의 제2의 도시이다. 포카라 시는 호수라는 뜻에서 시원된 말이며 실제로 호수lake가 아주 많은 지역이다. 이곳의 강우량은 인도양의 더운 수증기가 히말라야 산맥을 넘어가지 못하고 비구름이 모여 쏟아 붇듯이 비를 내리게 한다. 1년 평균 강우량은 4,000~5,000mm이고 가장 많이 내리는 날은 356mm라고 한다. 우기는 6월에서 9월로 4개월 동안이다. 우기에는 장대비가 쏟아지다가 가는 빗줄기가 되기도 하고, 소강상태를 보이다가 다시 세차게 내린다. 포카라 시에는 데이비드 폭포David's fall가 있는데 많은 수량이 지하의 호수 또는 강으로 쏟아져 들어가고 있다. 포카리 시는 커다란 지하 호반에 떠 있는 형국으로 과학자들은 100년 혹은 수백 년 후에는 이 도시가 물바다 속에 푹 꺼져 버릴 것이라고 이야기하고 있다. 그리고 이 지역의 동굴은 우기에는 물이 차여서 출입하기조차 어렵다. 고산의 환경 속에서 비는 자연 경관을 다양하게 변화 시키고 있다. 빗속에서도 맑은 하늘이 잠시 나타나기도 하고 검은 먹구름으로 하늘이 가려지는가하면 산해의 산봉우리 사이사이에 흰 구름이 각양각색의 형태로 산허리를 둘러싸기도 하고 조개구름은 하늘을 화려하게 수놓기도 하고 흰 구름이 산과 도시를 덮어서 신기한 경관을 연출하기도 한다. 지나가는 구름사이로 찬란하게 내비치는 산봉우리를 아주 드물게 순간적으로 바라볼 수도 있다.

페화호수Phewa lake는 안나푸르나 봉의 계곡에서 시원 되어 데이비드 폭포에서 끝난다. 이 호수는 네팔의 자연생태를 잘 보여 준다. 이 호수는 적지 않은 호수로서 호수 주변에는 울창한 수목이 어우러져 있고 대규모의 백로 군집이 군무를 하듯 나무들을 이동하는 모습은 장관이 아닐 수 없다. 그리고 호수 안에는 부레옥잠이 번성하여 꽃을 피우고 있다. 호수의 물은 녹색이 은은하게 배어 있어 탁해 보이지만 오염이 되었거나 과다한 미세조류의 번식에 따른 부영양화 현상을 나타내는 수질은 아니다. 따라서 산중에서 형성된 이 호수의 수질은 상당히 건강한 생태계를 이루고 있다. 수온은 25℃정도로 높은 편이다. 담수어종의 번식이 좋아서 잉어도 여러 종류 자생하고 메기, 가물치, 뱀장어 등이 서식하고 있다고 한다. 기온도 가장 높을 때는 37℃까지 올라간다. 이 모습을 시로 노래하면 다음과 같다.

네팔의 정서

에베레스트.
이 장엄한 자연속에서
갖는다는 것, 아무것도 아니다
산다는 것도, 아무것도 아니다

하루에 한끼 먹어서

배 부르면 만족이고

두끼 먹으면 더 좋고

세끼 먹을 수 있으면

더 바랄 것없이 행복한 삶이다

남에게 나쁜 짓 하지 않고

욕심없이 살아 가다가

성스러운 강가에서

하얀 재로 변하여

강물에 흘러가면

시바신이 극락으로 데려 가리.

6. 춘계 내몽고의 자연과 식물상

다음은 확대되어 가는 내몽고의 사막화를 막기 위하여 2004년 봄에
실시된 대규모의 식목행사에 참석하여 조사한 내용이다. 세계도처에서
사막화가 심각하게 진행되고 있어서 지구의 생태계가 변하는 한 단면
이라고 하겠다.

1) 내몽고 듀오론多倫의 개요

내몽고의 자연은 북경에서 비교적 가까운 인접지역으로서 수목이
아주 무성하게 자라는 산악지대와 준사막으로 버려진 광활한 평원이라

는 양극화된 비교로부터 전개된다. 그렇다고 내몽고에는 수목이 없는 불모지는 아니다. 최근에 건설된 내몽고의 고속도로변에는 가로수로서 수십 년의 수령을 지닌 백양나무가 자라고 있다. 광야의 이곳저곳 드문드문 보이는 수목의 군락, 방풍림의 조성이 보이는데 그 규모는 작고 수량도 적어서 생태학적 의미를 부여하기는 어렵지만 이 지역에서 자생 할 수 있거나 또는 식생이 가능한 수종이 있다는 중요한 의미를 지니고 있다.

이러한 수목경관과는 별도로 6~7월에는 광활한 평원에 초원이 형성된다. 지난해의 초본들의 잔해는 새로운 초원을 예고하고 있다. 식생의 종류나 개체의 크기 등은 잔해로서는 정확히 가늠하기 어렵지만 광대한 초원의 생태계가 전개되는 것이다.

농토로 조성된 땅은 비생산성의 광야에 비해서 극히 적은 부분이지만 농장 자체로서 존재하는 의미가 있고 냉해에 강한 종류의 밀, 보리 종류가 생산되고 있다. 생태학적으로는 곡류의 생산보다도 방풍림의 성격과 규모가 더욱 의미가 있다. 방풍림은 농토의 가로와 세로에 조성되어 있는데, 100~200m의 가로에 끝이 아련할 정도의 세로를 지닌 농토도 있다.

2) 기온

듀오론은 북위 41°45′-42°39′에 위치하는데, 전적으로 한랭한 한대지역이라고 할 수 없는 곳이다. 그러나 한랭한 사막과 인접하여 있음으로 그 영향에 의하여 연 평균 기온이 3.5℃에 불과하다. 따라서 기온은 한랭한 지역이라고 할 수 있으나 불모지의 동토대는 아니다.

5월 초순의 기온은 최저기온이 2℃ 정도이고 최고 기온이 17℃ 정도이다. 일교차가 아주 심한 환절기의 하루 기온 분포라고 할 수 있겠다. 이곳은 식생경관이 수려하고 원시림을 이루고 있는 북위 55° 전후의 알래스카보다 낮은 위도에 위치하고 있으며 일반적으로 기온도 알래스카보다 높아 기온상으로는 식생의 발달에 문제가 없어야 하는 자연 지리적인 환경이다.

3) 강우량

이곳은 비가 적어서 준사막화 되어 있다. 그런데 5월 1일과 2일 양일간 비가 상당량 내려서 듀오론 시내의 길에도, 벌판에도 토양을 적당하게 적시고 부분적으로는 여분의 물이 지표면에 흥건하게 고일 정도였다.

실제로 나무의 잎이 파랗게 나있고 풀도 많이 움트고 있다. 내몽고의 5월은 외형적 또는 경관적으로 우리나라의 2월말에서 3월초에 해당되는 식생경관이다. 이곳에 내리는 연간 강수량은 255.2mm라고 한다. 따라서 이번에 내린 비가 상당히 커다란 비중이고, 시점으로 보아 척박한 준 사막이라는 인식은 재고해 볼만한 현상이다. 구릉의 저변과 농지의 일각에 충분한 물이 조달되어 있음을 볼 수도 있다.

하천에서 보이는 소량의 물줄기는 그 자체로서 의의가 있고, 마르지 않고 흐르는 것만으로도 불모지는 아니다. 이곳의 대 평원에 하천이 흐른다는 것은 생태학적으로 상당한 의미가 있다. 식생경관으로 보아 이번의 강우량은 듀오론 지역에 봄철의 해갈이라고 하겠다.

5월 2일 구릉 지대의 토양이 함유하고 있는 수분의 양을 고려해보면, 땅속의 싹이 본격적으로 돋아나서 멀지 않아 초원을 형성할 것을 예고하고 있다.

다른 한편으로 이 지역의 일 년 평균 증발량이 1,738.8mm라는 공식적인 자료를 고려해 보면, 토양의 보수력에 중요한 문제가 제기되지 않을 수 없다. 강우량과 증발량 사이에 거의 7배나 되는 수분부족 현상을 산출할 수 있다. 이러한 수치는 사막화를 가속화시키는 지수라고 하겠다.

4) 바람과 기상변화

이곳은 바람이 최대의 주요환경요인으로 작용하고 있다. 5월2일에 관찰된 기상의 변화를 보면 아침에는 비가 오고, 오전에는 아주 화창한 봄 날씨이고, 오후에는 강한 바람이 일면서 황사가 안개처럼 공중을 뒤덮어 눈을 뜨기가 어려울 정도이다. 또한 구름도 대단히 많아지면서 기상의 변화를 주도하고 있다.

이곳의 일기변화는 아주 독특하게 보이며 일반적으로 극지방에서 보이는 하루에서처럼 다양하게 변모하여 4계절의 변화를 하루 사이에 체험하게 하는 변화무상한 현상에 가깝다.

바람과 식물의 식생 내지 분포는 절대적인 상관관계가 있다. 물론 사람의 주거환경에도 바람은 절대적인 영향을 미치고 있다. 이곳의 외형적인 식생을 보면, 바람을 다소나마 막아주고 햇볕이 다소 많은 돌이나 나무둥치의 저변에는 초본류의 성장이 완연하게 돋보이고 그렇지 않은 지대는 불모지를 이루고 있다.

5) 토양

　토양의 조성을 보면, 모래와 흙이 전부이고 드물게 돌이 보인다. 그러나 구릉 지대에서는 상당한 양의 돌이 토양 밖으로 표출되어 있다. 돌의 크기는 비교적 작으며 다소 검은 색을 띠는 돌들이 많다.

　듀오론 고속도로변에 위치하는 어떤 구릉의 밑 부분은 침식되어 붕괴되고 있는 현상을 볼 수 있다. 다른 한편으로 구릉의 저부(밑부분)를 파서 채석장 또는 모래를 만드는 곳도 볼 수 있다. 그러한 구릉의 단면을 보면 표층부의 바로 아래쪽에는 아직 풍화되지 않은 암석으로 구성되어 있고, 지표면에 노출된 암석은 떡켜처럼 층을 이루고 있다.

　강한 바람과 심한 일교차의 작용으로 침식되는 속도는 어느 지역보다도 신속히 이루어지고, 특히 아주 고운 모래로 되고 있다. 위도상으로 듀오론 위쪽으로는 거대한 사막이 전개되고 있다. 그런데 채석된 흙은 검은색이면서 회색을 띠는 것으로 보이나, 암석층은 붉은색과 흰색이 다소 섞여있다. 벽돌 제조용으로 사용되는 채석 모래의 생산이 바로 이런 구릉에서 이루어지고 있다.

　평원에는 경작을 한 흔적으로 드물게 옥수수를 심었다가 베어낸 옥수수 그루터기의 밭을 볼 수 있다. 토양의 색깔은 회색을 드러내고 있다. 그런데 옥수수의 그루터기로 미루어 볼 때, 그리 무성하거나 키가 커 보이지 않고 왜소해 보이며 옥수수가 자라기에는 척박한 토양이다.

6) 녹화운동

　이곳의 식목활동은 다양한 단체들이 연례행사로 치루고 있다. 듀오론 시市에서 식수 준비를 해놓고 여러 단체에게 식수를 유도하고 있다. 천진에서 원정을 하면서 식수행사를 치룬 천진 자동차 운수협회는 자동차로 마을에서 20~30분 거리의 구릉 밑에서 식수를 수행하였다. 묘목은 천편일률적으로 백양나무 묘목으로 길이가 1~1.5m정도이고 굵기는 1cm미만인 것으로 이미 싹이 많이 나온 회초리 같은 묘목이다.

식수의 양은 소규모였으나 식수행사는 아주 거창하고 동원된 인원 수도 150명은 될 듯하다. 천진에서는 TV의 기자 2~3명과 촬영기사가 식수현장을 본격적으로 취재하였고 마지막으로 필자가 식수 방법을 이야기하며 식수현장을 자세히 촬영했다. 이러한 식수 과정과 함께 TV 인터뷰를 최홍연 씨의 통역으로 필자가 피력한 회견내용은 대략 다음과 같다. "과학 기술이 발달할수록 인류는 평안한 생활과 장수를 누리는 반면에, 환경은 열악하게 되어 지구 환경이 더욱 파괴되어가고 있다. 이러한 것을 극복하기 위해서는 식수행사를 통하여 녹화운동이 적극적으로 펼쳐져야 하며, 특히 내몽고에 좋은 환경을 조성하기 위해서는 장기적인 식수 계획이 필요하며, 한랭하고 건조한 바람에 잘 견디어 내는 수종을 개발하는 적극적인 연구를 통하여 내몽고의 경제적 부흥과 지구의 환경보호 활동을 전개할 필요가 있다."

7) 식생

위도 상으로 한대지방에 접하여 있으며 여름 한철 방대한 지역에 거쳐서 초지를 형성하는 이곳의 식생은 생태학적으로 특히 제1차 생산에 있어서 중요한 의미를 부여하고 있다. 5월초임에도 낮은 기온, 강한 바람, 변화무쌍한 일기의 변화에 의하여 이른 봄에 해당되는 기후로 우리

내몽고의 초원과 식생

나라의 기후와 비교한다면 2월말 또는 3월초라고 하겠다.

기온은 밤에는 영하권에 근접해 있고 낮에는 17℃ 정도까지 상승하여 온화함을 보이고 있다. 개괄적으로 지난해 식생의 흔적으로 살펴보면 상당히 커다란 초지가 형성되고 있었다. 몇 종류의 개체를 예로 든다면 엉경퀴종류, 갈대류, 사초과 식물류 등이 비중있는 생체량을 이루고 있었다.

5월 초의 식생을 보면, 분류동정을 하기에는 시기상조이지만 다양성을 나타낼 것으로 사료된다. 우선 한랭함에 강한 개체군, 건습에 내인성이 있는 개체군, 사질토양에 적응성이 강한 개체군, 또는 한랭함과 건습함에 강한 개체군 등으로 나누어 볼 수 있다. 그리고 군락 형성의 성격에 따라 개체군들 사이에 종간 경쟁세력이 형성되어 있을 것이다.

현 시점의 조사에서 고찰 할 때, 개체들 간의 생체량biomass, 개체의 군락 점유률, 그리고 천이과정은 듀오론 지역에 식생을 성공적으로 할 수 있는가 없는가 하는 관건이며 학문적으로는 연구과제가 될 것이다.

구릉에서 관찰된 3~4종은 이미 꽃을 피우고 있어서 생활사Life cycle

가 아주 이르다고 사료되는 반면에, 어느 종은 이제 싹이 움트고 있는 것이어서 1~2달 더 자라야 성체를 이룰 것으로 여겨진다. 그러나 같은 구릉이고 같은 광야라고 하지만, 구릉의 골짜기이거나 나무 밑이나 돌의 밑에서는 강풍의 영향을 다소 덜 받아서 같은 개체라고해도 성장속도의 차이가 크다.

우리나라의 기후와 비교해보면 봄이 1~2개월 늦게 오고, 겨울도 1~2개월 일찍 시작되는 기후적, 지역적 성격을 지니고 있어서, 이곳에서 자생하는 식물의 군집, 집단, 또는 종조성은 이미 자연선택natural selection된 것이라고 하겠다.

이것은 생물학적으로 긴 겨울과 짧은 봄, 여름, 가을의 시차적인 성격을 지니고 있는 것이다. 그럼에도 불구하고 생물학적 계절의 변화 seasonal variation는 학문적으로나 실용적으로 커다란 기능이 있다.

듀오론Duo Lun에서 이른 봄에 조사 연구된 식물상은 다음과 같이 약 30여종류30 taxa이며, 그 중에 15종은 분류되었다.

· *Amethystesa caerulea*	· *Gagea pauciflora*
· *Artemisia mongolica*	· *Gueldenstaedtia multiflora*
· *Artemisia sieversiana*	· *Iris dichotoma*
· *Artemisia* sp. A	· *Irix* sp. A
· *Artemisia* sp. B	· *Irix* sp B (blooming)
· *Artemisia* sp. C	· *Ixeris chinensis*
· *Carex* sp	· *Kalimeris lautureana*
· *Cirsium esculantum*	· *Plantago* sp. A
· *Cleistogense* sp	· *Plantago* sp. B
· *Echinops* sp. (head-like-flower)	· *Poa* sp. A

- *Poa* sp. B
- *Populus canadensis*
- *Potentilla anserina*
- *Potentilla fragarioides*
- *Potentilla* sp. A
- *Pulsatilla ambigua*
- *Rhaponticum uniforum*
- *Spiraea* sp. (blooming)
- *Stipa* sp
- *Taraxacum mongolicum*
- *Taraxacum* sp. A
- *Taraxacum* sp. B

8) 생태지도

풍요로운 식물경관을 지닌 하북현과, 모래 벌판의 듀오론 사이에는 생물학적으로 생태구배가 명확하게 그려지는 양극현상이 극명하게 관찰된다.

듀오론 지역은 사막의 강력한 영향으로 사막화 현상이 진행되고 있다. 반면에 북경시가 속해 있는 하북현은 자연적으로 또는 인공 식수를 통해서 녹화가 이루어져 있다. 이것은 두 지역이 완전히 다른 생물의 세계를 이루고 있음을 보이는 것이다.

다시말해서 양극화된 두 지역은 불모지와 인공조림의 산림지를 대조적으로 볼 수 있게 한다.

북경은 산악지대로서 만리장성이 구축되어 있는 풍치경관지역이다. 그리고 북경 인근의 산은 철저하게 인공조림을 실시하여 산꼭대기까지 묘목장을 이루듯 식수를 하고 있다. 식목한 나무종류는 침엽 상록수로서 찬 기온에 강한 전나무 종류이다.

듀오론의 지형이나 지질도 상당히 특색 있다. 우선 산이 없고 광활한 평야에 드문드문 구릉이 자리 잡고 있다. 그러나 북경 쪽으로 갈수록 구릉이 많아지고 크기가 커지는가 하면 산악으로 변모하고 있다. 그리고 식생도 같은 맥락으로 불모지에서 수림지역으로 변모되고 있다. 예로서 백양목의 생체량Biomass을 측정한다면 생태구배가 명확하게 그려질 것이다. 또한 기온과 강수량의 구배도 생태학적 지도를 그리는데 좋은 상관관계를 가지고 있을 것이다.

9) 생활

듀오론은 자연 지리적으로 낮은 구릉들이 펼쳐지는 한랭한 준사막의 평원에 형성된 마을이다. 5월초에는 봄기운이 돌고는 있어도 눈에 뜨이게 푸른 기운이 돌지는 않는다.

이 도시에서 건설되는 집은 붉은 벽돌집이고 붉은 기와를 사용하고 있다. 토양에 철분이 많이 섞여 있음이 틀림없다. 물론 듀오론 시의 건축은 왕성하지만 건축기술은 전근대적이다. 이 지역의 기후와 토양, 주민의 의식과 생활습관에 따라서 건축도, 문화도, 생활수준도 많은 차이를 보이고 있다.

7. 아제르바이잔의 자연

아제르바이잔의 면적은 8만 7천km²이고 인구는 약 883만명이며 수도는 바쿠이다. 아제르바이잔은 "불의 나라Land of fire"라는 뜻이며 바쿠Baku는 "바람의 도시Windy City"라는 뜻이다. 아제르바이잔 언어를 사용하며 주로 이슬람교를 믿고 있다. 아제르바이잔은 아르메니아와 영토 분쟁을 하고 있으며 이란과 터키에 병합되기도 했으며 러시아의 통치하에 있기도 하였다.

아제르바이잔의 주요 생산물은 철광석, 구리, 금 등이며, 카스피 해안을 따라 많은 매장량을 지닌 석유와 가스가 생산되고 있다. 따라서 해안 오염이 상당히 진행된 상황으로 보이고 특히 유전이 있는 해역의 바닷물 색깔은 검은 수색을 띠고 있지만 바쿠에서 남쪽으로 내려 갈수록 옥색 또는 청색의 수색을 보여준다. 특히 원양 쪽으로는 수색이 진한 청색을 띠고 있어서 연안 오염에서 벗어난 것 같은 원경이다. 해안에는 간간이 수영하는 사람도 있고 어망을 설치해 놓은 수역도 보인다. 어류 양식장도 극히 드물게 보여 진다.

바쿠에서 65km 남쪽에 위치하는 고부스탄은 카스피 해의 연안에서 가까운 곳에 있는 건조 사막지대로서 대단히 커다란 바윗덩어리들이 대량으로 쌓여 있는 특이한 장소이며, 약 6,200개의 바윗돌 위에 배와 사람, 물고기 등의 수많은 형상들이 암각 되어 있는 신석기 유적지이다. 이 당시에 이미 왕조 또는 문화적인 어떤 발자취를 부각시켜 놓으려고 한 것이라고 한다. B.C. 2000년 전의 일이니 대단히 오래된 유적지인 것이다.

특히 이렇게 많은 대형의 바윗돌들이 언제 어떻게 생겨나서 쌓여 있게 되었는지 과학적인 설명이 필요하다. 이러한 신기한 현상은 카스피 해의 생성과 변천 과정을 알아야 풀릴 수 있는 문제라고 한다. 현재의 카스피 해는 수면이 무려 80m나 낮아졌다고 한다. 이런 추세는 계속되고 있어서 지난 50년 동안에도 수심이 2cm 낮아졌다고 한다.

코카서스 3국은 흑해를 낀 그루지야와 카스피 해를 낀 아제르바이잔과 이 두 나라의 남쪽에서 국경을 이루는 아르메니아를 말한다. 코카서스 3국의 남쪽으로는 터키와 이란이 있고, 북쪽으로는 러시아가 그루지야와 아제르바이잔과 국경을 이루고 있다.

코카서스의 대산맥은 러시아와 그루지야와 아제르바이잔에 걸쳐서 있는 거대한 산맥이다. 코카서스 산맥은 러시아 말로는 카프카스 산맥이라고도 하는데 흑해에서 카스피 해에 이르기 까지 뻗어 있는 대산맥으로 최고봉은 엘브루스Elbrus산으로 5,642m이다. 코카서스 산맥은 동·서의 길이가 1,200km나 되며, 면적은 477,488km²로 유럽과 아시아의 경계를 이루고 있다.

코카서스 산맥의 험난한 산골짜기마다 다른 인종이 살고 있으며 그 수효는 대략 80~100개의 인종이 있다고 한다. 이것은 마치 인종과 언어의 박물관이라고 할 정도이다. 인종과 언어를 담당하는 신이 코카서스 산맥을 넘다 넘어져서 인종과 언어의 주머니가 뿔뿔이 흩어져 이렇게 많은 인종으로 되었다는 전설이 있다.

8. 그루지야와 코카서스의 생태계

그루지야는 면적이 7만km²이며 인구는 426만명인데 그루지야어를 사용하며 종교는 크리스트교를 믿는다. 수도는 트빌리시이며 중요산물은 석탄, 석유 등의 광산물이다.

그루지야는 아열대성 기후로 준 사막지대를 이루고 있는데, 이 나라의 40%는 원시림이며 31개의 보호지역이 설정되어 있으며 5개의 국립공원이 있다. 코카서스 산맥의 일대에 자생하는 식물은 약 6,400종이나 된다고 하며, 이 지방에서만 자라는 고유한 식물은 약 1,600여종이라고 하니 대단히 풍부한 식물의 세계Plant Kingdom를 이루고 있는 셈이다. 숲을 이루는 곳은 2,000m 미만의 산야이며 원시림에는 수목이 밀생되어 있다.

코카서스 산맥의 2,000m 이상 되는 초원은 몹시 싱그럽고 시야에 펼쳐지는 경치는 대단히 아름답다. 그루지야와 러시아를 잇는 국경지대는 구절양장의 고산지대의 산길이 있다. 3,000m 정도의 고산대에서는 목본류가 전혀 없으며 초원을 이루고 있다.

이곳의 고산 초원을 이루는 야생화는 미나리아재비, 흰색 데이지, 고산 양귀비, 고산의 난류, 토끼풀, 엉겅퀴, 원추리 등 다양한 종류의 초본이 보인다. 원시림의 목본으로는 소나무, 참나무 등이며, 여타 지역에서는 미루나무, 무화과, 호두, 사과, 살구, 뽕나무 등이 보인다.

산사태가 빈번한 계곡에서는 완전한 토사 또는 낙석이 쌓여 있음으로 식물이 자랄 수없는 절대 불모지이다. 강우량이 많고 심한 풍화작용으로 산사태가 계속 일어나고 있어서 계곡의 형태와 지형이 변모되고 있는 현장으로 도처에 보인다. 어떻든 강수량이 모여서 많이 흐르는 계곡물로 골짜기에는 빈번하게 산사태가 발생하고 산 아래에는 토사와 자갈이 쌓여 있다.

진발라라는 지역에서는 수량이 많고 청옥색의 수색을 하는 대단히 아름다운 강물을 만날 수 있다. 이것은 알프스 산맥의 계곡을 흐르는 뒤랑스 강과 비슷한 고산에서 시원된 강물이다.

구다우리라는 해발 2,000m정도의 산중에서 관찰된 자연경관은 산의 웅장한 모습과 다양한 생태경관 그리고 매혹적인 야생화의 초원으로 코카서스 산맥의 진면목을 만나는 것이다. 이곳에서 보여지는 고산의 산봉우리는 5,000m쯤 되는 고산들 같다.

구다우리 지역은 완전히 야생화의 초원으로 별천지를 이루고 있으나 토양이 빈약하여 수목은 뿌리를 내리지 못하고 있다. 이 넓은 산악지역에 거의 동일한 형태의 초원이 이루어져 있는 것은 산사태를 방지하기 위하여 비행기로 풀씨를 간헐적으로 뿌려서 초원을 형성한다고 한다. 따라서 이러한 고산지대의 인공 초원에서는 종의 다양성이 없는 것이다. 절경을 이루는 이곳은 러시아의 낭만주의의 대표적인 시인이며 소설가인 미하일 레르몬토프(1814~1841)를 감동시켰던 곳이고, 또 한편으로는 러시아의 위대한 시인이자 소설가인 알렉산드르 푸시킨(1799~1837)이 감탄한 자연이다. 푸시킨의 시로는 〈삶이 그대를 속이더라도〉와 같이 널리 알려진 작품이 있다.

코카서스의 장수마을로 알려진 곳은 흑해 연안에 있는 아파치아 지역이다. 이곳에서는 소식을 하고 요구르트를 먹으며, 과일은 씨와 껍질 채 섭취하고, 빵에 허브를 섞어 먹고 가족 간에 화목하며 일과 생각이 긍정적으로 밝으며 양질의 단백질인 육류를 섭취한다. 그리고 분위기에 취해 알코올의 섭취량이 많은 편이지만 장수를 한다. 지역적으로 흑해에서 나는 생선과 산에서 나는 산채를 알맞게 섭취하는 것이 장수요인으로 알려져 있다. 특히 식생활 중에 이곳에 널리 자생하고 있는 컴프리를 먹는 것과도 장수에 관련이 있다고 한다.

9. 아르메니아의 자연 환경

아르메니아는 인구가 308만 명이며 면적은 29,700km²이다. 수도는 예레반이며 120만 명이 살고 있다. 친서방국가로서 미국과 긴밀한 관계를 가지고 있다.

아르메니아는 내륙 국가이지만 세반호수의 물이 풍부하고 염소와 양을 많이 기르는 목축국가이기도 하다. 국토의 18%가 불모지이며, 예레반에는 강우량이 연 600mm 정도 내린다. 수목과 초본은 그루지야의 것과 대동소이하다고 하겠다. 다시 말해서 아제르바이잔, 그루지야, 아르메니아는 코카서스 지역의 거의 동일한 식생의 생태계를 보이고 있다.

코커서스 소산맥은 아르메니아에 있는데 제일 높은 봉우리는 아라라트 산으로 5,165m이며, 터키가 소유하고 있다.

현재 아르메니아는 옛날 국토의 1/10밖에 갖고 있지 못한다. 이는 터키 등의 강대국에게 빼앗겼으며, 1896년부터 터키로부터 인종청소의 대학살이 시작되어 1914~1915년 사이에 아르메니아의 인구 300만 명 중에 150만 명 정도가 학살되었다. 터키가 아르메니아 인을 대학살한 사건을 보여주는 박물관과 기념탑 및 꺼지지 않는 불이 있다.

터키 입장에서는 아르메니아 인들이 남의 땅에 들어와 독립하겠다고 데모만 해서 내쫓으니 나가다가 죽었다고 변명하고 있다. 이것은 터키인만을 위한 터키를 만들자는 정책의 일환이었다. 현재 아르메니아 사람들은 러시아에 200만, 미국에 100만 명이 살고 있다. 아르메니아는 1991년에 독립했으며 고르바초프의 자유개방정책의 덕분으로 1989년에 미국과 관계를 갖고 있었으며 2009년에는 미국과 수교 10주년 행사를 했다. 아르메니아인은 600만 명이 외국에 살고 있다.

성서에 나오는 노아의 홍수는 아라라트 산에서 있었던 일인데 그 때에 홍수를 대비한 방주가 이 산 어딘가에 아직도 있다는 것이다. 아라라트 산은 원래 아르메니아 소유였으나 터키가 차지하고 있고, 아르메니아는 아랍파 산(4,902m)을 가지고 있다. 아르메니아는 코냑 생산으로 유명하고, 그 중에 아라라트 코냑이 명성을 가지고 있다.

아르메니아의 박물관에는 독자적인 국민성과 독창적인 지성이 모여 있는 현장이기도 하다. 박물관 앞에는 아르메니아 글자를 만든 사람의 동상이 있고 그 뒤 쪽으로는 6개 분야의 뛰어난 지성인의 동상들

이 있다. 6개 분야의 사람은 화가이며 예술을 대표하는 사람, 신학과
철학을 대표하는 사람, 지구는 둥글다고 이미 6세기에 말한 사람, 역사
서를 쓴 사람, 노아의 방주를 쓴 사람, 법률학자를 대표하는 사람의 동
상들이다.

10. 한강, 서울의 젖줄

한강은 한반도의 중심에 위치하는 대단히 중요한 하천으로 지형상
동고서저의 성격에 따라 동쪽에서 발원하여 저지대인 서쪽으로 흐른다.
이 강의 유역면적 안에는 서울특별시를 비롯하여 수많은 도시가 형성
되어 있어서 한반도의 젖줄과도 같은 하천이다. 다시 말해서 남한 인구
의 절반정도가 한강 수계에서 생활하며 농·공·상의 중심 지역으로 대한
민국의 동맥같은 하천이다. 한강의 길이는 494.4km이며 유역 면적은
25,954km²이다. 한반도의 북단에 위치하는 압록강은 길이가 790km이
고 유역 면적은 31,739km²로서 그 다음으로 한강의 유역면적이 크다.

북한강은 강원도 금강산 부근에서 시원하며 남한강도 역시 강원도
대덕산에서 발원하여 흐르다가 서울 근교인 양수리에서 합류함으로서
대하의 면모를 보이고 있다. 그리고 한강은 서울시를 관통하면서 넓은
하상을 지니는 하천으로 변한다. 이 하천에는 구간마다 중요한 생활 터
전의 의미가 부여되어 있다. 한 민족의 장구한 역사를 담고 있으며 자
연사의 변천을 나타내고 있다. 이러한 기록을 소상히 지니고 있는 하천
이기도 하다.

서해의 조석은 간만의 차이가 대단히 크기 때문에 썰물 시에는 한강
의 수량을 신속하게 유출시키지만 만조 시에는 유속을 정체시키며 해

수가 광나루까지 내륙으로 깊숙하게 침입하고 있다. 따라서 기수역을 이루는 구역이 길어서 이 수역 내에 서식하는 동식물의 종류도 많고 다양성도 크다. 다시 말해서 해산동식물과 담수산 동식물이 섞여 있는 상태이며, 기수역 환경에 적응하여 서식하는 새로운 동식물상이 이루어지는 것이다.

북한강 수계는 비무장지대DMZ 북쪽의 작은 하천이 합류하여 화천과 양구 사이에 건설된 파로호가 있는 한편, 이 인공호의 남쪽으로는 춘천시와 인제 사이에 담수되는 소양강 댐은 커다란 내수자원의 기능을 지닌 다목적 댐이다. 소양강은 춘천에서 북한강으로 유입된다. 북한강이나 소양강은 강원도의 산악지대의 산들 사이를 흐르는 맑고 깨끗한 수계이며, 풍부한 수량을 지니고 있어서 천혜의 절경을 이루고 있다.

남한강 수계는 충주시와 단양군 사이에 형성된 대형 호수인 충주호가 있다. 이 호수의 일대는 단양팔경 같은 대단히 아름다운 자연경관의 경승지가 있다. 이 호수 역시 다목적 댐으로서 농·공·상에 긴요하게 활용되는 한편 전력생산에 크게 기여하며 담수 어류의 자연 양식장이라고 할만큼 어류의 서식이 좋다.

북한강 유역에는 설악산 국립공원이 있으며 남한강 유역에는 오대산 국립공원, 태백산 국립공원, 소백산 국립공원, 월악산 국립공원, 속리산 국립공원, 치악산 국립공원 등이 있어서 유역면적의 면모가 아름답다고 하겠다.

북한강과 남한강이 합류하는 양수리의 두물머리 자연은 빼어난 경관이 아닐 수 없다. 이 두 개의 강물이 모여서 팔당댐을 이루고 있는데 이 댐은 서울특별시의 홍수조절에 긴요할 뿐만 아니라 수도권의 식수공급의 원천이며 전력 생산에도 기여하고 있다.

11. 캄보디아의 방대한 톤레삽 호수

톤레삽이라는 말은 물결이 넓게 퍼져나간다는 뜻이다. 이 호수를 알면 캄보디아를 안다는 말이 있을 정도로 중요한 호수이다. 이 호수는 타원형을 하고 있으며, 만수위일 때는 남북의 길이가 130km에 이르며 호수의 면적은 10,000km²에 달한다. 봄철은 수량이 가장 적은 갈수기이다. 그럼에도 불구하고 서울의 4배나 되는 면적에 물이 차 있는 호수이다. 만수기가 되었을 때는 경상남북도의 면적만큼 방대하다.

이 호수는 메콩 강과 직결되어 있으며, 톤레삽 강은 프놈펜과 연결되어 있다. 열대성 기후인 이곳은 6~7월이 우기이며, 비가 많이 내리고 물이 집수되는 시기이다. 동시에 메콩 강의 시원은 중국 티벳의 탕그라 산에서 시작하는데 고산으로써 겨울에 많은 눈을 지니고 있다가 해동이 되면서 메콩 강의 수위를 높이고, 역시 여름철 우기의 범람과 때를 맞추어 톤레삽 호수로 집수된다. 이 호수는 접시 모양의 분지를 하고 있는데 메콩 강의 물이 이곳으로 역류하여 완전히 물 천지가 되며 이 지역 전체가 거대한 호수로 변하는 것이다. 이때는 호수의 경관이 대단히 아름답다. 톤레삽 호수의 아주 중요한 기능 중 하나는 메콩 강에서 역류하는 수량을 받아들여 메콩 강의 범람 또는 홍수를 막아줌으로써 수해를 막아주는 역할을 한다. 이 호수는 방대한 면적과 함께 열대 지역의 특성을 지니고 있어서 무한한 잠재력을 가진 동남아의 보고라고 할 수 있다.

캄보디아 사람들은 이 호수를 좋아한다. 토질이 황토로 되어있고 비옥하기 그지없다. 이곳에서 재배되는 각종 채소, 즉 상추, 미나리 등은 농약없이 생산되는 무공해 식품으로 명성을 지니고 있다.

이 호수는 7월 말경에 최고의 만수기가 되고 11월 말부터는 물이 서

서히 빠져 나간다. 동시에 메콩 강의 수위가 낮아지는 것이다. 다시 말해서, 수위 조절을 자연스럽게 하고 있는 셈이다.

프랑스의 생물학자 앙리 무어가 베트남에 있는 메콩 강의 하류부터 배를 저어 탐험을 했는데 이 호수에 들어왔을 때는 노를 저을 수 없을 만큼 물고기가 많아서 "물고기에 노가 부딪혀 배가 나아가지 않았다"라고 기술하고 있다. 물 반 물고기 반의 호수였던 셈이다.

메콩 강의 물고기는 이 호수로 들어와서 산란을 하는데, 호수의 연안은 산란장이 되고 치어로 자란다. 풍요로운 이 호수에는 많은 사람들이 모여 수상촌을 이루며 살아가고 있다. 그러나 지금은 캄보디아에서 가장 못사는 빈민촌으로 전락되어 있다. 수상촌의 수상가옥은 말뚝을 박고 엉성하게 지어진 집으로 물 위에 떠있는 주거 공간이다. 여기 사는 사람들은 호수의 물의 증감에 따라 이사를 해야 한다. 따라서 물 위에 떠 있는 집은 모터를 달아 이리저리 이동을 해야 한다. 농사철은 물이 빠지기 시작하는 11월부터 시작한다.

씨엠리엡은 이 호수의 연안에 위치하는 도시로서, 호수와 연결되는 도로는 갈수기일 때는 잠기지 않지만, 만수기일때는 비포장 도로가 물

캄보디아 톤레삽의 수상 가옥

캄보디아 톤레삽의 마을

캄보디아 톤레삽에서 노를 젓는 사람들

에 완전히 잠긴다. 이 호수의 최대 수심은 14m이고, 갈수기에는 깊이가 아주 낮아진다.

톤레삽 호수를 개발하지 못하는 것은 유네스코에 등재된 자연유산 보존 지구여서 유엔의 감시 기구와 국제 환경 단체가 모두 이곳에 와서 상주하며 호수를 자연 그대로 보존하도록 하고 있기 때문이다. 그들은 수상 가옥의 빈민 생활도 있는 그대로 보존시키라고 한다. 수상촌은 아무런 혜택도 받지 못하고 가난에서 벗어나지 못하고 있다. 다만, 호수를 유지 관리하는 지원금만 다소 있을 뿐이다. 유엔은 이 모든 것을 보존할 만한 자연생태계로 보고 있는 것이다.

수상 가옥의 사람들은 대부분 물 위에 방 하나 정도 가지고 잠만 자는 정도이다. 그러나 수상 촌에는 꽃도 키워 화초가 무성하게 자라고 있으며, 텔레비전 안테나가 있는가 하면 어류 공판장, 또는 행정 부서가 자리 잡고 있다. 그리고 선상에는 슈퍼마켓, 수상학교, 행정부서, 이삿짐 센터, 병원, 주유소, 어류 공판장 등이 있다.

여기에서 주목할 것은 수상 학교인데, 우리나라에서는 선교 단체가 수상 학교를 세우고 학생들을 가르치는데 신경을 많이 쓰고 있다. 학교에는 한국의 태극기가 선명하게 나풀거리고 있다.

다른 한편으로, 일본도 수상 학교를 운영하고 있다. 이들은 재력을 과시하는 듯 교실, 운동장 등 모든 시설이 반듯하고 초등학생 및 중등학생이 상당히 많아 보인다.

물 위에 사는 어부들은 갈수기에 웅덩이를 파놓고 이것이 만수기를 거치면서 물이 빠지면 고인 물에서 물고기를 잡고 그 물을 식수로 사용한다. 이렇게 잡히는 웅덩이의 민물고기의 양은 그야말로 물 반 물고기 반으로 대단히 풍부하다. 이 물을 식수로 사용할 수 있는 것은 위생상으로 땅 자체가 황토 흙으로 구성되어 있고 하루에 7~8시간 동안 강한 자외선이 진흙물을 살균함으로써 건강 상 아무런 문제가 없다. 이와는 반대로, 펌프를 세워 지하수를 끌어쓰는 사람들은 물이 오염되어 배앓이를 한다. 이 호수에는 화장실이 없어서 모든 인분은 그대로 호수 물에 섞이고 연안은 발 디딜 곳이 없을 정도로 더럽고 지저분하다. 이러한 것이 지하수를 오염시키고 있다.

캄보디아에는 열대 식물들이 번성하는 생태계을 이루는데, 이 중에는 뽕나무가 밀림 속에 자생하고 있고, 이 뽕나무에 기생하는 상황버섯이 오랜 세월 수십 년 또는 백년 이백년 묵은 것들이 있다. 이러한 것은 건강 기능 식품으로 각광을 받는다. 뽕나무에서는 상황버섯이 생산되고, 참나무에서는 영지버섯이 나며 자작나무에서는 차가버섯이 생산된다. 상황버섯은 당뇨, 혈압, 신경통, 고지혈증, 혈액 불순환 등 5가지의 성인병 외에 항암 작용을 하는 좋은 기능을 지니고 있다. 다시 말해서, 면역 증가의 기능을 하고 있는 것이다. 상황버섯에는 베타 글로겐이라는 물질이 있어 면역을 증가시킨다.

열대 지역에서는 기온이 일정하고 생장이 일정하여 나무 테가 형성되지 않는다. 그러나 뽕나무를 잘라보면 나이테 같은 줄이 보이는데, 이 줄의 수요가 바로 연령이 되는 것이다. 캄보디아는 한국과 토질이 황토흙 또는 모래흙으로 동일하다. 중국에서는 상황버섯을 목지, 진흙버섯이라고 하는데, 효능 상으로 상황버섯은 헛개나무와 같은 기능을 가지고 있고, 30분 이상 끓이면 상황버섯의 균사체에 있는 좋은 결합소들이 파괴되어 효과가 없다.

캄보디아의 킬링 필드Killing Field는 악명높은 대학살 사건이다. 이 사건은 1975~1979년 사이에 프랑스에서 유학을 한 부르주아 출신인 폴 포트가 신분을 감추고 이름을 바꾸면서 공산당원으로 집권을 함으로써 발생하였다. 그 당시 이 나라 인구는 800만 정도였는데, 이 시기에 200만 명이 학살되는 희대의 범죄 행각이었다. 폴 포트는 강경파 공산당원으로써 도시 사람들을 미워해 먼 시골로 집단 이주촌을 만들어놓고 그 곳으로 이주를 시켰는데, 이주하는 사이에 노약자들이 많이 죽었다. 프놈펜에 있는 투올슬랭 고등학교를 고문장소로 만들어 무려 4만 명을 고문하였다. 이 중에 살아나온 사람은 오로지 3명뿐이었다.

역사적으로 봤을 때, 공산당 정권이 집권을 하면 전 세계 어느 곳이든지 대학살 또는 전쟁이 일어났다. 우리나라에서는 6.25 한국전쟁으로, 무려 300만 명이 비참하게 죽었다. 공산당은 지식층을 증오하여 학살하는데 피부가 희거나, 손이 매끈하거나, 안경을 꼈거나, 외국어를 알고 있거나, 양담배를 피우거나, 재산이 있는 자를 싫어하여 데리고 가서 고문하였다. 고문당하는 사람에게 친지 또는 친척 아니면 아는 사람 3명을 불러들이게 하여 고문하였고, 계속해서 1인당 3명씩을 붙잡아다가 고문, 학살한 것이 투올슬랭 고등학교의 전말이다. 폴 포트는 1979년 정글 속에서 심장마비 또는 부하의 살해로 목숨을 잃었다. 그리고 폴 포트의 무리들은 아직도 재판 중에 있다.

12. 러시아, 바이칼호수의 자연

바이칼 호수는 아시아 대륙의 눈이라고 할 만큼 풍부한 수량을 지닌 대형의 담수 호이다. 바이칼 호수는 최고의 수심이 1,637m이고 평균 수심은 730m이며 호수의 길이는 636km이고 호수의 폭은 27~87km이다. 수표면의 면적은 31,500km²이다.

바이칼 호수의 물은 330여 개의 크고 작은 하천의 물이 모여 들어서 호수의 수량을

바이칼 호수변의 우엉

이루고 있는데, 호수의 물이 흘러 나가는 곳은 유일하게 앙가라 강과 연결되어 있다.

이 강의 하구 쪽에서 강의 면모를 보면, 강폭이 넓고 수량이 많으며 지형적으로는 경사가 있어서 급물살을 일으키며 흐른다. 강물의 수색은 흑색에 가까우나 짙은 푸른색을 띄고 있다. 이것은 시베리아 벌판에 쌓여있던 얼음과 눈이 여름철이 되면서 녹아 커다란 하천을 이루는 것이다. 강의 길이는 1,779km 이며, 수원지는 바로 바이칼 호수의 물이다.

바이칼 호수의 수량은 23,000km³이다. 이 수량은 남북한 면적을 수심 100m이상 침수 시킬 수 있는 많은 수량이고, 미국의 5대호의 전체 수량과 맞먹는 양이며, 전 세계에 분포되어 있는 총 담수량의 20%에 해당한다.

호수의 표면 온도는 한 여름철인 경우에는 8℃이며 수심이 깊어질수록 수온이 내려간다. 호수의 수온이 차갑다고는 하지만 다량의 물개가 서식하고 풍부한 물고기가 서식한다. 이것은 먹이사슬이 잘 형성되어 있고 제1차 생산량, 즉 광합성이 활발하게 이루어지고 있음을 보이는 것이다.

바이칼 호수 주변에 서식하는 생물의 종류는 약 3,500여 종이며, 호수에서 서식하는 토종 생물은 2,600여종이다. 물개가 약 10만 마리 서

바이칼 호수

식하고 있고 바다표범을 비롯하여 다량의 어류가 서식하고 있다.

이 호수에서 많이 잡히고 식용으로 이름이 알려진 어류는 오물이라는 등푸른 생선으로서 바다에서 나는 꽁치와 명태의 중간 크기를 하고 있다. 이 호수에 사는 대형 물고기는 2m 정도의 크기를 하고 있다.

호수의 물은 대부분 아주 맑으며 깨끗한 편이지만, 관광객을 싣고 다니는 어선과 어로 활동으로 야기된 수질 오염원으로 비닐류, 목재류, 선박 쓰레기류, 플라스틱류 등으로 상당히 오염되어 있다. 특히 연안의 물속에는 수많은 오염 물질이 쌓여 있다.

바이칼 호수에 대하여 관심을 가지고 연구하는 사람이 많으며, 바이칼 연구소도 있고 바이칼 박물관도 설립되어 있다. 이 연구소에서 발표된 미세조류의 종check list을 보면 대단히 많은 종류가 서식하고 있다. 바이칼 호수의 생물 다양성을 가늠하게 한다.

바이칼 호수의 중심도시인 이루크추구 시는 역사가 335년이나 되며 인구는 약 65만 명인데, 유동인구 약 5만 명을 합치면 약 70만 명이나 되는 대도시이다. 다른 한편으로는 시베리아의 파리라는 별칭을 지니기도 한다.

울란바토르에서 이루크추구까지는 직선거리로 약 800km로서 비행시간은 1시간 40분 남짓이다. 300년 전에 러시아의 약 120명의 장교가 데카브리스트라는 쿠데타를 일으켰으나 실패를 했다. 이들은 대부분 처형이 되거나 시베리아로 유배가 되었는데 유배자중에는 11명의 부인이 따라 와서 같이 생활하게 되었고, 이 시기를 기점으로 이들의 이주가 이루크추구 발전에 동력이 되었다. 따라서 이곳의 발전은 이들이 역사를 만든 것이라고 하겠다.

13. 우리나라의 바다와 해양생물

우리나라는 동·서·남쪽의 삼면이 바다로 둘러싸인 완전한 반도국가로서 자연 지리적 여건은 물론 정치, 경제, 사회, 문화, 역사 등의 모든 면에서 국민의 정서와 문화에 지대한 영향을 지니고 있다.

해양 생물은 수산업으로 개발되어 왔고, 해양 생산이라는 전제 하에 국력으로 이어지고 있다. 여기서는 동·서·남해의 자연적인 성격과 이곳에서 생산되는 해양 생물에 관하여 아주 간략하게 소개한다.

1) 동해의 심해자연과 생물

동해는 우리나라가 일본 및 러시아와 공유한 내해인 동시에 심해이다. 다시 말해서 동해의 특성은 심해성과 광역성에 있다. 바다는 일차적으로 물 자체가 자원이다. 따라서 동해의 방대한 수량과 광활한 공간은 국토자원이다.

일반적으로 대륙붕의 면적이 적고 간만의 차이가 없는 이 해역은 심해의 해양 성격을 나타내며, 생산성이 높은 어장으로 평가되고 있다. 해안선은 단조롭지만 전 국토의 남북을 접하고 있어서 길이가 크다. 해역의 면적은 남한의 10배가 넘는 약 100만km²이다. 평균 수심은 1,350m이고, 전체 수량이 무려 135만km³에 이른다.

동해안에는 경관이 아름다운 곳이 많아서 옛날부터 명성을 날리는데, 대표적인 것은 관동팔경이다. 또한 동해남부 해안에는 감포의 문무대왕수중릉과 감은사지 같은 사적지가 있다.

동해에서 어획되는 어류는 도다리, 가자미, 돌가자미, 물가자미, 광어, 오징어, 문어, 고등어, 꽁치, 낙지, 노가리, 도루묵, 대구, 명태, 멸치, 망상어, 미역치, 물곰, 방어, 복어, 볼락, 보리멸, 대게, 붉은 대게, 삼치, 붉은 새우, 줄 새우, 보리 새우, 왕새우, 열기, 우럭, 이면수, 아나고, 정어리, 전갱이, 쥐치, 청어, 참돔, 한치, 횟대 고기, 흑돔, 학꽁치 등이며, 패류 및 기타 해산동물로는 말조개, 멍게, 백합, 성게, 소라, 전복, 홍합, 해삼 등이 있고, 해조류로는 김, 다시마, 미역, 청각, 청태, 천초, 톳, 흑도박 등이다(김, 1999과 2006).

2) 독도의 자연과 해양과학의 중요성

자연 환경적으로 독도는 심해의 해령이 일부 바다 위로 돌출되어 있는 부분이다. 지상에 나타난 육상은 대단히 아름다운 경관을 이루고 있을 뿐만 아니라 해저는 해양 박물관을 방불하게 할 만큼 지사학적 유의성을 지니고 있다.

독도의 해안선은 4km정도로 짧지만 굴곡이 심한 리아스식 연안을 이루고 있다. 독도 연안의 바닷물은 천해의 청정 수역으로서 천연기념물인 대황을 비롯하여 다양한 해조류가 자생하고 있다. 이들은 연안 해역에서 해중림을 이루어 바다 속 자연생태계의 아름다움을 장관으로 연출하고 있다.

해조류로는 미역, 곰피, 구슬 모자반, 알쏭이 모자반, 잔가지 모자반, 돌김, 우뭇가사리, 산호말, 개우무, 돌가사리, 가시 돌가사리, 해태 등이 어우러진 생태계를 이루고 있다. 이 해역에서 채취되는 김, 미역, 다시마, 천초 등은 맛이 뛰어난 청정수역의 해조류로 평가되고 있다.

또한 이 해역에서는 다양한 어류가 생산되고 있다. 독도의 연근해 어장에서는 오징어와 명태가 대표적으로 많이 어획되고 있다. 그리고 멸치, 꽁치, 정어리, 청어, 고등어, 전갱이, 방어, 대구, 가다랑어, 쥐치, 검복, 자주복, 참가자미, 돌돔 등 원양성어류가 생산되고 있다. 대화퇴 어장은 황금어장으로서 오징어, 붉은 대게, 대구, 명태, 해삼 등이 풍부하게 생산되는 산지이다. 독도 연안역에서 뛰어난 수중 경관을 이루는 저서생물로는 산호, 불가사리, 성게, 군소 등 다양한 생물이 있다.

독도의 주변해역은 심해로서 자연 경관적인 면으로 보아 세계적인 해중 박물관에 해당한다. 독도는 해양 경관의 자연이 뛰어난 명소이다. 이 해역이 육상으로 드러나서 표출된다면 중국의 장가계와 원가계가 4억 년 전에 심해의 자연을 이루고 있던 것과 같을 듯하다. 이곳은 심해 자연으로 대단히 빼어난 수중자연경관을 이루고 있다.

독도의 육상은 온화한 해양성 기후에 잠겨있으며 초본류가 비교적 다양하게 자생하여 암석부분을 제외하고는 여름철에 초원을 이루고 있다. 아름다운 지상의 경관이다. 식물의 종 구성을 보면 땅채송화, 해국, 명아주, 사데풀, 구절초, 마디풀, 바랭이, 쇠비름, 돌피, 갯까치수염, 산조풀, 갯개미자리, 수수새, 참억새, 개밀, 띠 등 수십 여종이 어우러져 초원을 이루고 있다.

독도의 상공에는 환상적인 아름다움을 연출하는 천연 기념물 제336호로서 괭이갈매기가 군락을 이루어 비상하고 있다. 독도에 자생하는 괭이갈매기의 수는 1만여 마리 이상으로 여겨진다. 따라서 이곳의 산봉우리 또는 토양의 대부분은 괭이갈매기의 서식 둥지라고 해도 과언이 아니다. 이것은 괭이갈매기의 먹이가 풍부하다는 것이다. 바다제비도 600여 마리가 관찰되고, 슴새는 50여 마리가 관찰되는데 이 모두 천연기념물이다. 그리고 매, 올빼미, 솔개, 뿔쇠오리, 물수리, 고니, 흑두루미가 있으며, 바닷가에 서식하는 것으로는 딱총새 등이 있다. 매는 멸종 1급 조류로서 보호대상이며 조류의 종류만도 100여 종류가 서식하는 것으로 나타났다.

이와 같이 다양한 환경을 지닌 독도를 과도하게 개발함으로서 자연경관을 파괴하지 말고 자연생태계 보존 구역으로 보존할 필요가 있다. 최근 독도 영유권 분쟁의 여파로 수많은 사람들이 답사, 관광, 방문 시찰 등의 목적으로 몰려들어 독도 본연의 자연이 훼손되고 있으며, 해양오염이 가중되고 있다. 자연보호에 소홀하지 않도록 해야 하며, 과도한 개발이나, 과잉보호도 독도를 변모시키는 결과를 초래할 것이다.

무엇보다도 독도에 대한 해양학적 기초 과학의 연구는 빼놓을 수 없는 중요 사항이다. 해양 생물학적, 특히 해양 생태학적 연구는 절실하게 요구되는 분야로서 국토를 지키는 굳건한 요새가 될 것이다.

독도의 바다, 육상, 하늘에 대한 과학적 연구 결과가 국제 학술지에 끊임없이 게재된다면, 독도 연안에 접안부두를 만들며, 항만을 건설하고, 거창한 건물을 짓는 것보다도 더 효과적으로 독도를 수호하는 강력한 방안이 될 수 있다.

현재 독도에는 경비대가 상주하고 있으며, 주민도 있다. 그러나 일본은 불법 점유라고 떼를 쓰고 있다. 우리는 오랜 세월동안 공도 정책으로 섬을 비워 두었으며. 왕래를 엄격히 제한하였던 터여서 독도에 대한 연구는 극히 미미할 수밖에 없다. 더욱이 기초 과학적 연구는 거의 없다고 해도 과언이 아니다.

한·일간의 독도 문제는 단시일 내에 명쾌하게 끝나지 않고, 대를 거듭하면서 감정을 쌓아갈 수도 있고, 힘의 충돌이 있을 수도 있으며, 어떤 변수가 갑자기 등장할 수도 있다. 그리고 제 3의 힘이 중재할 수도 있다. 그 가능성은 아주 다양하고 복잡하게 전개될 수 있다. 어쨌든 우리가 독도를 실효적으로 지배하면서 보편타당성 있는 방법으로 확실한 발자취를 남겨 놓는 것이 국력에 도움이 된다.

지금까지 연구되어진 학술지의 논문을 50년 전, 아니 20년 전에만 발표되었다고 해도 논문의 진가는 배가될 것이다. 독도의 해양학적 또는 기초과학적 연구는 독도를 지키는 가장 좋은 지킴이가 될 것이다. 보편적이며 긴요한 연구의 예를 몇 가지 들어 보면 다음과 같다.

특히 독도 해역의 기상 요인의 연구는 필수적이다. 이것은 마치 야생 동물이 자기의 영역을 본능적, 대외적으로 공포하는 것과 다름없는 영토권에 대한 연구의 증빙 자료가 되는 것이다. 지금까지 이런 연구가 수행되지 않은 것은 유감이며, 앞으로 반드시 전개시켜야 마땅하다.

다음으로, 독도 육상의 생물학적 연구가 주기적으로 이루어져서 논문으로 발표되어야 한다. 해양기후의 온화함 속에 무성하게 자생하는 초본류를 비롯하여 목본류의 서식환경에 대해서도 연구하여야 한다. 그리고 동물상으로 곤충과 괭이갈매기에 대한 생태학적 연구도 수행되어야 한다.

독도 근해에 대한 해류, 즉 연안류에 대한 조사가 아주 긴요하다. 해류에 따라 해양 생물의 이동migration이 일어나고, 수산 자원, 즉 어업활동이 결정되기 때문이다. 쿠로시오 해류나 리만 한류 같은 대형 해류의 조사도 중요하지만, 연안류의 조사 연구는 독도의 특성을 파악하는 주요한 분야이다. 이런 것이 바로 영유권이다.

독도 근해의 수문학적 조사 연구가 필요하며 대량의 논문을 생산해 낼 수 있는 유일한 길이다. 수백억, 수천억의 예산을 사용하여 철통같은 요새를 구축한다고 해도 "국제적인 인식"면에서는 "국제 학술지"에 독도의 고유한 해양학적 성격을 잘 표현하는 논문만큼 효과적이지는 못하다. 이러한 논문은 세월이 지날수록 진가를 발휘하는 법이다.

3) 독도의 생물학적 독특성

독도는 심해에 위치하는 거대한 해산의 봉우리가 해수면위에 극히 일부 노출되어 있는 섬이다. 따라서 면적상으로 아주 작아서 바다의 영향권 속에 묻혀 있다. 독도의 육상에 대한 연구는 많을 수 없지만, 해양학적 연구는 다대한 해역이다.

이 해역의 여러 가지 해양학적인 변화 즉 기상적인 변화, 해류의 흐름, 그리고 물리 화학적인 변화 즉 수문학적 연구는 기초사항이다. 독도는 육지에서 멀리 떨어져있는 외 딴 섬으로서 생물학적 고립을 면치 못하는 곳으로 진화론적인 연구도 필요하다. 찰스 다윈은 갈라파고스 섬의 생물을 연구 고찰함으로서 진화론을 완성한 것처럼 독도는 동해의 중심해역에 위치하여 육지의 영향력이 거의 없이 오랜 세월 흐르면서 생물이 살아온 상태이다. 이러한 기후에 적응하여 장구한 세월 대대손손 생명을 이어온 생물들은 유전적인 변이를 보일 수 있어서 흥미로운 연구대상이 될 수 있다.

동·식물 중에 같은 생물 종이라고 해도 이 섬의 것과 육지의 것은 유전적 변이 가능성을 배재할 수 없다. 따라서 독도의 육상에 자생하는 각종 동식물 및 미생물에 대한 염색체 내지 DNA의 조사는 연구 과제이다. 다시 말해서 해양환경 속에 파묻혀 장구한 세월 대를 이은 종들의 계통수를 수립하는 것도 연구를 할 만하다.

독도는 섬 전체가 화산암이며 평지나 모래, 자갈 같은 것을 찾아 볼 수 없고 다만 풍화작용에 의해서 바윗돌이 부서져서 흙으로 된 표토층에 식물이 자생하고, 괭이갈매기들은 섬 전체의 표토층을 집으로 삼고 있어 서식처로 제공되는 것이다.

그러나 경제적 측면에서 독도는 청정수역의 어자원이 풍부하고 해저에는 에너지 자원이 매장되어 있으며 어선들이 스쳐가는 간이 휴식처가 될 수 있다는 자체만으로도 중요한 기능을 가지는 것이다.

4) 서해의 천해 자연과 생물

서해는 주로 중국과 공유되어 있는 얕은 바다이다. 서해를 광범위하게 본다면, 제주도의 남단과 타이완, 유우구열도의 북부와 일본 규슈 섬의 서단으로 둘러싸여 있는 동지나해까지 이어지는 방대한 해역이다. 평균 수심은 188m에 불과하며 수량은 23만km^3 정도이다.

서해의 갯벌자연과 미생물 자원에 대하여 실용적인 예를 하나 들면, 한강 하구의 영향을 받고 있는 강화도는 서해안 갯벌 자연의 중심지에 위치하고 있다. 서해의 갯벌은 세계적으로 독특한 해양환경을 이루고 있으며, 광합성 미생물을 비롯하여 무진장의 해양 미생물이 서식하고 있는 생물자원의 보고라고 할 수 있다.

우리나라는 천연자원이 빈약하지만, 동·서·남해의 바다는 각기 독특한 성격을 지니며 해양자연이 아름답고 다양한 생물이 풍부함으로서 가히 해양 생물자원의 보고라고 칭할 수 있다. 현재 아무도 주목하고 있지 않은 서해안의 갯벌자연과 생물자원은 나라의 미래를 밝게 조명하는 생물과학 분야라고 할 것이다.

이와 같은 관점에서 해양생물의 배양 은행Culture Bank를 이룩하여, 광합성 또는 비 광합성 미생물의 분류, 생태, 생리는 물론 유전 공학의 응용분야에 연구를 심화시키고, 의약 분야로서 항생제Antibiltics의 균주Strain를 발견하여 새로운 항생제를 개발하며, 해양 미생물의 먹이망을 이용한 해양 생물자원을 개발함으로서, 해양 미생물학은 큰 잠재력이 있는 연구 분야이다.

1929년 플레밍이 푸른 곰팡이로부터 페니실린이라는 항생제를 개발함으로 인류의 수명을 일시에 10년 내지 20년 늘어나게 하였다. 그리고 한 걸음 더 나아가서 지중해의 갯벌 미생물로부터 부작용이 적으며, 강력한 항균작용을 하는 스트렙트 마이신의 개발은 인류를 오늘날과 같이 장수의 시대로 인도하고 있다.

다른 한편으로, 서해의 갯벌 속에 자생하는 광합성 미생물을 적극적으로 개발하여 다방면으로 활용함으로서 경제적 가치를 창출할 필요가 있다. 특히 양식어업에 있어서는 이러한 연구가 획기적으로 생산성을 발전시킬 수 있는 전기가 되는 것이다.

갯벌이란 수천 만 년 또는 수 억 년이라는 무궁한 세월 속에 해양의 생물과 미생물이 나고 지면서 생물과 생물의 잔해 또는 무생물적인 갖은 요소들이 쌓여서 이루어진 지구 역사의 단면이기도 하다. 따라서 지금까지 거의 알려지지도 않고 관심도 없었던 갯벌 미생물의 연구는 매력적인 연구 분야이다.

5) 남해와 수산 양식

남해는 크게 보아서 동해의 성격과 서해의 성격이 겹쳐져서 천이 해역을 이루고 있다.

남해는 주로 일본과 접하는 다도해로 수심이 낮으며, 우리나라의 도서 약 3,400여 개의 대부분이 이곳에 위치하고 있다. 남해의 기후는 아주 온화하고 이곳에 위치하는 한려수도의 자연경관은 빼어나게 아름답다.

우리나라의 남해는 서해보다 많은 도서, 반도, 항만을 지니고 있다. 맹골군도, 진도 인근해역, 보길도를 포함하는 소란군도, 거문도 해역, 외나로도 해역, 금오도 해역 등의 해양 자연은 아름다우며 해양 환경적으로 독특한 성격을 지니고 있다.

거제도와 남해도를 중심으로 한려 해상 국립공원이 있다. 이들은 아기자기한 해안경관을 이루며 세계적으로 아름다운 천해 자연이다. 동시에 바다의 자연보호와 어업사이에는 다음 같이 당면한 과제가 잘 조화되어야 한다. 첫째, 연안 양식, 즉 어족자원과 해조류의 생산은 효율적으로 해야 한다. 둘째, 육상 양식과 축제식 양식을 효율적으로 개발하여야 한다. 셋째, 바다의 가두리 양식은 심도 있게 연구, 개발하여야 한다. 넷째, 어패류와 해조류의 종묘 생산을 보편화해야 한다. 다섯째, 정치망을 합리적이고 생산적으로 재정비해야 한다. 여섯째, 해양오염을 방지하고, 바다 환경을 종합적으로 관리하여야 한다. 일곱째, 적조, 흑조 현상을 적극적으로 막아야 한다. 여덟째, 산업단지의 열오염을 극소화하여야 한다. 아홉째, 선박 오염을 극소화하여야 한다.

6) 해양 생물학의 미래

인류는 지구상에 태어나면서 바다와 더불어 생활해 왔으며, 인류의 역사 또한 바다와 밀접한 관계를 맺고 있다.

이런 바다는 인간의 미래 식량자원의 보고가 된다. 지구상에서 발생하는 광합성 양의 90%가 바다에서 이루어진다. 이는 해양생물학이 인류의 미래를 보다 윤택하고 풍요롭게 할 수 있는 연구 대상임을 시사한다. 따라서 미래의 해양 활용을 높이기 위해서는 많은 노력이 요구된다.

첫째, 바다는 미래의 식량 보고다. 실제 남극대륙 하나만 살펴보면, 먹이 사슬의 한 부분인 크릴새우의 현존량이 15억 톤에 달한다. 남극은 지구상에서 다섯 번째로 큰 대륙이며, 1마일 정도의 얼음 층으로 덮여 있다. 기온은 평균 영하 30도 이하이며, 심지어 영하 90도 까지도 하강한다.

둘째, 대부분의 생물은 수심 200m이내에서 생활하며, 더 깊은 심해에서는 전기뱀장어나 심해 상어 같은 특수한 생물만 존재한다. 수심 200m이하에서는 햇빛이 투과되지 않으며, 각종 영양 염류가 축적되어 있는 수층이다.

셋째, 바다를 이용한 수산양식 또는 바다목장은 현실적으로 중요하다. 어업의 발달은 어류자원의 감소 또는 고갈현상을 초래할 수 있다. 따라서 양식을 통해 고급어류나 해산물을 생산해 낼 필요가 있다.

모천 회귀성 어류인 연어양식, 유기산의 맛이 뛰어난 넙치양식을 비롯해 새우, 전복, 멍게, 김, 미역, 다시마 등의 양식은 해양생물학 연구의 결과다.

넷째, 바다의 환경오염을 막아야 한다. 바다가 변하면 육상도 변하게 된다. 즉 바다가 더워지면, 육상도 더워지고, 바다가 추워지면 육상도 추워진다. 따라서 바다의 보호가 필요하다.

다섯째, 바다는 인류의 안식과 휴식의 공간으로 활용돼야 한다. 현재 인류는 초고속으로 기계문명을 발전시키고 있다. 일반적으로 기계화된 고도의 물질문명은 생활을 편리하게 하지만 이에 따른 부작용과 정신적 부담 역시 심각하다. 자연은 정서적으로 휴식의 원천이 되며, 바다는 휴식과 재생산의 자연을 제공한다.

14. 남인도의 해양 환경과 해양생물

인도의 면적은 약 329만km²이며, 인구는 10억명이 넘는 거대한 국가이다. 기후 상으로는 남부의 열대 해양성으로부터 북부의 고산성 한대기후에 이르기까지 다양하다. 대부분의 국토는 온대성 기후대를 이루고 있다.

인도는 지리적으로 크게 보아서 인도양으로 돌출된 거대한 반도 국가이다. 인도 반도의 서쪽은 아라비아 해와 접하고, 동쪽으로는 뱅골만과 접한다. 그리고 남쪽 바다로는 몰디브와 스리랑카를 이웃하고 있다. 인도는 인도양에만 방대한 해안선을 지니고 있다. 따라서 이 나라는 인도양의 절대적인 영향권 속에 놓여있다.

남인도의 해안은 인도양의 한 가운데 위치하는 중심해역인 동시에 중심해안을 이루고 있다. 이 해역에 위치하는 마리나 해역의 자연환경과 성격은 다음과 같다. 마리나 해안은 광활하게 넓은 모래사장을 이루고 있는데, 폭은 1km 내지 수 km이며 길이는 무려 20~30km에 달한다.

이곳의 파도는 대단히 강하고 파도의 골이 깊어 높낮이가 두드러지게 나타나고 있다. 오후가 되면 이러한 현상이 더욱 두드러지게 나타나고 있다. 이곳은 연안의 수심이 상당히 깊은 것으로 사료되며, 해류가 강하여 파고가 높게 일어나는 현장이라고 하겠다. 따라서 대단히 좋은 백사장에 수많은 사람들이 운집을 해 있어도 수영을 하는 것은 부적절하게 보인다.

수온은 상당히 높아서 따뜻한 느낌으로서 25~30℃로 생각된다. 수색은 심해성으로 진한 청색을 이루고 있는데 바닷물 자체가 청정하다고 하겠다. 따라서 투명도도 상당히 높을 것으로 생각된다. 그러나 해안에서 보통 관찰되고 있는 해양생물의 잔재, 예를 들면 패류와 해조류의 흔적은 거의 찾아볼 수 없을 정도로 빈해를 이루고 있다.

연안에 와서 부딪치는 파도는 겹 파도로서 경관상으로 아름답다. 열

마두라이 해변

마리나 해변

대의 화창하고 작렬하는 태양광선과 대단히 잘 정비된 모래사장은 해수욕장의 면모를 갖추고 있다. 어떻든 특수한 해변으로서 인도양의 특색을 보이고 있다. 이 나라의 초중고생의 체육내지 수영학습을 이곳에서 하고 있으나 실질적인 수영 훈련이라기보다는 몸을 물에 담그는 정도의 훈련을 하고 있다.

해변의 한쪽 끝에는 항만 또는 해변관리 기관들이 있고 관측 탑이 있다. 그리고 연안에서 20~30km떨어진 원양 쪽에는 대형선박이 정박해 있다.

이 해안의 해변도로는 고속도로로 건설했으며 해안 바로 옆에 어민들이 생활하는 촌락을 볼 수 있으나 대단히 가난한 빈민굴로서 어업으로 인한 소득이 거의 없음을 느끼게 한다. 이곳에서 생산되는 어류는 갈치, 병어, 꼴뚜기 등이 보이고 작은 종류의 어류가 관찰되지만 양적으로 아주 적다. 또한 이 해역은 쓰나미 같은 강력한 해류의 영향권을 벗어나지 못하고 있으며 뱅갈 만의 해양학적 성격을 내포하고 있다(김, 2008).

15. 몰디브의 해양 환경과 해양생물

이곳은 인도양의 중앙해역에 해당되는 바다의 자연 속에 완전히 묻혀있는 해양의 나라이다. 몰디브는 스리랑카의 콜롬보에서 약 700km 떨어져 있는 곳이고 남인도의 첸나이 시에서도 약 700km 떨어져 있는 수중의 나라이다.

몰디브의 육상 면적은 약 300km²에 불과한 나라로서 국토 전체가 산호초로 구성되어 있는 섬의 나라이다. 산호초 연안은 산호초가 부서

몰디브의 자연

져서 고운 모래의 해안으로 얕은 수심의 해양 평원이 순옥색의 바닷물 색을 하는데 형언하기 힘든 신비한 수색을 지니고 있다.

연안의 비취색 수색으로부터 대양으로 갈수록 청색으로 변하고 먼 바다는 진한 청색dark blue을 나타낸다. 몰디브의 해역은 열대 수역으로 수온이 25~30℃ 정도이다. 이렇게 따뜻한 수온을 이루고 있기 때문에 유럽인은 물론 전 세계인의 휴양지로 개발되어 있다.

대양성 파도가 연안으로 몰려 오면서 그 세력이 거의 소멸되어 잔잔한 잔물결로 모래사장에서 멈춘다. 산호초가 발달된 연안 해역에 강력한 심해성 파도가 원양으로부터 밀려 오면서 일차적인 산호초 장벽을 넘고, 다시 이차적 장벽을 넘어 삼차의 산호초 장벽에 부딪치므로서 모래사장까지는 거의 영향을 미치지 못한다. 따라서 연안에서 원양으로 수백 미터에 이르기까지 무릎정도의 얕은 수심의 바닷물이 바로 몰디브로 많은 사람을 모이게 하는 해양 자원이라고 하겠다.

이곳의 어류와 패류는 상당히 좋은 서식환경을 보이고 있어서 밤낚시, 관광 등이 성행하고 있다.

몰디브는 100%해양성 기후에 함몰되어 있는 열대지방이지만 강우량은 상당히 적다. 몰디브는 남북의 길이가 840km이고 동서의 폭은 80~120km정도로서 흩어져 있는 섬들의 해역을 합치면 무려 약 8만km²에 달한다. 이 나라는 1,190개의 유인도와 201개의 무인도로 구성되어 있다. 위도는 남위 0°41′에서 북위 7°60′ 사이에 위치하고 있다.

이 나라의 섬들에 분산되어 살고 있는 인구는 총 27만 명 정도이고 수도인 말레에는 6만8,000여명이 살고 있다. 이 해역은 인도양의 중심 해역으로서 남인도, 스리랑카 등의 해양성격과는 거의 동일하며 해안의 성격은 다소 다르게 보이지만 크게 보아서는 대동소이 하다고 하겠다.

몰디브의 산호초 섬들 중에서 하러데이 섬Holiday Island은 훌륭한 리조트 시설을 구비하고 있다. 섬의 길이는 700m에 불과하고 폭은 약 100m에 불과하다. 섬이 전체가 하나의 리조트인 셈이다. 섬의 제일 높은 곳이라고 해야 2m이하로서 해수면과 거의 비슷한 저지대를 이루고 있다. 인도양의 어느 곳에서든지 일어나는 화산 또는 지진활동으로 인한 쓰나미의 영향을 강력하게 받을 수 있는 위험 지역이며, 해수면과 차이가 거의 없는 완전 저지대이다.

이 섬은 해발 1~2m 되는 산호초 모래섬이지만 커다랗게 자라는 야자수를 비롯하여 몇 가지의 교목 류의 수목이 있으며, 모래사장에는 아주 소수이기는 하지만 초본 류가 자생하고 있다.

몰디브는 자연환경이 대부분 산호초에 기초하고 있기 때문에 어류 역시 산호초에 서식하는 어류이고 해양학적 생태도 역시 산호에 기초하고 있다(김, 2008).

16. 미얀마의 자연과 바다

미얀마는 북위 16~28°사이에 위치하며, 대부분의 국토가 아열대 지역의 밀림으로 싸여 있어서 풍요로운 광합성의 왕국이라고 하겠다. 이 나라의 면적은 약 67만km² 여서 남한 면적의 6~7배나 되며 인구는 5천만 명이 넘는다.

농산물과 산림자원이 풍부하여 쌀과 티크 등이 많이 생산된다. 다른 한편으로는 석유 생산이 많아 자원 부국이라고 하겠다. 수도 양곤은 상당히 발달된 도시중의 하나였고 면적이 191km²로서 서울 면적의 1/3 정도이다. 그러나 최근에 수도를 내륙지방인 "네피도"로 옮겼다.

이 나라는 아열대의 상록수가 시야를 푸르게 하고 있으며 과일이 대단히 풍성한 것도 특징이다. 과일로는 포도, 사과, 귤, 바나나, 수박, 아보카도, 두리안 등과 같은 것이 많이 생산되며, 쌀농사도 2~3모작씩 하는 전형적인 농업국가이다.

미얀마는 아시아에서 석유 매장량이 가장 많은 나라이고 천연 가스도 많다고 한다. 미얀마는 자원 상으로 본다면 임업 자원을 비롯하여 텅스텐, 아연, 금 등을 다량으로 보유하고 있다. 그러나 군부독재로 인하여 수십 년 동안 과학기술은 물론 정치, 경제, 사회 등이 폐쇄되어 퇴보하기 시작하여 현재는 지구상에서 가장 열악한 최빈국의 하나로 남아 있다.

양곤에서 약 30km 거리에는 양곤 강과 바다가 만나는 하구역이 있다. 양곤 강의 하구역은 바다와 소통하는 커다란 항구로서 강물은 진한 황토색이고 수량은 대단히 풍부하다. 이 강의 폭은 1,000m 정도이고 연락선은 300~400명을 태우고 강을 건너는데 시간상으로 10분 정도의 거리이다. 물살이 거의 없고 수심은 상당이 깊어 보인다. 넓은 하구

미얀마 양곤 강의 하구역

역이 항구의 기능을 하고 있다. 커다란 운송선과 연락선이 강변의 여기 저기 정박되어 있다.

연락선은 2층의 선박으로서 대단히 낡았으며 마치 우리나라의 6.25 한국전쟁 때 만원 버스같은 혼잡함을 느끼게 한다. 물론 위험한 느낌도 든다. 배 위에서는 갈매기 군집이 승객들이 던져주는 과자 부스러기를 받아 먹으려고 선창가를 비상하고 있다. 강가에는 왕골 같은 수초 군락이 무성하게 자생하고 있다. 하구역에는 갯벌이 있으나 항구와 항로는 준설이 되어있다.

양곤의 서민들은 특히 여자들은 "다나까" 나무껍질을 갈아서 얼굴에 바르는데, 이것은 작렬하는 태양광선을 차단하는 효과가 있다고 한다. 이 나무껍질은 찬 성질을 가지고 있어서 피부를 진정시키는 효과가 있고 은은한 향기도 있다.

또한 서민들은 뭘 씹고 다니다가 뱉는데, 이것을 "꿍의" 또는 "꿩"이라고 부른다. 이것은 "빈낭 나무" 잎사귀를 잘게 썰어서 씹는 것으로, 입을 환하게 하고 진통 효과가 있으며 이빨 사이를 붉은 색으로 물들게 한다. 여기에는 석회가 많이 들어 있어서 걸리적거리는데 탁 뱉어 버리는 것이 마치 껌을 버리는 것 같다.

미얀마는 사원의 나라이다. 불교가 절대 강세에 있다. 예로서 "쉐다곤 파고다"라고 하면 "쉐"는 황금이라는 뜻이고 "다곤"이라는 말은 수도 양곤을 의미하며 "파고다"는 사원, 즉 탑을 이야기한다. 사원을 거대하게 축조하고 황금색 또는 황금으로 도색을 하며 조명은 은은하게 함으로써 건축, 조명, 신앙심이 모든 사람들의 인성에 파고 들도록 하는 문화적인 정서를 가지고 있다. 혹자는 파리의 에펠탑보다도 더 좋은 야경을 가지고 있다고 한다.

사람이 잘 살고 못 사는 것은 마음먹기에 달려있다. 나라가 발전하고 못하는 것은 국가 정책에 달려있으나 종교적인 뿌리가 절대적인 영향을 미치고 있는 것이다. 다시 말해서 자원이 많고 적음, 보석이 많이 산출되고 못하고, 또한 국토가 크고 작음의 문제가 아니라는 뜻이다. 결국 사람의 생각이 모든 것을 결정한다는 것이 이 나라 국민들이 가진 불교적인 생각이다.

아웅산 장군은 미얀마 독립에 전력을 다 바침으로써 국민의 존경을 받았다. 그는 영국으로부터 1948년 독립하기 한 달 전에 사망했다. 아웅산의 딸 아웅산 수지는 1945년에 태어났고 아웅산은 1947년 정적에 의해서 살해되었다. 아웅산의 부인은 인도 대사관에 발령받아 근무하였는데 아웅산 수지는 인도에서 공부하다가 영국의 옥스퍼드 대학으로 유학을 간다. 그리고 영국인 동급생과 결혼하여 2명의 아들을 낳아 국적이 영국 사람이다.

1988년에 영국에서 미얀마로 귀국한 아웅산 수지는 국민적 영웅의

딸로서, 국민의 존경을 받고 있다. 군부는 1988년 8월 8일, 민주화 데모를 무자비하게 진압하여 수 천명의 국민을 희생시킨다. 이때에 아웅산 수지는 국민으로부터 민주화를 요청받게 되고, 군부와 아웅산 수지는 협상으로 평화적 방법인 선거를 통해 정권 이양을 하기로 하였다.

아웅산 수지는 선거를 통하여 87%의 압도적인 국민의 지지를 받게 되어 정권을 인수받아야 하는데, 군부는 헌법을 만드는 절차라고 하면서 아웅산 수지를 가택연금시켜 최근까지 억압하였다. 아웅산 수지와 군부는 마치 물과 기름과 같은 관계에 있다. 군부에서는 아웅산 수지가 영국 사람이라 미얀마를 다스릴 수 없다고 하고, 아웅산 수지는 미얀마에서 태어나서 자랐고 또한 모든 것은 미얀마의 피가 흐르고 있다고 하는 것이다.

아웅산 수지는 1991년에 노벨 평화상의 지명을 받았으나 출국하면 다시 입국을 할 수 없어 노르웨이에 가지 못하였다. 국민들은 그녀를 존경하지만, 민주화가 될 경우에 135개 종족이 독립을 선언하게 된다면 적어도 6개의 국가로 나누어질 수 있다는 점에 착안하여, 군부가 독재적으로 나라를 다스려야하며 가난한 것은 참을 수 있어도 여러 나라로 쪼개지는 것은 견딜 수 없다고 생각하고 있다. 그것은 아웅산 수지가 정권을 이양받는 것이 적합지 않다는 생각으로 이어졌으나, 최근에는 선거를 통하여 변화되었다.

세계 제2차 대전 시에 1943~1945년 사이에 영국 군인이 이 나라에서 16,000여명이 희생되었다. 이들의 묘역이 양곤 인근에 잘 관리되고 있는데 그 관리 비용이나 모든 경비는 영국 정부에서 조달하고 있다.

미얀마는 필자에게 버마라는 국호가 더 친숙하게 남아있다. 1983년 10월 9일, 미얀마 국민의 영웅으로 추대 받고 있는 아웅산 묘소에 우리나라의 서석준 경제 부총리를 비롯한 관료 16명이 참배하려고 도열해 있는 현장을 북한의 특수공작원 3명이 폭탄을 설치하고 리모컨으로 폭파시킴으로써 참화를 당했다. 천만다행으로 전 전두환 대통령 내외는 참화를 면하였다. 이들은 북한의 무역선으로 위장한 동건호를 이용하여 침투하였다.

그 이후 3명 중 1명은 사살되고 다른 1명은 미얀마 군인의 사격으로 한 쪽 팔이 절단되면서 체포되어 재판으로 사형되었다. 강치민 이라는 자는 항복하여 사건의 전모를 밝힘으로써 정상을 참작하여 무기징역으로 현재 복역 중에 있다. 그러나 이 사건으로 미얀마는 1983년 12월 북한과 단교하였으나 2007년 4월에 재수교하여 농산물과 무기를 교역하고 있다.

17. 타이완의 자연과 수산업

면적의 70%가 산악인 대만은 섬 전체가 4,000m에 가까운 하나의 거대한 산악으로 이루어져 있는 셈이라고 할 수 있다.

중앙 산맥은 섬의 남·북에 거쳐 동쪽 해안으로 치우쳐 뻗어 있다. 이 산맥은 동과 서를 차단함으로써 두 지역의 차이를 나타내는데 중요 요인으로 작용한다. 무엇보다도 중앙 산맥은 동·서의 기압대 환경을 갈라놓아 대만의 기후에 절대적인 영향을 미친다.

타이완 섬의 북부 내륙에는 험준한 산악 지대를 이루는 설산 산맥이 자리 잡고 있고, 섬의 중·남부로는 대만 산맥 중에서도 최고봉인 옥산 산맥이 있다. 그 서쪽으로는 아리산 산맥이 나란히 자리 잡고 있다.

타이완 섬은 북태평양의 아열대 지역에 위치하고 있어서 태풍의 발원지에서 멀지 않아 그 영향을 크게 받는다. 기후는 건기와 우기로 나뉘어져 있는데, 우기인 여름철에는 강우량이 대단히 많다.

일반적으로 강우량을 동반한 기압골이 지형상으로 동고서저 현상이 두드러진 높은 산맥에 부딪치므로 섬의 동쪽으로는 상습적인 폭우와 함께 홍수가 발생한다. 동쪽 산자락은 바다에 근접하여 평야가 아주 적고 도시의 발달이 서쪽에 비하여 매우 빈약하다.

동부 지역과는 대조적으로 서쪽으로는 비교적 넓은 평야가 조성되어 있다. 북부에 위치한 수도 대북시를 비롯하여 대중시와 대남시는 북부에서 남주를 거의 일직선상으로 연결하는 등거리의 대도시들이다.

이러한 서부의 평야 지대는 아열대성 농업의 발달은 물론, 무엇보다도 광활한 평야의 수산 양식단지를 이루고 있는 것이 특기할 만하다. 논밭이 양식수조이며, 여기에 설치된 양식용 물풍차는 장관이다.

대만의 지형을 하나의 산맥으로 볼 때, 물줄기를 이루는 작은 하천의 수요는 많은 편으로, 이런 자연 조건 속에서 발원되는 다수의 하천은 그 길이가 짧을 뿐 아니라 수량도 계절적으로 편중되어 있다. 우기를 제외한 강바닥은 물의 흐름이 거의 없어 비교적 넓은 면적이 돌, 자갈, 바위의 하상이 드러나 있다. 다시 말해서 건기에는 대부분의 하천이 소량의 수량을 지니거나 아예 물 없이 메말라 있다.

그러나 태풍을 동반하는 우기에는 홍수가 나 막대한 수량을 일시에 수용해야 한다. 이 때문에 하상을 지나야만 하는 도로의 교량이나 각종 구조물의 규모는 상대적으로 대단히 크고 육중한 특색을 지닌다.

담수하淡水河, Tanshui는 타이완 섬의 최서북단에 하구를 두고 있는 대만의 3대 하천 중의 하나로서 강의 길이는 159km이다.

발원지는 남쪽에 있으며, 대북시 주위를 흘러 북 해안에 하구를 두고 있다.

1) 타이완 섬 북부의 하천과 수산

하구역에는 홍수림이 자생하여 무성한 숲을 이루는데, 잘 보호되고 있었다. 특히 550,000m²의 숲은 초중등학교의 자연학습원으로 이용되고 있었다. 이것은 하구에 집적되어있는 풍부한 영양염류에 따른 하구성 생산력의 한 예이다. 몇 가지 홍수림 중에서 대표종은 'Kandelia candel'이었으며, 이외에도 여러 늪지 생물이 관찰되었다.

담수하의 수질은 우선 시각적으로 대단히 탁한데, 그 이유는 대북시와 기륭시 같은 대도시의 도시 하수와 각종 산업 폐수가 이 강으로 유입되고 있으며, 주거 환경에 따른 오염원이 도처에서 수질을 오염시키고 있기 때문이다.

이러한 오염 환경은 수산 양식을 좋아하는 대만 사람들에게 하구 평야의 수산 양식에 하나의 장애 요인으로 작용하고 있음이 틀림없다.

이 강의 하구역은 장강 대하의 특성이 전혀 없다. 그러나 바다와 만나는 수역은 넓게 펼쳐져 하구의 면모를 드러내고 있다. 타이완 섬의 중·남부 지역에서처럼 하구 자연을 이용한 수산 양식 시설은 미약하며, 논·밭을 이용한 양식장도 거의 찾아볼 수 없었으나, 간혹 새우 양식장이 있었다.

2) 타이완 섬 남서부 하천과 수산 양식

타이완 섬의 최북단에 위치하는 기륭시에는 기륭해양대학이 위치하고 있는데, 우리나라의 수산 대학과 해양대학과 같은 시설이 갖추어져 있었으며, 수산 양식에 대한 연구 활동에 박차를 가하고 있었다.

고병계高屏溪 하천은 타이완 섬 서부 평야의 동북쪽에서 발원, 서남쪽으로 흘러 동항Tunghang만에 하구를 두고 바다로 유입되고 있다.

이 강의 하구 수역은 필자가 조사하던 시기가 초여름철로서 본격적인 열대 기후의 수온이었으며, 수량도 비교적 많은 편으로 대만에서는 유수한 하천이었다.

하구역에는 실뱀장어가 강으로 다량 거슬러 올라가고 있었다. 이를 잡기 위하여 잔나무 묶음을 하구의 양쪽 편에 일정 간격으로 세워 대대적으로 뱀장어 종묘를 확보하고 있었고, 또한 규모상으로 많은 양이 채포되어 뱀장어 양식이 진행되고 있음을 보여주고 있었다.

이 하천을 중심으로 하는 전 평야는 어패류의 양식장으로서 장관을 이루고 있다. 특히 담수와 해수를 같이 활용하는 수산 양식이 개발되어 있었다. 이 평야에서는 고소득의 새우 양식이 주종을 이루고 있었으며, 전복 양식, 해조류 양식, 게 양식, 사바히Milk fish 양식 및 틸라피아 양식이 행해지고 있었다. 또한 커다란 인공 연못을 형성하여 대단위의 오리 양식도 이루어지고 있었다. 이 지역 일대는 대만 제 1의 수산 단지를 이루고 있는 것이다.

타이완 섬의 동쪽은 고산준령이 바다에 바짝 붙어 있어서 왜소한 하천이 형성될 수밖에 없는 지형이다. 그렇지만 우기 또는 폭풍과 폭우를 동반하는 태풍 시에는 많은 양의 물을 수용해야하는 자연 조건을 지니고 있다.

3) 타이완 섬 동부의 하천과 수산업

대만에서 하천의 발달은 지극히 빈약하여 보잘 것 없으며, 고산에 폭우가 몰아닥칠 때에 일시적으로 물난리가 불가피한 곳이다. 따라서 하구 형성이 빈약하며, 이를 이용한 수산업은 발전할 수 없는 조건이다. 동부 해안은 지형적으로 어촌 발전에 근원적인 장애요인을 지니고 있어, 어업 활동이나 수산 양식이 활발할 수 없는 여건이다.

이곳의 하천은 일반적으로 길이는 대단히 짧으며, 수량이 얼마 되지 않는다. 그리고 하구의 하상은 모래나 자갈 같은 것이 아니고 커다란 돌, 바위, 암석으로 덮여있다. 따라서 하상의 생산성은 찾아 볼 수 없고, 객관적으로 수산 양식장을 설치할 수 있는 평야가 없으며, 기후적인 악조건과 담수의 활용이 어려운 상황이라 양식이 될 수 없는 지역이라 하겠다.

이 지역 중의 일부에서는 고산이 바다 쪽과 밀착되어 있어서 도로 건설조차도 여유가 없는 자연 상황이다.

대표적인 지역은 산악의 관광단지를 이루는 국립공원 화련이다. 필자도 이 지역을 조사할 적에 폭우를 만나 여름철 기후에 대한 위력을 실감하였으며, 교통이 차단되는 곤욕도 겪은 바 있다.

18. 중국, 칭다오青島의 해양경관

청도, 칭다오는 우리나라와 지리적으로 가장 인접한 지역으로 인천과 서해를 두고 마주보고 있는 도시이다 거리상으로는 463마일로 약 740km이며 비행시간으로는 1시간 40분 남짓의 거리이다. 위도 상으로 우리나라와 같아 기후 또는 식생이 유사하며 해양 도시로서의 면모를 보이고 있다.

칭다오의 인구는 880만 명이나 되는 대도시로서 1903년에서 1907

년 사이에는 독일의 지배를 받았으며 그 이후에는 일본이 점령하여 지배한 바 있다.

칭다오는 최근에 놀라운 발전상을 보이고 있는데 36.8km의 해상 대교를 2012년에 순수한 자국의 기술과 자본으로 완성하였으며 2009년에는 청도만의 8.7km의 해저터널을 미국의 기술로 완성한 바 있다. 칭다오 시내에는 많은 고층 빌딩이 건설되어 있고, 시의 외곽에는 수없이 많은 아파트들이 건설되고 있다. 이는 국가에서 세우는 것으로 30%만 분양되어도 건설비가 충당됨으로 분양에 크게 신경을 쓰지 않고 건설하고 있다.

칭다오만의 중앙에는 1981년에 440m의 둑pier을 건축하여 '후일란'이라는 정자를 세움으로써 이 지역의 랜드마크로 되어 있다. 해양둑의 양쪽 연안에는 파래류가 번성하고 연안 갈매기가 많이 날아 다닌다. 관광객이 던져주는 새우깡이나 빵 종류를 먹으려고 갈매기 집단이 비상하는 경관은 보기 좋다. 둑 외곽으로는 규모가 꽤 큰 굴 양식대를 설치하여 굴을 양산한다. 해양 환경이나 바닷물의 성격은 서해안의 것과 거의 동일하다고 하겠다.

1) 소어산小魚山

이곳은 예전에 영세 어부들이 바다 생선을 잡아 말려서 팔던 장소로서 현재는 칭다오시를 잘 조망할 수 있는 언덕으로 자리잡고 있다. 25헥타르 규모의 조그만 구릉에 불과하지만 맨 위쪽 장소에는 3층의 전망대가 설치되어 있다. 이곳은 무엇 보다도 바다 바람이 시원하게 부는 곳이며, 칭다오 시내를 두루 조망할 수 있는 명소이다. 시내 전체가 마치 유럽풍으로 붉은 기와 지붕을 하고 있어서 맑고 밝은 분위기에 깨끗한 시내 경관을 보여준다. 시내 전체가 아담하며 조용해 보이고 화기가 도는 수수하고 정겨운 모습이다. 특히 봄기운이 고조된 시기에는 여러 가지 꽃이 개화하고 나무들이 신록을 내놓고 있어서 더욱 그렇게 보인다.

중국 해양 대학교가 바로 이 근처에 있다. 정문의 바로 안에는 가로로 놓인 비교적 큰 돌에 적색의 우아한 글자로 해납백천 취즉행원海納百川 取則行遠이라는 한문이 돌에 새겨져 있다. 다시 말해 바다는 많은 하천의 물을 받아들인즉 이들을 멀리멀리 보낼 수 있다는 뜻이다. 많은 인재들을 받아들여 육성하면 온 세계로 뻗어 나간다는 학교의 교육목표인 듯하다.

2) 해안의 청도 팔대관

중국 역사 문화의 명가들이 위치하여 있는 지역으로 이곳에는 약 200개의 유명한 역사적 사실이 있는 건물들이 해안을 끼고 부락을 이루듯 모여 있다. 모두 중국의 정부가 소유하는 집들이다.

이 중에는 중국 국민당 총재 장개석의 별장도 있다. 이 별장은 해변을 끼고 있으며 화석루花石樓라는 표지석이 세워져 있으며 입장료를 받는다. 개방된 장개석의 조그마한 기념관이라고 하겠다. 이곳을 찾는 관광객이나 신혼 부부에게 기념 사진 촬영 장소로 활용되고 있으며, 사람들이 많이 찾아 붐비는 장소이기도 하다.

공산당의 중요 인사가 팔대관을 찾아 오는 경우, 골목의 구석구석에는 건장한 사람들이 보초를 서며 교통을 정리하고, 엄중한 경비를 하고 있다. 이곳의 길은 항상 깨끗하게 청소되어 있고, 나무들도 잘 가꾸어진 고급 주택가의 모습을 지니고 있으나 거주는 하고 있지 않다.

3) 해양온천

칭다오에서 약 80km 거리의 바닷가에 대형의 해양 온천장이 있다. 바닷물을 적정하게 데워서 활용하는 온천이다. 건물의 내부를 궁전처럼 해 놓은 규모가 큰 온천장으로, 옥내에서 바닷물로 온천도 하고 수영도 하는 곳이다.

온천을 하는 욕탕은 섭씨 39℃ 또는 40℃의 온도로 열명 정도 몸을 담글 수 있는 욕탕들이 있고, 온천물을 폭포처럼 만들어 어깨나 등을 마사지 할 수 있게 하는 욕탕들도 있으며, 지하 동굴 같은 분위기의 욕탕들도 있다. 돌아다니며 휴식을 취할 수 있는 공간들도 마련되어 있다.

바다를 활용하여 칭다오의 관광객을 유치하는 깨끗하고 조용한 휴식처의 하나라고 볼 수 있다. 물놀이 기구를 많이 설치하고 있는 우리나라의 해양콘도와는 다르다. 칭다오 시와 해양온천장 사이에는 극지해양세계라는 대형 수족관이 있다. 여기서는 돌고래 쇼와 여러 해양생물의 수중 생활을 볼 수 있다.

4) 칭다오 맥주

칭다오는 독일이 1903년 점령하면서 맥주공장을 세운 것이 계기가되어 세계적인 맥주의 메카가 되었다. 독일의 맥주 제조 기술이 이곳에 정착되어 오늘날에 이른 것이다. 칭다오 맥주가 뛰어난 맛을 자랑하는 것은 이곳에서 사용되는 물이 좋아 타의 추종을 불허하고 끊임없이 연구 개발한 결과라고 한다. 칭다오 맥주는 현재 중국 정부에서 운영하고 있는데 13개의 제조공장이 있다.

칭다오 맥주 박물관에는 맥주 공장의 발달사와 제조 과정의 발달사를 자세하게 잘 정리하여 전시하고 있다. 그리고 전 세계의 여러 나라에서 제조되고 있는 맥주의 종류와 포장의 규격과 디자인을 수집하여 질서정연하게 전시하고 있다.

이 박물관을 관람한 다음에는 칭다오 맥주를 시식하는 기회가 마련되어 있다. 생맥주와 알콜 농도가 다소 높아 색다른 맥주를 맛 볼 수 있다. 칭다오 맥주는 많은 양을 국내용으로 제조하는 한편, 수출에도 주력하는데 알콜 도수를 조금 낮게 만드는 것이 특징이기도 하다.

북미의 자연환경과 생물

1. 북구의 맥킨리Mckinley 산의 자연

　북미 대륙에서 제일 높은 산악으로서 최고봉이 6,194m인 맥킨리 산은 알래스카 반도의 남부에 위치하고 있다. 맥킨리 산맥에는 수많은 설원과 빙하에 덮인 포러커 산Mt. Foraker, 5,303m, 헌터 산Mt. Hunter, 4,442m 등 3,000m 이상 되는 여러 개의 고산이 줄을 잇고 있다. 특히, 맥킨리 산 국립공원은 대단히 아름답고 웅장한 자연경관을 이루고 있다.

　이 산은 위도 상으로 북극권에 위치하고 있으며 고도에서도 고산이기 때문에 산의 2/3정도는 만년설에 덮인 상태이며, 남쪽 사면은 대소의 수많은 빙하에 덮인 골짜기들로 이루어져 있다. 이곳은 기후적으로 6개월 정도는 눈이 내리고, 이것이 만년설로 쌓여 있거나 또는 빙하 위를 덮고 있다가 여름철에 기온이 높아지면 일부 녹으면서 수많은 폭포와 호수를 이룬다. 이에 따른 자연생태계의 계절적 변화와 경관은 대단

맥킨리 산의 울창한 숲

히 아름답다.

이 지역의 환경적 특성은 무엇보다도 일기가 수시로 변한다는 점이다. 다시 말해서 하루에도 사계절이 연출되는 변화가 있다. 구름의 변화는 더욱 심하여 일기 변화를 무상하게 한다. 구름의 모양과 색깔은 대단히 다양하여 천태만상이며, 그 자태가 수시로 자유자재로 변하는 것이다. 이것은 북극지방의 기민한 기압의 변동과 기류의 이동에 따른 현상이라고 하겠다.

맥킨리 산의 중·상부 이상의 지역은 풍토적으로 대부분 툰드라 또는 혹한의 생물 서식대를 이룬다. 다시 말해서 만년설이나 빙하에 덮인 상태로 생물이 살지 못하는 불모지를 이루고 있다. 이 산의 중부 이하에서는 가문비나무의 군락이 대단히 발달되어 있다. 그리고 이러한 식물 군락속에 곤충 또는 동물이 자생하며, 독특한 생태계를 이루고 있음은 당연하다. 그러나 장기간의 겨울을 고려할 때 이들의 번식기간이 상대적으로 짧은 한대 생물의 생존 환경일 수밖에 없다.

여름철에는 산의 중간 지대 이하에서는 비옥한 초원지대 내지 산림 지대를 이루고 있다. 산의 기저부에서는 아주 울창한 활엽수와 침엽수가 혼합된 수목이 생태계를 이루고 있다. 이곳의 토양은 비옥하여 수목은 키가 크고 무성하며 산림의 밀도가 매우 높다. 겨울철에는 눈이 오고 광합성작용을 할 수 없어서 식물이 자랄 수 없는 시기가 거의 반년이나 된다. 겨울에는 낮의 길이가 아주 짧은 지역이다.

그런데 활엽수가 나타내는 특성은 나무의 키가 크고 잎이 작으며 둥근 백양목의 일종으로 사료되는 우점종이 자생하고 있다는 점이다.

다른 한편으로는 침엽수림이 생태계를 이루고 있는데, 이것은 키가 매우 커서 30m정도이며, 잎은 소나무 잎 같은데 잎의 길이가 아주 짧아서 우리나라 솔잎의 1/2정도이다.

여름철 맥킨리 산의 비옥한 초원지대

활엽수와 침엽수는 치열한 경쟁을 하고 있어서 서로 우점종을 다투고 있음을 알 수 있다. 이곳에는 침엽수와 활엽수의 비율이 1:2정도로 보이며, 국부적으로 어느 부분에서는 침엽수가 대단위의 산림을 이루고 있다.

맥킨리 산의 식생은 비교적 단조로워 보이지만, 가뭄이 없고 영향염류가 풍부하여 식생군락이 무성한 수목을 이루고 있음을 관찰할 수 있다. 이것은 만년설 또는 빙하로부터 만들어지는 수량이 산림 속으로 흘러내려 자생하기에 좋은 환경을 이루고 있다.

비교적 짧은 여름과 긴 겨울의 계절 속에 각종 병충해, 곤충, 벌레, 세균 같은 것으로 인한 수목의 훼손은 표면적으로 많아 보이지 않는다.

그 이유는 활엽수의 잎이 나고 생장하는 기간이 다른 지역보다 상대적으로 아주 짧고 적설량과 한파로 인하여 곤충이 충분히 번성할만한 시간이 없어서 산림의 훼손이 없는 것이다. 그러나 호수가 많고 물이 많으며 늪지를 이루는 여름철에는 몸체가 가늘고 아주 작은 모기류가 많이 번식하고 있다.

맥킨리 산의 계곡으로 흐르는 물은 처음에는 웅덩이나 연못을 이루고 산의 기저부에서는 습지 또는 호수를 만든다. 그리고 이러한 물은 냇물을 이루어 도도한 강물로 발전되고 있다. 맥킨리 산은 바람이 대단히 강하고 기압의 이동이 극심한 곳이어서 산봉우리가 오랜 세월 동안 풍화작용을 하여, 산봉우리가 칼날처럼 날카롭게 깎여져 있다. 그리고 이러한 산들은 수많은 계곡을 만드는데 계곡마다 만년설과 빙하가 채워져 있고, 여름에는 얼음이 녹아 수원을 이루는 경관을 보이고 있다.

맥킨리 산의 자연 경관에 대한 특색을 비행답사로 몇 가지 관찰하여 보면 다음과 같다.

첫째, 빙하가 위치하는 계곡에서는 얼음물이 흘러 웅덩이 또는 연못, 나아가서는 호수를 이루고 있다. 대소의 호수는 빙하의 고도위치와 크기에 따라 결정되고 있다.

둘째, 빙하 또는 만년설을 지니고 있는 토양 속에 무슨 성분이 많이 함유되어 있는가에 따라서 연못이나 호수의 수색이 아주 독특하게 나타나고 있다.

셋째, 호수나 연못의 수색이 진한 청색 내지 옥색을 나타내는 경우에는 유황S또는 구리Cu 같은 성분이 많이 녹아있는 것으로 사료된다. 물은 투명도가 아주 낮으며 빙하의 물이어서 수온이 낮다. 따라서 미세조류Microflora의 서식이 가능하지만 아주 빈약할 것으로 사료된다.

넷째, 맥킨리 산맥의 산자락 중에서는 토양이 붉은 줄무늬 색을 나타내는 곳이 있는데, 그 아래 형성되는 호수 또는 연못의 수색이 붉은 색을 나타내고 있다. 이것은 철분Fe이 많이 함유되어 있는 것으로 사료된다. 물론 수색은 아주 탁하고 걸쭉한 현탁액으로 관찰되고 있다.

다섯째, 맥킨리 산맥의 어느 산자락에는 토양이 검은색을 나타내는데 그 아래 형성되는 호수의 수색은 탁한 검은색을 보이고 있다. 이것은 토양에 흑연 같은 광물을 함유하고 있기 때문으로 사료된다.

여섯째, 알래스카에서는 사금의 생산량이 많은데, 금Au의 함량이 많이 들어있는 지층에 빙하가 생성되고, 이 빙하가 지층을 침식한 다음 금성분을 강물로 이동시켰기 때문이다.

일곱째, 맥킨리 산의 아랫부분에는 수목이 울창할 뿐만 아니라 늪지대Swamp를 이루는 곳이 많으며, 수색이 짙은 푸른색을 나타내는데, 이것은 녹색의 물꽃Water Bloom으로서 미세조류Microflora의 번식이 풍성한 결과이다.

맥킨리 산맥과 호수의 생태계에서는 새로운 종New Species의 출현이 가능하다고 사료된다. 그 이유는 한대 지방이라는 특성과 늪지대와 호수에 대단히 풍부한 영양염류가 집적되어 기후적 영양적 특성을 지닌 미세조류Microflora의 번식이 양호하기 때문이다. 따라서 이러한 늪지 연구는 대단히 좋은 신종의 연구 대상이 되기도 한다. 특히 남조류Cyanophyta 또는 녹조류Chlorophyta의 번식이 두드러지며, 특수한 환경으로 인한 종의 분화 가능성이 높은 것이다. 고도 약 800m에 있는 알리예스카Alyeska 스키장에서는 수목이 전혀 관찰되지 않는다. 초원의 형성도 극히 왜소하고 제한되어 있음을 알 수 있다. 그러나 여기보다 낮은 지대에서는 울창한 침엽수가 수림을 이루고 있다. 이 스키장에서는 분홍바늘꽃Fireweed을 비롯하여 산딸기, 베취류Vetch 같은 초본류가 자생하면서 초원을 이루고 있음을 관찰할 수 있다.

맥킨리 산맥의 수림의 분포는 고도에 따라 식물상의 분포가 매우 분명하게 구별되고 있다. 이것은 기후와 기온의 영향력이 식생의 군락형성을 좌우하기 때문이다. 다시 말해서 맥킨리 산맥의 식생은 위도 상으로 툰드라(동토대)여서 추위에 견딜 수 있는 식물과 동물이 자생하고 있음을 보이는 것이다.

2. 알래스카의 식물상

알래스카가 위도상으로 북극해와 접하는 최북단의 완전한 동토대와 남쪽의 한대 지방은 서로 다른 식물상과 생태계를 가지고 있다. 알래스카는 기후로 인해 식생의 번식에 제한이 있는 위도적이며 고도적 자연생태계를 가지고 있다.

툰드라tundra는 나무가 없는 평원을 의미하며, 위도상으로 수목대의 위쪽으로 북구의 교목류가 없는 땅을 지칭한다. 이러한 평원에는 관목류shrubs, 초본류grasses, 갈대류, 사초과 식물sedges, 현화식물flowering plants, 지의류lichens, 선태류mosses, 태류liverworts, 조류algae등이 식생을 이루고 있다.

이러한 생물군은 긴 겨울의 혹독한 추위에 눈과 얼음 속에서 어렵게 견디어 생명의 씨앗을 보전해야 한다. 그리고 다음 해에 해동이 되는 봄이 오면, 장과류berrys와 고산성이며 바위틈사이에 생육하는 식물로서 자주범의귀Saxifraga oppositifolia는 일찍 꽃을 피운다. 이곳 여름의 낮 기온은 보통 15℃ 이다.

알래스카의 남서부는 태평양의 해안을 접하는 해양성 기후대여서 비교적 살기 좋은 지역이며 방대한 침엽수림대를 이루고 있다. 우점종으로는 소나무, 전나무, 알래스카 포플러, 버드나무 등의 수목이 번성하고 있다. 이곳에는 임업이 발달되어 있으며, 임업 박물관은 이 지역의 산림자원을 있는 그대로 잘 보여주고 있다.

앵커리지 일대는 유일한 농업을 하기 좋은 곳이기도 하다. 그런데 1964년, 앵커리지에 강진이 발생하였다. 이곳은 저지대여서 바닷물이 침입하여 많은 인명 피해와 산림피해가 있었다. 지금도 그 때에 파손된 주거지역과 고사된 산림을 있는 그대로 풍치 구역으로 보전하고 있다.

근래에는 지구의 온난화 현상으로 여름에는 기온이 많이 올라가는 현상이 나타나고 있다. 따라서 식물상에 있어서도 종류도 늘어나고 생체량도 늘어나는 변화가 진행되고 있다. 알래스카 포플러는 두드러지게 번식하고 있는 것을 볼 수 있다. 그러나 기후적 특징이 다소 변하고 있기는 하지만, 겨울이 몹시 길고 여름이 짧아 식물의 번식하는 시간에는 변함없이 크게 제한을 받는다.

3. 미국의 자연과 자연보전

1) 서론

미국은 캐나다 국경선의 한대 지방(북위 49°)에서부터 텍사스의 남쪽 열대지방에 이르기까지, 또는 서부 내륙에 있는 모하비 사막의 절대 불모지로부터 동남부 내륙에 위치하는 미시시피 강 유역이나 동부 저지대의 옥토에 이르기까지 다양한 자연환경을 지닌 방대한 나라이다. 면적에 비하여 인구밀도가 아주 적으며, 법과 규정을 철두철미하게 지키는 과학적이고 합리주의적인 국민의식은 자연보호 영역에 있어서도 철저하고, 공해방지대책도 완비하고 있다. 한 예를 들면, 상수원 보호대책이 잘 되어 있어서, 우리나라의 한강이나 낙동강의 것과 비교가 된다.

여기서는 몇 가지 미국의 자연 중에 국립공원을 중심으로 한 자연경관과 그 속에서 서식하는 생물자원의 보전에 대하여 논하고자 한다. 미국의 국립공원 제도는 1872년에 도입되었다고 하며, 이에 준하여 여러 가지 자연보전에 관한 제도가 있다.

- 국립공원National Park
- 국립천연기념물National Monument
- 국립사적지National Historical Site
- 국립기념물National Memorial
- 국립 숲National Forest

이러한 제도는 미국의 자연보전의 기본적인 틀이며, 자연보호의 철저한 조치로 이어지고 있다. 이것은 자연보전에 대한 국가적 배려라고 사료된다.

2) 요세미티 국립공원의 자연과 보호

미국 서부에 위치하는 요세미티Yosemite국립공원의 보호는 눈에 뜨이게 철저하다. 요세미티는 샌프란시스코에서 자동차로 약 3시간(200마일 거리)정도의 내륙에 위치해 있는 원시림 보호구역이라고 할 수 있다.

요세미티는 1833년 죠셉 워커Joseph Walker탐험대장이 이곳을 지나감으로서 알려졌는데 시에라 네바다Sierra Nevada산맥의 중심 산악지역으로서 수목이 우거진 경관이 대단히 좋은 국립공원이다.

이곳은 세쾨이어Sequoia 수림의 자생지로서 유명하다. 세쾨이어는 미 서부의 3곳에서만 자생하는 거목 산림군으로 세쾨이어 공원Sequoia Park에는 제일 큰 것이 생존하고 있다. 세쾨이어목木의 일반적인 성격은 높이가 100m 이상 자라며 껍질이 부드러운 편인데 비하여, 나무의 속Pith은 대단히 단단하다. 그러나 뿌리는 체구에 비하여 약해서 강풍에 잘 쓰러진다. 씨앗이 대단히 많이 형성되지만 싹이 터서 새로운 개체로 자라는 경우는 극히 드물다. 세쾨이어 군락에서는 2~3개의 개체가 서로 붙어서 하나의 거목처럼 자라기도 한다.

요세미티 공원의 세쾨이어 군락에서는 수령이 약 3200년이나 된 대단히 커다란 거목이 300여 년 전에 벼락으로 쓰러져 있다. 이 나무는 지금도 서너 부분으로 절단되어 쓰러진 자리에 보전되고 있어서 전시효과가 있다. 요세미티 국립공원의 면적은 3,079km²이며, 이 공원 안에는 1,300여 종류의 초본류, 30여 종류의 목본류, 200여 종류의 조류, 60여 종류의 포유류를 비롯하여 수많은 균류와 곤충류가 서식하고 있다.

요세미티의 자연에서 느낄 수 있는 것은 아기자기한 아름다운 자연경관보다도 수많은 관광객이 드나들지만 오염이 되지 않았다는 점에서 특기할 만하다. 산과 냇물에 종이하나 비닐조각하나 담배꽁초 하나 찾아볼 수 없을 만큼 관리가 철저하다.

이 지역은 기후적으로 온난하고 강우량이 풍부하여 각종 식물이 무성하고, 자연생태계가 잘 어우러져 있다. 사슴 같은 야생동물도 도처에서 쉽게 관찰된다.

이곳에서는 자연산불로 인한 방대한 산림이 훼손된 현장을 목격할 수 있다. 수목이 무성하다는 것은 광합성 작용이 왕성하다는 것을 의미하고 그 결과는 산소의 발생량이 많다는 것이다. 이와 같이 산소의 양이 나날이 누적됨으로써, 일반적으로 대기 중에 함유되어 있는 약 20% 정도의 산소(O_2) 함유량이 월등하게 많아져서 어떤 형태로든 소비되어야 한다. 이것이 바로 자연 산불로 이어진다.

빽빽한 나무군락이 바람에 의하여 마찰되면 자연발생적으로 발화가 된다. 이러한 발화는 방대한 면적에 걸쳐 산림을 연소시키는 원인이 된다. 그러나 요세미티 국립공원 당국은 인위적 진화작업을 자제하면서 대기 중에 과포화된 산소량이 적정량으로 하강될 때까지 기다리는 인내력을 발휘한다. 자연적으로 발생된 불은 자연적으로 꺼지는 것이다. 그런데 그 기간이 국립공원의 일원에서 몇 달씩 연소되어 수려한 수목이 앙상한 검은 잔해로 변한다. 필자같이 나무 한그루 풀 한포기에 애착을 가지는 경우에는 아까운 생물자원의 훼손이라고 상실감을 면치 못 하지만 미국 사람들은 자연 평형을 위한 자연현상의 일환으로 이해하고 있다.

산불이 나서 온갖 동식물이 타버린 잿더미에서는 새로운 생태계의 출발이 시작된다. 생태계Ecosystem와 종Species과의 상호관계를 고찰하면, 이런 산불의 발생은 기존 생태계를 완전히 소멸시킨 환경에 새롭게 어떤 종이 침입Invasion하여 적응하면서 천이Sucession하고 결국은 극상 Climax를 지나, 시간의 흐름 또는 환경의 변화에 따라 쇠퇴하고 사멸되는 군락의 생태적 순환을 극명하게 나타내는 것이다. 이런 시공간적인 변화Spatiotemporal Evolution에 되도록 인위적이 간섭을 피하는 것이 최상의 자연보전책임을 미국은 실행하고 있다.

다시 말해서, 산불로 인한 생태계 변화는 종군락의 출발(침입)에서부터 천이, 극상, 쇠퇴, 사멸에 이르기까지, 자연생태계의 순환에 맡기는 것이다. 물론 그 기간이 50년, 100년 인들 사람이 끼어들어 간섭할 이유가 없는 것이다. 오로지 사람의 발자국이, 담뱃불이, 캠핑불이, 또는 인위적인 자연의 자연스러운 의도와는 전혀 별개로 진행됨으로서 자연 평형이 깨어지는 것과는 다른 것이다.

여기서 다시 한번 강조할 것은 요세미티 국립공원의 관리당국은 자연에 대한 인위적인 모든 행위에 대하여 대단히 까다롭고 엄격하다는 점이다. 그러나 자연 발생적인 산림훼손이나 산불, 또는 지각의 변화 같은 자연현상에 대하여는 자연 그대로를 지켜보는 입장을 취하고 있다.

3) 쉐난도아 국립공원의 자연

초본과 수목이 왕성하게 자라는 미 동부지역은 대단히 풍부한 생물자원의 서식처이다. 미동부를 대표하는 산림·생물자원의 하나는 쉐난도아 국립공원Shenandoah National Park이라고 할 수 있다.

이 국립공원은 미동부 버지니아Virginia주의 내륙에 위치하고 있으며 워싱톤Washington D.C.에 인접해 있다.

미국 서부에는 록키 산맥이나 시에라 네바다 산맥 같은 거대한 산맥이 발달되어 있어서 대륙자체의 지형적 성격으로 보아 서고동저의 현상이 뚜렷하고, 이러한 영향은 미 동부지역에 광활한 저지대Wet Land와 수목이 울창한 평원지대를 이루고 있는 것이다.

쉐난도어 공원은 바로 이러한 평원의 끝에 펼쳐지는 산악 산림지대이다. 이 지역은 기후가 온난하고 강우량이 풍부하여 자연림으로 가득 메워져 있는 동·식물자원의 서식처이다. 이곳의 국립공원을 관통하는 길은 자동차로 2~3시간이나 걸리는 길이며, 수목 경관을 만끽할 수 있도록 여러 곳에 전망대가 조성되어 있다.

쉐난도아 국립공원의 식생은 자연적인 군집의 천이Succession에 따라 조성되고, 생태적인 순환에 따라 극상Climax과 쇠퇴Decline가 이루어지기 때문에 유럽의 인공 산림과는 다르다. 다시 말해서, 알프스의 인공 조림이나 독일의 검은 숲Schwartz Wald과는 성격이 달라서, 종의 다양성을 보이고 있다.

이곳에는 성장기의 나무와 고사된 나무가 서로 뒤엉켜 서식처를 공유하고 있는 것도 쉽게 관찰되며, 생태학적 층이현상Straification이 잘 발달되어 있어서 초본류, 관목류, 교목규의 서식이 층이를 자연스럽게 이루고 있다.

쉐난도아 국립공원의 한편에는 루레이 동굴Luray Cavern이 자리 잡고 있다. 이 동굴은 우리나라 울진에 위치하는 성류굴을 연상케 하는 종류석 동굴로서 그 규모가 대단히 커서 세계적인 관광단지를 이루고 있다.

루레이 동굴은 외형적으로는 평원의 지하에 형성된 동굴을 자연스럽게 대대적으로 개발한 것이다. 상상을 초월할 정도로 아기자기하고 정교하며, 화려한 장관을 펼치고 있다. 장구한 세월 속에 생성된 종류석의 형상은 색깔이나 모양이 다양하기 이를데 없는 만태만상의 조화를 부리고 있다. 자연이 인간에게 보여주는 최고의 예술작품이라는 찬탄을 받고 있다.

이 동굴도 전체를 개발하여 관광객을 유치하는 것이 아니고, 아주 제한된 범위 내에서 개발하고 동굴의 자연을 보전하는 데도 역점을 두고 있다. 많은 사람들이 동굴 안을 드나들면서 자연이 훼손되어 거부감을 느낀다거나, 오염이 되어 불쾌감을 느끼는 점은 거의 없다. 이런 점도 미국인의 자연보전의식이 아닌가 여겨진다.

4) 제임스 타운의 사적지와 산림자원

제임스 타운은 영국의 청교도가 미국으로 맨 처음 이주하여 정착한 지역이며, 제임스 강 하류에 위치하는 미국역사의 시원지이다.

우리나라의 경주 같은 사적지Historical Site라고 할 수 있다. 이곳은 사적지로서 처음 이곳에 정착한 청교도들이 갖은 고초를 겪으면서 자연을 개척했던 목불인견의 현장을 사료로서 재현해 놓은 곳이다.

제임스 강은 미 동부의 방대한 저지대Wet Land를 이루고 있는 체사피크Chesapeake 만으로 유입되는 150여개 하천중의 하나이다. 이 강의 유역은 방대하게 펼쳐지는 평원으로서 전형적인 저지대 경관을 보이고 있다. 기온이 온난하고 강우량이 적당하여 수목이 울창한 것도 특기할 만하다.

이곳 사적지 안에는 방대한 양의 자연림이 있고, 그 속에 드라이브 코스를 만들어 놓아 이곳을 찾는 사람들이 즐겨 지나가도록 해 놓았다. 숲의 구석구석에는 옛날 선조들이 생업으로 일하고 있던 모습을 그림으로 전시해 놓음으로써, 옛날 역사를 음미할 수 있게 해 놓았다.

제임스 타운 바로 옆에는 미국에서 가장 아름답기로 유명한 윌리엄스버그Williamsburg 시가 있다. 이 옛 도시는 1633년 식민 개척지로서 개발이 시작되어, 1699년부터 80여 년 동안 버지니아 주의 수도로 역할을 했다.

이곳에는 하버드 대학과 동시에 설립되어 명문대학으로 발전한 윌리엄 앤 매리대학William and Mary Collage이 있다. 오랜 전통을 지닌 이 대학의 경내에 자라는 수목도 놀랄 만큼 울창하고 고색창연하다. 대학 앞의 광장거리에서는 음악회 같은 문화행사가 끊임없이 열리고 부드러운 분위기는 유럽풍의 고도古都를 연상시키고 있다.

이 광장의 거리는 1.5km정도의 비포장도로인데, 거목의 가로수와 함께 옛날 그대로의 모습을 보전하고 있다.

민속촌으로서 옛날의 각종 의상을 입은 사람들이 고유한 생업을 재현하며 민속적인 물건을 만들어 판매하고 있다. 이런 모습은 관광객을 유치하기 위한 이색적이고 진기한 분위기를 만들고 있다.

다른 것을 한 가지 부언하면, 이 대학의 부설 해양연구소는 본교에서 자동차로 20여분 거리에 있는 제임스 강 하구의 체사피크 만 연안에 위치하고 있다. 자연경관이 대단히 넓고 아름답게 펼쳐지는 곳으로서 체사피크 만의 수계 환경도 일품이고 연안의 녹화자연도 대단히 좋다. 이 연구소는 대학의 명성과 함께 미국에서 다섯 손가락 안에 드는 저명한 해양연구소이다.

5) 보편화된 녹화·자연림·주립공원

미국의 전 국토는 사막지대를 제외하고는 수목으로 가득하고 녹화가 보편화되어 있는 듯하다.

미 동부지역의 녹화, 수목의 번성함은 특기할 만하다. 북부에 위치하는 보스턴, 롱아일랜드, 뉴욕 등의 대도시와 인근해안의 수목은 대단히 수려하다. 또한 중부의 체사피크 만 일대의 저지대에 펼쳐지는 녹지와 수목도 이곳의 자연경관을 화려한 조감도로 만들고 있다.

미 동부지역에서는 북쪽에서 남쪽에 이르기까지 어디를 가든 울창한 숲을 이루고 있는 곳이 대부분이다. 이것은 자연림이 대부분이지만, 육림育林에 의하여 조성된 것도 많아 보인다. 어떻든 산림이 잘 보전되어 있으며, 녹화가 보편화된 나라가 미국이다. 다음은 주로 뉴욕시의 경관, 녹화, 자연림 및 주립공원에 대하여 다소 살펴보기로 한다.

뉴욕은 세계 최대의 도시이며, 가장 번잡한 빌딩 숲으로 가득 차 있는 기계 문명의 극치를 이루는 곳이다. 따라서 환경공해가 극심하며, 완벽하게 자연이 파괴된 세계 제 1의 도시라고도 할 수 있다. 누구라도 뉴욕 상공에서 뉴욕의 빌딩숲을 내려다보았거나, 마천루Empire State Bd에서 보이는 빌딩 숲을 보게 되면, 참으로 놀라운 철근콘크리트의 현대 문명임을 실감하게 될 것이다. 그러나 이렇게 복잡한 뉴욕시에서도 가로수라든가 공원 또는 공터라면 나무를 심고 가꾼 육림育林의 노력은 뚜렷하게 보이고 있다.

맨하탄 섬을 둘러싸고 흐르는 허드슨 강변의 수목은 대단히 울창하여 숲Forest의 경관으로도 아름답다. 이 강변을 따라 펠리사이드파크 하이웨이Palisade Park Highway는 대단히 아름다운 명성을 지니고 있다. 이곳의 가로수 숲의 방대한 수림의 면모로 보아 뉴욕시를 숨쉬게 하는 원천적인 에너지원으로 여겨진다.

뉴욕의 근교에 위치하는 7개 호수Seven Lakes지역도 산림과 호수의 자연이 잘 보전되고 있다. 울창한 자연림으로 이루어져 있으며, 각종 동식물이 서식하고 있다. 특히 이곳의 베어 마운틴Bear Mountain이라는 주립공원은 뉴욕 시민들이 찾는 휴식공간이기도 하다. 어린이들에게는 좋은 자연 학습장의 기능을 하고 있다. 이 산에는 동·식물 표본, 역사·지리·지형에 관한 자료를 모아서 전시하는 지역적인 박물관도 있다. 여름철에는 수영, 낚시, 보트놀이, 피크닉 등을 즐길 수 있으며, 겨울철에는 스키장으로도 활용되고 있다. 비교적 많은 사람이 찾는 곳이라 편의시설이 다소 있지만, 자연이 훼손된 흔적은 거의 없고 어린이들이 자연관찰을 할 수 있게 수목의 명찰이 붙여져 있으며, 다람쥐, 오소리, 족제비, 여우같은 야생동물도 활동을 제한받지 않고 있음을 볼 수 있다.

우리나라의 입장으로 본다면, 대단히 부러운 자연환경이 아닐 수 없다. 그러나 다 좋은 것만도 아닌 듯하다. 여기에도 꽃가루의 환경공해는 심각하기 그지없다. 5월경 모든 수목으로부터 잎이 나고 꽃이 피고 신록이 형성될 때 꽃가루 병Hay fever이 만연하면, 많은 사람들은 대단히 심한 기침, 콧물, 재채기, 천식과 같은 고통을 연중행사처럼 부여받고 있다.

4. 미국의 수자원과 자연

콜럼버스Columbus에 의하여 신대륙이 발견되고, 청교도들이 대서양의 험한 파도와 고난의 세파를 넘어 새로운 삶을 찾아 이주하면서부터 개척된 미 대륙은 지구상에서 꿀과 젖이 흐르는 광활한 옥토로 되었다.

방대한 대륙은 다양한 기후와 자연 환경에 맞추어 지역마다 특색 있는 발전을 하여 왔다. 그러한 발전의 원동력 중에서 하나는 담수 자원의 풍부함이라고 할 수 있다.

미국의 담수 자연과 자원에 대하여 필자가 답사한 지역을 중심으로 대단히 미흡하지만 논하고자 한다.

1) 동부 저지대의 수자원과 자연

북미에서도 가장 방대하고 중요한 위치를 차지하고 있는 미국 대륙은 동저서고東低西高 현상이 뚜렷하게 보이고, 서쪽인 캘리포니아 쪽은 로키 산맥을 비롯하여 높은 지형을 이루고 있으며, 동부 지역은 바다의 수면과 큰 차이가 없는 광활한 저지대를 이루고 있는데, 바로 체사피크 만Chesapeake Bay을 중심으로 하여 북쪽으로 뉴욕과 보스턴 지역으로 확대되고 있으며, 남쪽으로는 북·남의 캐롤라이나 주로 연장되고 있다. 물론 서쪽으로도 방대한 양의 평야가 저지대의 성격을 지니고 있다. 따라서 미 동부의 담수 자연은 우선, 체사피크 만을 중심으로 한 방대한 저지대Wet Land를 논하지 않을 수 없다.

미국 동부의 체사피크 만은 남북의 길이가 500km 이상 되며, 폭이 일반적으로 20~30km로 펼쳐지는 내만으로서 바다와 접하는 만구는 상대적으로 좁은 지형을 이루고 있다. 유역 면적이 방대하여 165,760km²나 되며, 이 만으로 흘러 들어오는 대·소의 하천 수효는 무려 150여 개나 된다. 주요 대형 하천으로는 만의 입구 쪽으로부터 엘리자베스 강Elizabeth River, 제임스 강James River, 욕 강James River, 라파하눅 강Rappahanock River, 포타맥 강Potomac River, 퍼턱쎈드 강Patuxend River 등이 있다. 이 강들은 서로 평행선의 강줄기를 이루며, 동일한 기후대에서 거의 비슷한 자연 조건을 지니고 서쪽에서 동쪽으로 흐르고 있어서 수량의 차이를 제외하고는 외형상으로 대동소이한 환경 조건에 놓여 있다.

이 강들의 유역은 미 동부의 광활한 평야를 이루고 있고, 강, 호수, 늪지, 연못의 수효가 대단히 많아 밀도가 세계적으로도 높은 편이다.

체사피크 만의 상단과 델라웨어 만의 상단은 운하Chesapeake and Delaware Canal로 연결되어 있다. 체사피크 만의 상단 지역은 만구와 대단히 멀리 떨어져 있어서 만구 쪽의 해수 영향은 극히 적으며, 많은 양의 담수는 만의 상단으로부터 유입되고 있다. 이 수역에서는 운하를 통하여 대서양의 해양학적 성격과 교류하고 있다.

체사피크 만의 중부는 비교적 폭이 넓은 수역을 이루고 있다. 따라

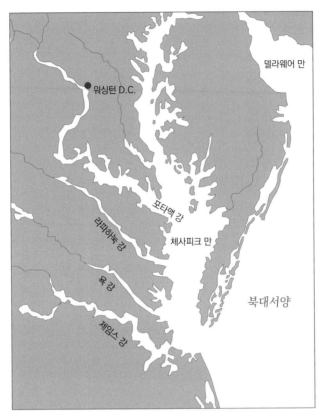

체사피크만의 지도

서 탕지에 섬Tangier Island을 비롯하여 여러 개의 섬이 만 내에 산재하여
있다. 경관적으로 대단히 뛰어난 곳이다.

체사피크 만의 만구는 거대한 체사피크 만의 수역에 비하여 해양과
교류하는 만구의 폭이 좁기 때문에 만Bay이라기보다 오히려 해안 호수
의 성격이 강하다. 특히 만의 상·중부 지역으로 유입되는 담수의 양이
많아 염도가 낮으며, 만 전체가 하구Estuary의 성격을 띠고 있는 것이다.

이 만은 수심이 낮고, 염도가 낮고, 영양염류가 풍부하여 이러한 환

경에 잘 적응하는 해산 생물이 왕성하게 서식한다. 특히 이곳은 굴양식으로 명성이 높았다. 한 때는 일본산 굴 패각을 수입하여 풍작을 이루기도 했으나, 산업화에 따른 누적적인 수질 오염과 일본산 굴 종묘와 함께 수입된 미생물의 번식으로 인하여 오늘날에는 굴양식이 거의 전폐되다시피 하였다. 체사피크 만의 연안에 위치하는 중요 도시로는 만의 입구 쪽으로부터 버지니아 비치, 노퍽, 포츠마우스, 뉴포트뉴우스, 햄프톤, 볼티모아, 아나 폴리스 등이며, 워싱턴 D.C.는 포타맥 강을 중심으로 건설되었으며, 체사피크 만에 아주 근접한 위치에 있다.

그리고 이곳으로 유입되는 주요 하천의 하나인 제임스 강 하구 지역에 건설된 제임스 타운James Town은 미국 역사의 시작을 보여주고 있으며, 욕 강의 하구에는 욕 타운York Town이 있는데, 이것은 현재 뉴욕시의 모델이 된 것이다. 이 밖에도 수많은 사적지가 있으며, 경관이 뛰어나게 아름다워 경승지를 이루고 있어서, 관광자원으로서 커다란 역할을 하고 있다.

2) 서부 대륙의 수자원과 자연

(1) 콜로라도 강Colorado River

미 남서부를 흐르는 강으로 유장流長은 2,253km이고, 유역면적은 약 63만 km^{2}이다. 콜로라도 주의 북부에 위치하는 로키 산맥에서 발원하여 콜로라도 주, 유타 주, 아리조나 주, 네바다 주, 캘리포니아 주를 거쳐 멕시코 령의 캘리포니아 만으로 유입된다. 이곳에는 파웰 댐, 후버 댐, 데이비스 댐, 파커 댐, 임페리얼 댐, 라구나 댐 등과 같은 대형 댐들이 있다.

콜로라도 강은 모하비 사막을 흐르는 강줄기이기도 하다. 이 강은 사막 속에 있는 라플린Laughlin 마을을 지나고 있는데, 이곳의 강폭은 불과 100m 정도이지만, 수량은 많은 편으로 도도하게 흐르고 있다. 특히 수색이 대단히 맑고 깨끗하며 푸른색을 나타내며, 사막의 바람은 물살을 꽤나 거칠게 만들고 있으며, 유람선이 주야로 다니고 있다.

모하비 사막은 사하라 사막처럼 그렇게 혹독한 불모지는 아니어서 끝없이 펼쳐지는 사막의 평원이 아니다. 사막성 평원·구릉·산악이 적당히 배합되어 있는 지형으로 관찰되며, 다소의 사막형 초목이 자생하며 군락도 이루고 있다. 역시 기후적으로는 비가 대단히 적고 낮의 기온은 상당히 높이 올라간다.

유타 주의 콜로라도 강줄기에 있는 파웰 호Powell Lake는 그랜 캐년 Glen Canyon댐이라고도 하며, 그랜 캐년 바로 밑의 콜로라도 강줄기에 건설되어 있다. 이 호수의 호안 길이는 무려 3,231km나 되며, 방대한 양의 물을 담수하고 있다. 풍만한 호수의 물은 투명하며 깨끗하고 청정하여 사막 속에 대단히 아름다운 경승지를 이루고 있다. 캠핑장의 개발은 물론, 레저 스포츠 단지가 형성되어 있다. 특히 보트와 요트가 많아 미국민의 부유함을 나타내고 있다.

그랜드 캐년Grand Canyon의 바로 윗부분에 위치하고 있는 이 호수의 이름은 1620년 스페인의 탐험가 존 웨슬리 파웰이 처음으로 그랜드 캐년을 답사하고, 그 장엄함에 놀라 스페인어로 '그란데Grande(영어로는 Splendid)'라고 했다고 한다. 그를 기념하기 위하여 파웰 호수라고 명명하였으며, 1964년에 7년간의 공사 끝에 완성되었다. 댐의 높이는 무려 213m나 되며, 두께는 201m로서 시멘트벽으로 축조되어 있다. 그리고 전력 생산을 위한 터빈은 7개이고, 128만 8천Kw의 전력을 생산하고 있다고 한다.

후버 댐Hoover Dam은 콜로라도 강의 종합개발계획의 일환으로 1936

년 완공 당시 세계 제1의 댐으로서 볼더 댐이라고 하다가 1947년 후버 대통령을 기념하기 위하여 개칭되었다. 이 댐은 아리조나 주와 네바다 주에 걸쳐 있으며, 그랜드 캐년 하류에 해당되며, 라스베가스시 인근에 위치하고 있다. 댐의 높이는 221m이고, 두께는 200m인 시멘트벽의 인공호로서 로스앤젤레스와 샌디에고의 식수원으로 조달되는 대단히 중요한 역할을 하고 있다. 또한 이 인공호는 국립 레저 스포츠 센터로서 경승지를 이루고 있다.

(2) 그랜드 캐년Grand Canyon

콜로라도 강의 상·중류 지역에는 표고 1,000~3,000m인 콜로라도 고원이 형성되어 있는데, 대·소의 수많은 캐년Canyon이 집합되어 있는 곳이다. 특히 이곳에 유명한 캐년으로서는 그랜드 캐년Grand Canyon, 블라이스 캐년Bryce Canyon, 자이언 캐년Zion Canyon, 마블 캐년Marble Canyon, 그랜 캐년Glen Canyon, 레드 캐년Red Canyon, 버진 캐년Virgin Canyon 등이 여기 저기 산재해 있다.

그랜드 캐년은 콜로라도 강이 콜로라도 고원을 가로질러 흐르는 협곡에 생성되어 있는데, 위치적으로는 아리조나 주 북서부 지역에 위치하고 있다. 거대한 협곡 속에 조금도 더하거나 뺄 수 없이 완벽하게 아름답다는 경관을 지닌 지구의 나이테라고 할 수 있으며, 지구가 만든 7대 걸작품 중의 하나라고 일컬어지고 있다. 그랜드 캐년은 1919년에 그랜드 캐년 국립공원으로 설정되었는데, 이곳에는 강우량이 적지만, 카이밥 향나무, 소나무, 전나무 등의 식생 군락이 조성되어 있어서 경관을 푸르게 하고 있다.

그랜드 캐년의 모습은 기후에 따라서 일기에 따라서 그것도 온도의 차이와 습도의 차이에 따라서 가지각색의 모습으로 나타난다고 한다.

블라이스 캐년은 3만여 봉우리로 되어 있는데, 붉은 흙색을 띠는 대단히 정교한 자연의 조각품으로 일컬어지며, 특징으로는 여성적인 미가 흐르고 있으며 100년에 3인치씩 확대된다고 한다.

자이언 캐년Zion Canyon은 브라이스 캐년과는 대조적으로 대단히 웅장하고 남성적이다. 그랜드 캐년의 제일 상층의 지층이 자이언 캐년의 제일 하층의 지층과 맞먹는 지층이다. 자이언 캐년은 천사의 날개라는 별명을 가지고 있다. 이곳으로 통하는 1.3km의 긴 터널에는 드문드문 창문이 나 있어서 밖의 경치를 볼 수 있는데, 마지막 창문에서는 이스턴 템플Eastern Temple 산을 바라볼 수 있다. 바로 이곳이 절경을 이루고 있다. 이 산이 버진 강Virgin River의 시원이다. 이 강의 수원지는 실제로 작은 도랑물에 불과하며, 물의 색깔은 붉고 탁하다.

인디안 캐년Indian Canyon은 그랜드 캐년의 바로 옆 평원에 쑥 들어가 있는 습곡으로서 평원보다 낮게 위치하고 있다. 이 캐년의 깊이는 상당히 깊은 편이며, 여기에는 물줄기나 강이 없다. 마블 캐년Marble Canyon은 병풍 같은 평원으로 보이며, 그 밑에는 콜로라도 강이 흐르고 있다.

3) 중남부 내륙의 수자연水自然

미시시피 강Mississippi River의 자연. '미시시'라는 말은 '위대한 강'이라는 원주민이 쓰는 인디언 말에서 나왔다고 한다. 이 강은 캐나다와 접경을 이루고 있는 미네소타 주의 북부에 위치하는 이타스카 호수에서 발원되어, 멕시코 만으로 유입되기까지 미 국토의 남·북을 관통하는 장강대하인 것이다.

미시시피 강은 유장流長이 6,210km이며, 나일 강과 아마존 강 다음으로 길며, 유역면적도 325만km² 정도로서 아마존 강과 콩고 강 다음으로 방대하다.

유역은 미국 주의 3/5에 해당하는 31개 주에 거쳐 있으며, 유역면적은 미국 면적의 삼분의 일 이상을 차지하고 있다. 미시시피 강의 지류로는 오하이오 강, 미주리 강, 아칸소 강, 레드 강 등 수많은 대·소의 물줄기가 합류되고 있다.

이 강의 지리적 특성 중의 하나는 발원지의 표고가 불과 439m밖에 안되어 대단히 완만한 유속을 지니고 있다는 점이다. 특히 하류 지역에서는 지형상의 기울기가 거의 없다시피 하여 1km의 강 길이에 5cm 정도의 기울기 차이밖에 안된다고 한다. 이러한 지형적인 성격은 미시시피 강의 본류와 모든 지류의 수면에 선박이 다니는 수로水路로 개척되었다. 수로의 총길이는 대단히 길어서 무려 255,000km나 된다고 한다. 지류의 하나인 일리노이 강의 운하를 이용하면, 오대호 중의 미시간 호로 선박이 왕래된다. 그리고 커다란 지류 중의 하나인 오하이오 강의 운하는 오대호 중의 이리 호와 교통한다. 이와 같은 수로 교통의 발달은 미네아 폴리스, 세인트 루이스, 멤피스, 뉴올리언즈 같은 다수의 상공업 도시를 발달시켰으며, 지류에서 발달된 공업도시로서는 신시네티와 피츠버그가 대표라고 하겠다.

애팔래치아 산맥 동쪽으로는 체사피크 만을 중심으로 하는 저지대의 평야가 광활하게 펼쳐지고 있는 반면에, 애팔래치아 산맥 서쪽으로는 미시시피 강이 흐르는 광대한 평야가 전개되고 있어서, 마치 꿀과 젖이 흐르는 듯한 비옥한 평야를 이룩하고 있다. 미시시피 강의 어귀에서부터 전개되는 평야의 몇몇 주를 보면, 미시시피 주, 루이지애나 주, 아칸소 주, 테네시 주, 켄터키 주, 일리노이 주, 인디애나 주 등은 녹원을 이루고 있다.

미시시피 강의 하류에 위치하며, 강의 영향이 큰 미시시피 주를 보면, 기후는 아열대성이고 저지대의 비옥한 평야는 울창한 산림이 팽배해 있으며, 전형적인 농장이 끝없이 펼쳐지고 있다. 특히 목화 재배가 왕성한 곳이다.

통나무집 소년으로 태어나 세계 역사상 위인으로 존경을 받는 아브라함 링컨은 미시시피 강 유역의 켄터키 주에서 태어나 소년 시절을 보냈다. 그는 학력이라고는 국민학교 졸업이 전부이며, 외모는 병적으로 턱이 튀어나온 못생긴 추남에 불과했지만, 학력의 열등감을 뛰어넘어 독학으로 변호사가 되는 성실하고 근면한 사람이었다. 변호사가 된 후에 가난하고 억울한 사람들을 위하여 변론을 하며 순회하는 봉사 정신이 투철하였다. 그러한 활동기에 부유한 집안에서 태어나 자란 여자와 약혼을 하게 된다. 그녀는 근본적으로 허영과 사치 속에 물들어 있어서 그와 그녀 사이에는 메워지지 않는 괴리가 있음을 느낀다. 그렇지만 그는 파혼하지 않고 그러한 점까지도 사랑하는 마음으로 그녀와 결혼을 한다. 그러나 그것이 바로 악처라는 벗을 수 없는 운명을 짊어지게 되며, 행복한 결혼 생활을 향유치 못한다. 링컨은 여러 가지 열악한 환경을 뛰어넘어 미국민의 국부로 추앙 받고 있다. 그의 재임 시절에 있었던 남·북전쟁의 승리는 바로 나라가 갈리고 분열되는 위기를 막았으며, 또한 중앙 정부가 군통수권을 장악함으로써 미국을 세계 제 1의 위대한 나라로 발전시키는데 공헌한 것이다.

4) 북부 저지대의 수자원과 자연

(1) 나이아가라 강과 오대호

북위 50° 전후에서 캐나다와 미국이 국경을 이루면서 펼쳐지는 오대호Great Lakes는 그 규모에 있어서 북미 대륙의 수자원 보고로서 뛰어난 경관 자원으로서 활용되고 있다. 오대호는 슈피리어Superior 호, 휴런 Huron 호, 미시간Michigan 호, 이리Erie 호, 온타리오Ontario 호이다. 오대호의 총면적은 우리나라의 총면적보다도 크며, 슈피리어 호의 면적만도 거의 남한 면적에 가까울 만큼 크다.

구분	길이(km)	넓이(km)	크기(km²)	최대수심(m)
슈피리어 호(Superior)	560	256	82,362	406
휴런 호(Huron)	330	293	59,595	229
미시간 호(Michigan)	491	189	58,016	281
이리 호(Erie)	386	91	25,667	64
온타리오 호(Ontario)	309	85	19,555	244

오대호의 크기와 최대수심

캐나다 북서쪽, 로키 산맥의 북서쪽의 한대 지방의 유역으로부터 빙산 또는 눈 녹은 물이 시발되어 광대한 슈피리어Superior 호가 펼쳐지고, 이 차가운 호수 물은 휴런 호로 넘쳐흐르고, 휴런 호와 미시간 호는 서로 수문학적인 성격을 교환하며 연쇄적으로 이리 호와 온타리오 호로 넘쳐흐르며, 마지막에는 세인트로렌스St. Laurence 강을 이루어 대서양으로 유입되는 것이다.

이리 호에서 온타리오 호로 흘러 들어가는 유로流路가 나이아가라 강이다. 나이아가라 강의 유장流長은 35마일에 불과하지만, 유량은 대단히 풍부한 편이며 나이아가라 폭포 수역은 세계적인 절경을 이루고 있다.

이리 호에서 넘쳐흐르는 유량은 초당 5,552톤이나 되며, 나이아가라 강의 강폭은 500m 내지 1,000m 정도이며, 수심은 6m정도라고 한다. 이 강물의 유속은 시속 약 40km나 되는데, 심한 물살을 일으키며 흐르다가 나이아가라 폭포에서 일시에 전량의 물이 곤두박질하여 경이로운 폭포 경관을 이룬다. 오대호의 수문학적 주요 성격 중의 하나는 한대의 얼음으로부터 녹아 흘러드는 슈피리어 호의 물은 수온이 차며, 그 물이 계속 다른 호수로 전달되어 온타리오 호로 흘러드는 영향도 있지만, 오대호는 위도가 높아 수온이 차갑다. 나이아가라 강물은 맑고 깨끗하여 아주 투명하며, 일반적으로 옅은 푸른색을 띠는 것이 특색이다.

⑵ 나이아가라 폭포

1678년 프랑스 선교사 헤네핑에 의해서 나이아가라 폭포가 처음으로 소개되었다. 나이아가라 폭포는 나이아가라 강 안에 염소 섬Goat Island이 있기 때문에 강의 물줄기는 2개로 나뉘어 2개의 폭포를 이룬다.

미국령의 염소 섬Goat Island과 캐나다의 온타리오 주 사이의 폭포 물줄기에 국경선이 있는데, 바로 이 폭포가 장관을 이루는 말발굽 폭포 Horseshoe Falls 또는 캐나다 폭포라고 하는 것이다. 이 폭포는 폭이 약 700m이고, 높이와 깊이가 각각 약 50m 이상이어서 폭포의 전장은 약 100m가 넘는다. 이 폭포에는 나이아가라 강물의 약 95%가 흐른다.

다른 한편으로, 염소 섬의 북동쪽에는 미국 폭포American Falls가 흐르는데 폭이 약 320m이고, 높이는 55.47m이다. 캐나다 폭포의 높이는

나이아가라 폭포의 전경

53.64m로서 미국 폭포보다 약 2m 정도 낮지만, 최근에 미국 폭포가 붕괴되어 깊이는 메워져 있는 상태이다. 나이아가라 폭포는 남미의 이과수 폭포와 아프리카의 빅토리아 폭포와 함께 세계적으로 가장 크고 장엄하며 아름다운 경관을 이루고 있다.

이 폭포는 약 1만 년 전 내지 1만 2천 년 전에 생성되었다고 하는데, 폭포가 조금씩 허물어져 처음보다 11.2km나 폭포가 후퇴되어 있다고 한다. 이것은 매년 11cm 정도가 깎였다는 계산이 된다.

이 폭포의 절벽은 상부가 석회암이고, 하부는 사암砂岩과 이판암으로 구성되어 있어서, 하부가 침식되고 상부가 허물어져 내리고 있기 때문에 폭포를 보존하고 수력 발전을 위하여 수량을 조절하기도 한다.

나이아가라 강의 평균 유량은 초당 약 5,860톤(200,000㎥)이지만, 관광 시즌에는(일반적으로 관광 시즌은 5월 중순부터 10월말까지) 약 2,800톤을 흐르게 하며, 이 밖의 기간에는 이 수량의 반半 정도를 흐르게 한다. 그리고 초당 약 3,700톤의 물은 수력 발전용으로 활용하여 약 360만Kw의 전력을 생산한다고 한다.

이 지역에서는 천둥과 우뢰와 같다는 폭포가 바로 나이아가라 폭포의 굉음인 것이다. 그 소리는 7만 5천명이 한꺼번에 나팔(트럼펫)을 부는 소리와 같다고도 한다.

5) 자연과 사회 분위기

미국의 자연은 지구상에서 가장 축복 받은 풍요로움과 다양성으로 표현될 듯하다. 북극에서 남극에 이르기까지 국력이 뻗히지 않는 곳이 없다. 광활한 대륙의 자연 경관은 거대한 로키 산악, 불모의 모하비 사막, 광활한 평야와 풍요로운 녹원, 적절하게 배치되어 있는 하천과 호수, 끝없이 조성된 숲과 나무, 그리고 다양한 성격의 도시, 마을, 집 등이 한없이 펼쳐지는 그야말로 신대륙인 것이다.

따라서 미국은 생활공간이 넓고, 자연이 풍요롭고, 인구 밀도가 대단히 낮은 편이고, 생활환경이 자연스러우며, 자연 보존이 잘 되어 있으며, 자원이 풍부하고, 국력이 막강한 세계 제일의 대국이고 부국인 것이다.

기후적으로 보아도 알래스카나 남극점의 극지연구소를 제외하고라도 캐나다 국경지대의 한대성 기온으로부터 텍사스 주나 플로리다 주의 열대성 기온에 이르기까지 다양한 기후대가 형성되어 있고, 강우량의 다과에 따라 절대불모의 사막이 전개되는가 하면, 미시시피 강 유역처럼 광활한 옥토가 전개되기도 한다.

미국의 명승지는 광활한 국토 면적에 비례하여 동서남북 도처에 산재하여 있다. 그 중에는 그랜드 캐년Grand Canyon, 나이아가라 폭포Niagara Falls, 루레이 동굴Luray Cavern, 요세미티Yosemite, 옐로우 스톤Yellowstone 등 수많은 자연 경관이 명성을 날리고 있다. 그리고 전 미국민은 자연보호의식이 높으며, 국가 시책으로도 공해 방지 대책이 오염을 만연시키지 않으며, 있는 그대로의 자연을 잘 보호하려고 노력하고 있다.

미국은 자동차와 컴퓨터의 나라여서 이것이 없으면 일하는 것이 거의 불가능하고, 생활 자체가 불편하기 그지없다. 산보나 걸어 다니는 일이 일상생활에 거의 내재되어 있지 않다. 집이 숲 속에 있고 생활이 숲 속에서 이루어진다고 해도 그림의 떡 같은 것이다. 움직이는 일은 자동차 안에서 이루어지고 있어서 생활이 삭막하고 시간적 여유가 없다.

뉴욕은 빌딩의 밀림 같다. 비행기에서 내려다보는 경관은 그런대로 회화적이지만, 그 속에 들어가 있으면 가슴이 죄이는 듯 답답하다. 그러나 건물들은 육중하기만 하고, 실내의 공간은 매장이건, 사무실이건, 복도건 공간이 넓어서 옹색하지 않다. 그 넓은 땅의 미국이지만, 뉴욕의 고가도로는 이중 삼중 겹치고, 도로의 주변은 지저분하고 더럽다. 반면에 허드슨 강변의 빽빽한 숲은 물과 함께 뛰어난 경관을 이룬다.

이 속에 사는 많은 사람들은 어쩌면 돈밖에는 모른다. 물론 뉴욕은 세계적 부富의 총본거지로 부익부富益富의 근원일지도 모른다. 이 도시 자체에도 다리, 주차, 유람선, 마천루 관광, 관광버스, 심지어는 관광엽서의 구입에 이르기까지 한결 같이 부담을 주고 있다. 어느 것이나 모두 관광객의 호주머니를 노리고 있다는 느낌이다.

미국에는 숲이 많다. 여기에서 내뿜는 여러 가지 꽃가루나 식물의 편린은 꽃가루병Hay fever을 일으켜 10명 중 1명은 호흡기 알레르기 질환으로 고생하고 있으며, 매년 봄이면 심하게 발병한다. 특히 외국인은 한 해를 지나고 나면, 이 병이 시작된다고 한다. 기침, 콧물, 발열 또는 귀가 붓고, 눈이 붓는 등 증상도 가지가지, 따라서 자연이 아무리 좋고 산소가 많아도 다 좋은 법이라고는 없는 것이다.

미국 사회의 분위기. 미국의 연구 생활 중에 체득한 사회 분위기를 다소 피력하고자 함은 미국 유학이라는 청운의 꿈을 꾸고 있는 학생들에게 다소 도움이 될 수 있게 함이다. 미국을 아는 사람이면 누구나 알고 있는 사실을 적지 않은 시간과 노력을 들여서 쓰고 있음을 양해하시기 바란다.

(1) 미국 사회의 장점

미국 사회의 장점은 고도화된 분업사회, 기계화와 능률의 사회, 생산성의 제고와 풍요로운 복지 사회라는 말로 요약할 수 있다. 그리고 우수한 능력을 크게 평가하고 대접하며 공정성이 보장되는 사회이기도 하다. 이런 긍정적인 면은 다음과 같이 학문의 세계, 연구 분야, 야구팀, 축구팀 또는 테니스 선수 등의 여러 분야에서 쉽게 찾아볼 수 있다.

첫 번째, 교통질서를 비롯해서 모든 사회생활에 질서가 있고 순서가 있다. 두 번째, 어떤 일이든 느리지만 정확하게 수행한다. 뭐든지 확실하게 한다. 세 번째, 자발성이 있어서 능동적 봉사 정신과 서비스 정신이 있다. 네 번째, 환경 의식이 있어서 오염이 적다. 예로 고속 도로변에도 쓰레기가 거의 없다. 물론 땅의 크기에 비해 인구수가 적어 버려도 쌓이지 않는 면도 있다. 다섯 번째, 누구나 독자성이 내재되어 있다. 누가 한다고 따라 하지 않는 생활 습성이 있다. 여섯 번째, 노력한 것만큼 얻는다. 야간 대학에서도 쉽게 얻는 공짜 학점이 없고, 졸업 후에는 주간의 정규 대학 졸업생과 월급이 평등하다. 일곱 번째, 사회 전반에 걸쳐 법조문, 규정 등의 제도가 완비되어 있다. 여덟 번째, 정직하고 성실하다. 그리고 신용Credit을 대단히 중요시하는 사회로서 파렴치한이 발을 붙이지 못하는 사회이다. 아홉 번째, 돈이 없어서 굶어 죽거나 아파 죽는 법이 거의 없다. 인권을 중요시하고, 법이 평등화되어 있다. 열 번째, 남의 험담이나 남의 이야기를 거의 하지 않는다. 다른 사람에게 관심을 표시하지 않는다. 열한 번째, 많은 국민은 순진·단순하여 국가적인 차원에서 유도하는 데로 가며, 애국심이 강하다. 열두 번째, 정부에서 하는 일에 협조적인 분위기이다. 폭넓은 사고방식을 가지고 있고, 정부를 비판하는 사람이 적다. 합리주의의 극단적인 분업은 대다수를 무식하게 만든 결과라고 한다. 열세 번째, 미국 사회에는 훌륭한 위인들이 드물지 않다. 예로서 링컨을 위시하여 대학 사회에서도 도량이 넓고, 학식이 높으며, 사명감이 있고, 인격이 준수한 지성인이 드물지 않다.

⑵ 미국 사회의 병폐

동양은 동양 철학적 문화로서 정적, 사변적, 수동적, 가부장적, 종속적, 순종적인 성향이 내재되어 있는 사회여서 과학 기술과 물질문명이 다소 뒤져 있지만, 사회 전반에 걸쳐 인간적인 정이 있고 예의가 있는 사회인 반면에, 서양의 문화는 우선 기독교적 문화를 이루고 있고, 생활 속에는 동적, 능동적, 사교적, 개성적 사회로서 과학 기술이 발달되어 있고 물질문명이 앞서가는가 하면, 사람들 사이에 인정이 없으며 삼강오륜과 같은 예의범절이 결여된 사회이다.

미국의 사회를 좀 부정적으로 본다면, 검둥이, 흰둥이, 누렁이들이 제멋대로 섞여 사는 사회로 정情도, 의리도, 도덕성도 결여되어 있으며, 오로지 거대한 사회를 돌리기 위한 법과 질서와 규칙이 있고 경찰과 법정만이 있는 나라 같다. 많은 경우 무엇 때문에 살아가는가 하는 명제를 읽을 수가 없다. 먹는 음식에 맛이 있는가, 입고 쓰는 일상에 멋이 배어 있는가. 모든 것이 실용주의 만능이다. 현실적으로 보면, 그저 놀고 즐기는 휴가를, 방학을, 동거를 규정에 따라 약속에 따라 마음대로 구가할 수 있는 사회로 보일 뿐이며, 피와 살을 나누다가도 돌아서면 그만이다. 학문의 세계에서도 논문의 공저자 사이라고 해도 아무 관계도 아니며 같이 일을 하다가 헤어지면 얼굴도 모르는 사이가 된다.

미국인은 신사라고 하며, 자존심이 강하고, 독립심이 강한 문화인이라고 자부하기도 한다. 그리고 이웃하는 동료·친구·동급생 사이라고 해도 서로가 서로에게 조금도 비비적거리는 법이 없고, 불편하게 구는 짓이 없고, 서로 주고받는 것이 없다. 참으로 혼자 돈만 가지고 지식만 가지고 있으면 당당하게 살아가는 사회이다. 어떻게 보면 인간성의 결여 내지 상실이 생활 전반에 깔려 있다는 느낌을 받는다.

개개인은 자기가 맡은 일에 성실할 뿐이며, 그리고 나면 돈이 생기고 그것을 가지고 놀러 갈 수도 있고 인생을 즐길 수도 있다. 누구나 참으로 바쁘게만 보이고 실제로 바쁘기만 하다. 먹는 것도 분업화의 일환으로 흔히, 패스트푸드로 만족하는 버거Burger 인생이다. 맛은 접어두고 양분만 섭취하면 된다. 빨리 먹고 분업화의 한 개의 충실한 나사가 되어야 한다. 자연 과학의 연구 분야에서도 자연의 이법을 총괄적으로 고찰하고 종합하는 일은 별개 사항이다. 인생을 즐긴다는 것은 분명히 생의 멋이다. 사랑을 하는 것(심지어는 Sex)까지도 법과 규정으로 귀착된다고 하니 인간 본연의 성격에 한계성이 불가피한 것이다.

인생의 멋과 맛을 느끼기 위해서는 여유가 있고 공백이 있어야 한다. 멋을 느끼는 데는 뭔가 뜸이 들고, 내놓을 듯 숨겨진, 보일 듯 가려진 심성이 필요한 것이다. 이것은 은근과 끈기가 내재되어 있는 사회 분위기여야 한다. 맛을 느끼는 데는 인간의 끈끈한 정이 흘러야 한다. 맛에는 인간적인 정성이 내재되어 있어야 한다.

혹자는 이 사회에서 일하는 계층은 잡탕들이고, 철저한 분업에 의하여 생산되는 산물의 나라라고 한다. 자동차의 생산도 언어가 통일되고 정신이 합치된 단일 민족의 의식 속에서 만들어지는 것이 결함률이 낮다고 한다. 따라서 한국인 또는 일본인이 만든 자동차는 보다 결함률이 낮다고 한다. 이 사회의 모든 막노동층의 예로, 도로 포장 공사에 종사하는 흑인이 무슨 비전이 있다고 아스팔트길을 정성스럽게 공사하겠는가. 주어진 장비로 기계적으로 규정에 맞게 일을 하기 만 하면 되는 것이다.

뉴욕의 허드슨 강변의 아름다운 공원도로인 팰리세이즈 파크 웨이 Palisades Park way에는 1994년에 눈이 많이 왔다. 노동계층이란 제설기로 눈만 치우면 되기 때문에 눈을 치우는 과정에서 제설기가 도로까지도 울퉁불퉁 마구 파이게 했다. 또 거기에 아스팔트를 적당히 개떡 칠을 해 놓음으로써 자동차가 다니는데 참으로 불편하다. 포장 공사를 마친지 얼마 안 되어 쾌적한 공원도로가 일시에 불량 도로로 되고 말았다. 세계의 대도시인 뉴욕은 이런 면에서도 낭비적이며, 나아가서는 분업의 한계성에 대하여 혹평을 면치 못한다. 미국 사회의 두드러진 몇가지 병폐를 들어보면 다음과 같다.

첫 번째, 금요일에 만든 자동차는 구입하지 마라. 주말 휴가의 의미를 극명하게나타내는 말이다. 두 번째, 퇴근 시간이 되면, 들었던 망치도 공중에 떠있는 그 자리에 놓고 즉시 떠나버린다. 세 번째, 패스트푸드 생활에 익숙하여 음식 문화의 우수성이 떨어진다. 네 번째, 일상적으로 갖추어야 할 생각이나 사고력이 필요 없는 완전 자동의 기계화 문화는 의식이 결여된 사회를 만들고 있다. 융통성이 없으며, 생활 철학이 결여되어 있다. 예로서, 한 대의 사진인화 기계는 100사람의 일을할 수 있으나, 100대의 기계는"한 장의 우수한 사진"도 만들지 못한다. 다섯 번째, 합리주의가 사회를 경색하게 하고, 일상적인 인정이라고는 없는 사회를 만들고 있다. 예로서 콩나물을 사고 장사에게 "좀 더 주슈"하고 우리 사회에서는 조금 더 집어넣을 수 있지만, 이들은 절도죄로 쇠고랑을 채운다. 여섯 번째, 삼강오륜이나 장유유서 같은 동양적인 예의범절은 아예 없으며, 지독한 이기주의는 이웃도 친구도 친척도 무색하게 한다. 부부도 같이 살다가 어느 날 쉽게 돌아서면 남남이며, 부자지간에도 물질적 소유 의식만 뚜렷하다.

⑶ 미국에 사는 교포들의 불만

수십 년 전 해방이 되고 다사다난한 세월의 흐름 속에 천신만고의 어려움 속에 유학을 하면서 교포가 되었거나 선각자적인 포부로 집팔고 땅팔아 이민을 한 교포들은 조국을 잊고 사는 법은 없다. 그들은 조국이 부유해지고 경제력이 커지자, 옛날 일을 생각하면서 자부심을 가지기도 하고 때로는 상대적인 손실감에서 만족치 못하는 경우도 있다.

미국에서 수십년 전에 일찍 공부를 마치고 미국 교수가 된 사람들은 한 때, 귀국 종용 내지 초청을 거절하고 있다가 귀국하여 출세한 동료들을 보고 자신이 출세를 못한 것에 한을 지닌다. 그때 귀국했으면, 한자리 크게 하고 떵떵거리며 사는 건데 하면서 아쉬워한다. 미국에 정착한 교포들은 지금도 조국의 동포에 대하여 어딘가에는 우월감이 있으며, 조국의 친구와 항상 비교하면서 살아가고 있다. 친구가 장관이면, 자기도 장관이듯 뽐내고 싶어한다.

그러나 경제력이 약한 많은 교포는 패기가 없고 기가 죽어 있으며, 미국인으로서 살아가는 자녀와는 마찰과 갈등이 있다. 정을 그리워하면서도 합리를 내세워 차단하려고 하고, 조국의 약점을 질책하기도 한다. 영어를 못하는 한국인 앞에서는 미국 사람인체 하고, 미국인 앞에서는 한국 사람인 교포들이 적지 않다.

뉴욕의 한국어 방송의 정서적인 주요 흐름은 흘러간 가요로 가슴을 달래고, 옛날 그 옛날 참으로 가난한 보릿고개같이 찢어지게 가난하던 시절을 회상하면서 흡족하게 먹고 마시는 현실에 대한 안도감과 성취감을 향유하면서, 이 거대한 사회에서 살아남기 위한 자기방어 의식이 절절하게 마음속으로부터 흘러나오고 있음을 느끼게 한다.

교포들은 대개 이민 나왔을 때, 바로 그 시점에서 고국에 대한 생각과 추억이 강하게 각인 되어 있다. 따라서 향수와 추억, 가난과 풍요, 고국과 타국 같은 심리적 갈등이 크던 적던 있다고 한다. 그리고 그것을 벗어나려고 무던히 애를 쓰고 있으며, 혹자는 벗어나려고 하면 할수록 더욱 옥조인다고 한다.

어떤 교포는 고국에 집과 재산을 두고 이민생활을 하기 때문에 풍요로운 조국이 되자 안심 속에 살아가고, 또 어떤 부류의 교포는 풍요롭던 재산을 다 처분하고 이민을 와서 산전수전山戰水戰 다 겪으면서도 호황을 누리지도 못하고 성공의 목표와는 거리가 있을 때, 가슴 속으로부터 흘러나오는 애소적인 이야기가 듣는 이의 가슴을 따갑게 한다. 결국 한 세상 살아가는 것, 이 조그만 지구상에서 살아가는 것인데, 만감이 교차하는 변화 속에서 한을 안고 살아가는 것이다. 교포들이 조국을 바라보는 부정적인 시각도 그리 만만치는 않다. 귀국하면 다시 적응하기 힘들다는 말을 한다. 그 이유는 다음 같은 것들이다.

첫 번째, 사회 풍토의 부정직성을 지적한다. 실제로 기성인의 75%(대학생은 85%)가 정직하면 손해를 보는 사회라는 조사결과가 있었다. 두 번째, 급속한 산업의 발달과 특히 자동차의 환경 공해가 심각하여 숨을 못 쉴 정도이다. 세 번째, 사회 전반에 폭넓게 퍼져있는 뇌물 풍조에 적응하기 어렵다. 네 번째, 교육 열기, 특히 치맛바람이 심하여 자녀교육에 자신이 없다. 다섯 번째, 직장의 상사 눈치를 보고 사는데 힘이 들고 스트레스를 감당하기 어렵다. 여섯 번째, 공무원의 횡포에 적응하기가 어렵다. 일곱 번째, 경제가 좋아졌다고는 하지만 내실이 없는 걸 치레에 불과하다. 집도 10억이라지만 실제로 가보면 별 것 아닌데도 이곳의 집값보다 몇 배나 비싸다. 여덟 번째, 손님 초대에도 너무 많이 차린다. 먹을 만큼 알맞게 실리적으로 손님 대접을 하지 않는다.

교포들 중에는 이와 같은 단점을 꼬집기도 하며, 고국의 고급 관리들은 미국에 유학한 사람들이 많음으로 그들의 약점을 들추면서 막강한 국력이 별것 아니라는 폄하의 말도 한다. 세월은 흐르고 사람도 대기만성이 되는 법인데, 옛날 유학시절 회초리 같던 나무는 자라서 거목이 되어 가고 국가의 동량이 되어 있음을 잘 간파하지 못한 결과 같다.

다른 한편, 이미 오래 전에 고국을 떠나 미국 사회에서 적응하여 사는 교포들은 옛날 보릿고개의 추억이 머릿속에 담겨 있을 뿐, 변모된 고국의 복잡한 정서와는 멀어져 있다. 그래서 그런 것을 파악한 교포들은 미국 생활에 잘 적응하고, 그 곳의 생활에 만족과 보람을 느끼며 살아가고 있다. 그 예는 다음과 같다.

첫 번째, 미국 생활에서는 개성대로 자유롭게 그리고 멋대로 살아갈 수 있다. 두 번째, 자연 환경이 좋으며, 골프 같은 운동이나 여가 선용을 만끽하며 살아갈 수 있다. 세 번째, 자수성가自手成家한 교포들은 한국에 있다면 자가용을 몇 대씩 가지고 생활할 수 있겠는가. 네 번째, 사회보장제도가 잘 되어 있다. 돈이 없이도 병원에 갈 수 있고, 노인은 매달 연금을 어느 정도 받는다. 다섯 번째, 경제적으로 풍요한 계층은 고국도 알고 미국도 알고 다양한 문화를 즐기는 우월성을 향유하면서 만족하게 살아가는 것이 좋다고 한다. 여섯 번째, 고향이 이북인 사람들은 "정들면 고향"이라는 생각으로 미국 사회에 보다 적극적으로 적응하여 생활하는 경우가 많다.

재미있는 얘기를 하나 첨부하면, 미국에 올적에 공항으로 마중 나간

사람이 있다면, 그 사람의 직업이 자기 직업으로 되는 수가 많으며, 만일 처녀가 왔을 적에 공항으로 마중 나간 경우에는 남자가 총각인 경우, 그 처녀와 결혼하는 경우가 많다.

⑷ 미국 대학의 교수

유사 이래 어느 곳이든 선생은 있어 왔다. 그 사회의 최고 지성인으로서 사회 발전에 크게 공헌해 왔으며, 명예와 존경을 받아왔다. 그리고 이러한 흐름은 인류가 존속하는 한 계속될 것이다. 물론 미국 사회라고 다를 것이 없다. 그러나 그들은 교육도 교수도 양과 질로 수치화하고 평가하려는 합리주의의 흐름 속에 있다. 다음은 부정적인 시각에서 대학 사회를 본 것이다. 물론 이에 상응하는 장점도 많이 있다.

교수는 지식을 판매하는 판매원Salesman으로 가난하고, 정년보장제도Tenure로 직장이 보장되지 않는 한 비참할 정도이다. 학기말에 학생들에게 평가지를 돌릴 적에는 일상적인 검소한 옷차림으로 강의를 했음에도 불구하고 그날은 넥타이까지 매고 나온다. 교수는 고객인 학생을 항상 의식해야 하며, 여러 가지 주변 여건에 민감해야 한다.

그런 반면에 여기에서도 분업적으로 이미 산출하여 계시한 학점에 이의를 제기할 때는 수용되는 법이 거의 없고, 고유 학문과 부여받은 권리에 대하여는 확고한 권위를 유지한다. 이런 관계 속에서도 학생은 교수의 추천서가 없으면 한 발자국도 옮기지 못하는 암담한 처지에 놓여 있다. 따라서 장래가 보장되는 학생은 철두철미 책임에 성실하다.

여름 방학은 3~4달이며, 2달간의 여름 학기 강의Summer School를 위하여 수하의 대학원생을 동원하여 홍보를 하며 학생을 모집하기까지 한다. 그럼에도 폐강되는 경우에는 해변Beach에서 핫도그Hot dog 장사라도 해서 입에 풀칠을 해야 한다는 말이 나올 정도이다.

올드도미니언Old Dominion 대학교에는 교수 수효가 700여 명인데, 이 중에 40%만 정년을 보장받은 교수이고, 나머지는 계약 교수라고 한다. 이들은 계약기간이 끝나면 언제든 해고될 수 있다. 이 대학교의 1년 예산은 1억2천만 달러라고 하며, 교수는 연구비를 유치하여 학교에 예치하고 간접비Overhead를 제외한 금액을 필요시에 인출하여 사용한다. 따라서 교수의 연구비가 많을수록 학교 재정에 크게 기여하는 것이다.

교수의 직업시장은 5년 이상 계획이 짜여 있으며, 수천 명의 구직과 구인의 정보가 교환되고 있다. 구인 의뢰가 있으면 보통 3명을 추천하는데, 채용 시에는 출신교Inbreeding 인사는 피하며, 소수 민족의 배당률Quarter도 적용하여 범국가적인 채용 규정에 맞게 평가하고, 학교 위상을 고려하여 가장 적합한 인재를 채용한다. 직업 시장에는 기존의 교수도 출전하여 보다 나은 다른 자리로 옮긴다. 교수가 유능하여 학교를 옮기면 봉급이 뛴다. 또한 교수의 정년보장 제도는 기성 교수가 시킴으로 기득권이 있는 교수들에게 잘 보여야 한다. 아무튼 모든 것은 능력과 계약으로 된다.

우리나라에는 미국에서 공부한 교수와 지도층 인사가 대부분이다. 이들이 미국 사회의 장·단점을 취사선택하여 대학 사회를 위하여 얼마나 봉사하고 있는가 자문해 볼 만하다. 어떤 사람은 그곳의 이기주의만 습득하고 귀국하여 오로지 입신출세와 영달에만 급급하는 경우는 없는지 생각해 볼 필요가 있다. 이제 미국은 우리나라와 멀리 있지 않으며, 어쩌면 미국은 우리 민족의 생활 터전 중의 하나이다. 우리는 세계로 미국으로 뻗어나가 무궁한 발전을 꾀할 때가 된 것 같다.

우리나라의 대학 교수 중 특히, 자연과학 분야의 대부분은 미국에서 유학을 한 경우가 많다. 수십 년 전에는 유학가기가 대단히 어려웠던 시절이었다. 지금도 유학은 그리 쉬운 일이 아니다. 그리고 몇 년 사이에 익힌 미국의 학문과 문화를 귀국하면서 그대로 우리나라의 풍토에 접목시키려고 노력한다. 그 결과 많은 발전을 이룩하였다. 그런데 우리나라의 경우는 박사학위만하고 대학의 전임교수만 되면, 정년까지 변화 없이 교직에서 안일하게 살아갈 수가 있었다. 따라서 대학 교수직은 무덤까지 따라가는 최고의 생활 방편인 것이다.

부정적인 측면에서 얘기하자면, 교수직은 직업시장이 형성되어 있지 않고, 대학의 질은 수직 분포되어 있기 때문에 심각한 사회 문제가 제기되고 있다. 학문성, 독자성, 창의성, 성실성의 평가보다는 박사만 되면 엉겨 붙고 납작 엎드리고 때로는 피를 나눌 수 있는가를 확인하고 기득권이 있는 교수들은 신임의 교수를 추천한다. 매끄럽고 간교하기 짝이 없는 젊은 신진들은 교수가 되려고 수단과 방법을 가리지 않는 아수라장의 세계가 벌어진다. 그것도 일류 대학일수록 교묘하게 정도를 벗어나는 짓을 한다. 그리고 일단 교수만 되면, 기고만장하게 잘난 척을 배워나간다. 저보다 낮게 보이면 납작 엎드려 살살 기고, 저보다 못한 대학에 있는 사람에게는 건방지고 버르장머리 없기가 가히 장관을 이룬다. 더욱 재미있는 사실은 학문성이 신통치 못한 인간일수록, 그리고 유학시절에 떳떳치 못한 짓이 많이 남아 있을수록 그 정도가 심한 것이다. 그렇다고 번지르르한 외모와 참기름을 목구멍에 바른 듯한 매끄러운 언변을 누가 당할 것이며 평가할 수 있겠는가. 어디 대학 교수 자리만 불공정Unfair하겠는가.

(5) 미국의 대학과 대학생

교수와 학생 사이는 동서고금을 불문하고 학문과 진리의 전수자와 승계자라는 숙명적이고 필연적인 관계에 놓여 있다. 우리나라에서는 군사부일체君師父一體가 당연한 흐름이었다. 물론 최근에는 서양의 흐름이 급속하게 유입되어 변화를 겪고 있지만, 기본틀에는 변함이 없다.

다소 부정적인 측면에서 본 미국의 대학 사회는 학생과 교수 사이에는 예의가 없고, 언어도 'You'로 격이 없다. 무슨 특별한 관계가 설정되어 있지 않아 보인다. 평등도 좋지만 동양적 관점에서 보면, 사제지간에 버릇이 없어도 한참 없어 보인다.

학생은 고객Customer의 대접을 받는다. 따라서 돈을 지불한 권한이 있고, 강의도 정시에 더도 덜도 말고 해야 하며, 교수가 그렇지 않으면 준비를 덜한 것이다. 학점이 나쁘면 교수 평가에 불만Complain 요인이 됨으로 학점을 잘 주고 강의도 잘 받는 상업적 행위를 한다. 어느 학생이 칠판만 지워도 교수에게 잘 보이려는 불공정Unfair 행위로 동료로부터 지탄을 받는다. 뭐든지 공정Fair해야 한다.

부정행위는 학적 자체를 없애 버림으로 있을 수 없다. 교수가 내주는 숙제를 다른 친구에게 보여줘도 안 되고, 보아서도 안 된다. 둘 다 제적을 한다고 한다. 어떻든 부정직에는 용서가 없는 사회라고 한다.

대학원 진학은 취직을 포기하고 학업을 하는 것임으로 교수가 생활비를 책임져야 진학하고, 계약으로 이루어진다. 학생이 의무에 충실하지 못하거나 불이행시 즉시 파기된다. 장학금은 경제적 상황이 여의치 않을수록 우선순위에 있다.

박사과정Ph. D.을 마치면 이공계는 박사 후 과정Post Doc.의 직업시장에 진출하고, 사회과학 분야는 직업시장에서 성공하면 계약조교수Assistant Professor가 되며, 봉급은 아주 다양하다. 이런 경우에는 4년 내 4편의 논문을 쓰면 부교수가 된다.

5. 체사피크 만Chesapeake Bay으로 유입되는 제임스 James 강, 욕York 강, 라파하눅Rappahanock 강의 자연 과 수질

여기에서는 담수생태계의 조사방법과 연구결과에 대한 실례를 소개한다. 누구나 이해할 수 있는 파라미터로서 자연과학을 쉽게 접근하는 계기가 되기를 바란다. 이 책에서 연구된 몇 개의 강은 미국의 수자연 경관이 수려하고 아름다운 곳이다.

1) 서론

체사피크Chesapeake 만으로 유입되는 하천은 무려 150여 개나 되지만, 주요 대형 하천으로는 만의 입구 쪽으로부터 엘리자베스Elizabath 강, 제임스James 강, 욕York 강, 라파하눅Rappahanock 강, 포타맥Potamac 강, 퍼턱센드Patuxend 강 등이 있다. 이들은 서로 평행선의 강줄기를 이루며, 동일한 기후대에서 거의 비슷한 자연 조건을 지니고 서쪽에서 동쪽으로 흐르고 있어서 수량을 제외하고는 외형상으로 대동소이한 환경 조건에 놓여 있다.

이러한 강들이 지니는 유역 면적(165,000km²)은 미美 동부의 광활한 평야를 이루고 있고, 강, 호수, 늪지, 연못의 수효가 대단히 많아 세계에서 가장 밀도가 높은 저지대를 이루고 있다.

여기에서는 방대한 크기를 지니는 체사피크 만의 수문학적 성격과 이 만의 중·하부위로 유입되는 제임스 강, 욕 강, 라파하눅 강의 수문학적 성격을 나타내는 몇 가지 파라미터parameter를 조사함으로써 개개

하천의 성격을 파악하고, 나아가서 이런 하천의 담수가 체사피크 만의
기수와 만나 새로운 생태계를 이루는 수문학적 성격을 파악함에 있다.

2) 실험 방법과 실험 정점

체사피크 만의 수질 조사는 실험 연구선(100톤급)을 활용하지만, 유
입 하천의 수질 조사는 소형 쾌속정을 실험 정점 부근까지 차량으로 운
반한 다음 하류와 중류의 정점에서 체사피크 만의 조사연구와 동일한
실험 방법으로 수행하였다(김, 1995).

제임스 강의 조사는 호프웰Hopewell 시市 부근에 위치하는 하류 정점
과 시속 30마일의 보트로 1시간 20분 거리에 있는 중류 정점에서 수행
되었다.

욕 강의 조사는 욕 타운 부근의 하류수역 정점과 웨스트 포인트West
Point 시 근처의 중류수역 정점에서 수행되었다.

라파하눅 강의 조사는 라파하눅 시 부근의 중류 정점과 체사피크 만
수역에 가까이 있는 하류에서 수행하였다.

3) 결과 및 고찰

(1) 제임스 강James River의 자연과 수질
① 중류 수역의 실험 결과
1994년 5월 10일 호프웰 시 부근의 중류 정점에서 수심 1m 간격으
로 조사한 수질 결과는 아래 표와 같다. 일기는 청명함과 흐림이 섞여

있었다.

이 수역은 수심이 9m 정도였고, 담수Fresh water의 성격을 지니고 있었으며, 수색은 대단히 탁한 편이었고, 투명도Disc Secchi의 값은 0.4m에 불과하였다.

Depth	T℃	S‰	DO	pH
1m	18.87	0.1	7.14 〈 7.18	8.47
2m	18.76	0.1	7.14	8.26
3m	18.50	0.1	7.14	8.27
4m	18.50	0.1	7.13	8.29
5m	18.30	0.1	7.13	8.27
6m	18.34	0.1	7.13	8.27
7m	18.27	0.1	7.12	8.24
8m	18.25	0.1	7.13	8.24
8.7m	18.25	0.1	7.12	8.20

제임스(James) 강 중류 수역의 실험 결과

이 수역의 수질 성격을 고찰하면 다음과 같다.

· 수온의 수직적 분포를 보면 표층이 저층보다 0.62℃ 높았다. 온도 분포는 표층에서부터 저층으로 갈수록 차가워지는 경향이며, 수심 2m에서 3m 사이에서와 수심 4m에서 5m 사이에서 0.2℃ 정도의 차이를 보이는 것이 두드러졌다.

· 염도에 있어서는 표층에서나 심층의 수심에 있어서나 동일하게 0.1‰였다. 이것은 이 강의 담수 자체가 지니고 있는 염도로서 체

사피크 만의 기수 영향이 거의 없는 것으로 사료된다.

· 용존산소량DO의 수직 분포에 있어서도 염도의 경우와 비슷하게 거의 균일하였지만 표층에서 저층으로 갈수록 약간 낮아지는 성향을 보였다.

· 수소이온농도pH의 수직적 분포 성향은 수온의 경우와 비슷하게 표층에서 저층으로 갈수록 값이 낮아졌으며, 수심 1m에서 2m 사이에 0.21의 두드러진 값의 차이를 보였다.

② 하류 수역의 실험 정점

강폭은 1km 정도로 넓었으며 양쪽 강가에는 수목이 우거진 광활한 저지대를 이루고 있었다. 강 안에 조그만 섬이 있으며, 강변에는 드물게 마을이나 공장이 있다. 이 수역의 수심은 중류보다 다소 낮아서 7m 정도이다. 수색은 흙빛을 띠고 있었으며, 수질은 탁하여 투명도 값이 0.7m 정도였다.

Depth	T℃	S‰	DO	pH
1m	19.07	0.1	9.71	7.90
2m	19.00	0.1	9.41	7.86
3m	19.00	0.1	9.33	7.88
4m	18.97	0.1	9.25	7.84
5m	18.97	0.1	9.20	7.82
6m	18.97	0.1	9.20	7.82

제임스(James) 강 하류 수역의 실험 결과

이곳의 수문학적 성격은 대략 다음과 같다.

· 수온의 수직 분포를 보면 표층에서 심층으로 갈수록 낮아지는 성향을 지니는데 차이가 극히 적다. 강폭이 넓고 상·하의 수괴가 원활하게 교류되기 때문인 것으로 사료된다. 하류의 수온을 비교한다면 하류 쪽 표층이 상류 쪽보다 0.2℃가 높으며, 저층에서는 하류 쪽의 값이 0.72℃가 높다.

· 염도는 상류의 경우와 마찬가지로 수심에 따른 변화가 전혀 없다. 또한 두 개의 정점에서 측정한 모든 값이 동일하여 체사피크 만의 기수 영향이 전혀 없는 수역이었으며, 이곳은 지극히 적은 양의 염도를 지니고 있는 것이 특성이다.

· 용존산소량DO에 있어서도 표층이나 심층이 거의 균질하지만, 심층으로 갈수록 다소 작아지는 성향을 보이고 있다. 그러나 상류의 값과 비교하면, 현격하게 높은 값을 보이고 있다. 중류 수역의 표층 값을 비교하면 하류의 값이 무려 2.57이나 높다. 또한 두 정점의 심층 측정값이 7.12와 9.20인 것은 하류로 갈수록 용존산소량이 급속하게 늘어나고 있음을 보이는 것이다.

· 수소이온 농도pH에 있어서 표층과 심층 사이에 별 차이가 없으나 심층으로 갈수록 농도가 다소 줄어드는 성향이다. 그러나 중·하류의 값을 비교하면, 하류의 표층 값이 무려 0.57이나 작고, 심층에서는 0.38이나 적다. 이것은 DO의 성향과는 정반대 현상을 보이는 것이다.

③ 제임스 강의 일반적인 수계 자연

제임스 강은 체사피크 만의 하류부위Lower course에 위치하는 커다란 하천 중의 하나이다. 제임스 강 유역의 저지대Wet land의 특색은 수위 Water level가 지극히 적다. 다시 말해서, 수면과 평야와는 불과 몇 미터 차이에 불과하다. 따라서 수괴Water mass의 성격도 이와 깊은 관계가 있다. 흙의 입자를 함유하는 풍부한 강우량은 토양 성분을 함유하는 강물을 이루고, 이 담수Freshwater는 탁한 투명도를 가지고 하류에 도달한다. 실측된 투명도의 값은 0.25~0.60m에 불과하며, 과다한 영양염류과 오염원을 내포하면서 체사피크 만으로 유입되는 것이다.

제임스 강은 하류로 갈수록 수색은 흙색, 검은 색으로 변하고, 강폭은 더욱 넓어지며, 강변의 식생은 울창한 자연림을 이루고 있다. 이 수역의 수괴에서는 유속이 전혀 감지되지 않아 적어도 실험 시기에는 호수의 물과 비슷한 성격을 띠고 있었다.

지금까지 조사하여 온 결과에 따르면(Marshall, 1976, 1982 ; Marshall et Ranasinghe, 1989 ; O'Reilly et Marshall, 1988 ; Park & Marshall, 1994), 식물성 플랑크톤은 120종 정도 관찰되었고, 어류는 25 종류, 동물성 플랑크톤은 30~35종류인데 요각류Copepoda가 많다. 저층은 진흙으로 되어 있으며 수심은 7m 정도이다.

이 강의 하류에는 미국 문화의 시원始原이 된 제임스 타운이 있다. 영국의 청교도가 맨 처음 이곳에 닻을 내려 정착하기 시작한 미국 역사의 1번지 같은 곳이다(김, 1995).

이곳의 하천 경관은 미국 동부의 광활한 저지대에 초·목본류의 풍성함을 대표하고 있다. 강의 연안에 자생하는 울창한 자연림 속에는 각종 조류가 서식하고 있는데, 이 중에는 미국의 국조國鳥 독수리Old Eagle가 서식하고 있다.

(2) 욕 강York River의 자연과 수질

① 중류 수역의 실험 결과

1994년 5월 11일에 이 강의 중류에 위치하는 'Pumunkey Indian Reservation'에서 조사한 몇 가지 파라미터Parameter의 측정값은 다음 같다.

Depth	T℃	S‰	DO	pH	Cond
1m	18.25	0	6.90	7.88	0.084
2m	18.33	0	6.73	7.84	0.082
3m	18.30	0	6.69	7.41	0.077
4m	18.18	0	6.66	7.37	0.078
5m	18.06	0	6.64	7.31	0.077
6m	18.06	0	6.62	7.30	0.088
7m	18.07	0	6.62	7.28	0.084
8m	17.99	0	6.59	7.24	0.090
9m	18.01	0	6.59	7.22	0.083
10m	17.96	0	6.59	7.21	0.078

욕(York) 강의 중류에 위치하는 Pumunkey Indian Reservation에서 조사한 측정값

이 정점은 완전한 담수수역Freshwater이며, 수심은 10m가 넘는 저수지의 성격을 지니고 있다. 몇 가지 수문학적 성격을 고찰하면 다음과 같다.

· 투명도의 값이 0.6m 정도로 물이 탁하다.
· 수온의 수직적 분포를 보면 표층에서는 18.25℃인데 수심 2m 저

층에서는 18.33℃로서 다소 높은 성향을 3m까지 나타내다가 약간의 기울기로 낮아지기 시작하여 수심 10m인 경우에는 17.96℃를 나타내고 있다. 온도 차이가 크지는 않지만, 수심별로 온도의 변화가 고르지 않는 것이 특색 있다.

· 염도는 표층에서 저층까지 완전히 0‰를 나타냄으로써 100% 담수임을 나타내고 있다. 이것은 체사피크 만의 기수의 영향이 전혀 없으며, 이 강 유역에 염분원이 전혀 없음을 보이는 것이다.

· 용존산소량의 수직 분포를 보면 표층에서 6.90ppm을 나타내고 있는데 10m의 수심에서는 6.50ppm을 보이고 있다. 이것은 수심이 깊어질수록 용존산소량이 조금씩 적어지는 경향을 보이고 있다.

· 수소이온 농도는 표층에서 7.88이고 10m의 저층에서는 7.21로서 0.67의 차이를 나타내고 있다. 이것도 수심이 깊어질수록 값이 규칙적으로 조금씩 작아지는 경향을 나타내는 것이다.

② 하류 수역의 실험 결과

욕York 강의 중류에 해당되는 웨스트 포인트West Point 시 근처 수역에서 조사한 데이터는 다음과 같다.

Depth	T℃	S‰	DO	pH	Cond
1m	19.98	3.3	6.98	7.66	5.89
2m	19.63	3.3	6.92	6.99	6.06
3m	18.83	4.4	6.86	6.34	7.94
4m	18.40	5.0	6.84	6.01	8.92
5m	18.26	5.2	6.83	5.76	9.19

욕(York) 강 하류 실험 정점의 결과

· 채수지점의 수심은 6m 가까이 되며, 수질이 대단히 탁하여 투명도는 0.4m에 불과하였으며, 수색은 황토를 함유하는 흙탕물에 가까웠다.

· 수온의 수직적 분포를 보면 표층은 20℃에 가깝고 저층은 18℃에 가깝다. 이 두층 사이의 온도 차이는 정확하게 1.72℃로서 상·하층의 물 덩어리 성격이 다르다는 것을 보여주고 있다.

· 염도에 있어서는 체사피크 만의 기수 영향을 확실하게 받고 있음을 알 수 있다. 표층이 3.3‰인데 수심 5m에서는 5.2‰로서 상당한 차이를 나타내고 있다. 물 덩어리 전체가 기수역을 이루고 있다. 염도Salinity를 고려할 때 조석Tide, 해류Current, 강우량Precipitation, 증발량Evaporation, 수위Water level 등의 요인이 크게 작용한다. 그리고 바닷물이 밑바닥에서부터 세력을 발휘하여 상층의 담수와 섞여 어느 정도의 염도를 표출하는가는 생태계를 파악하는 중요한 수문학적 문제이다.

· 용존산소량의 수직 분포를 보면 표층이 저층보다 0.15ppm 높지만, 뚜렷한 차이를 보이고 있지 않다. 이것은 염도에서 보는바와 같이 표층과 저층 사이에 물 덩어리의 성격의 유사함을 보이는 것으로서 뒤섞임이 비교적 잘 이루어진 것으로 여겨진다.

· 수소이온 농도의 수직 분포에 있어서는 표층과 저층 사이에 현격한 차이를 보이고 있다. 표층의 수소이온 농도가 무려 7.66ppm인 반면에 수심 5m의 경우에 5.76ppm인 것은 불과 4m의 수심 사이에 농도의 차이가 100배를 보이는 현상이다. 실제로 표층은 담수의 영향이 지대하고 저층은 기수의 영향이 지대함을 나타내고 있는 것이다.

③ 욕 강의 일반적인 자연환경

이 강의 양쪽 강변에는 넓은 갈대밭 또는 수초의 평원이 끝없이 전개되고 있으며, 강의 양쪽 육상이라 해도 해발이 수 미터에 불과하다.

강의 연안은 5~8m 정도의 붉은 흙이 노출된 구릉 단면이 보이며 그 위로 울창한 자연림의 숲이 형성되어 있는데, 마치 남미의 파라나 강의 저지대 또는 삼각주 지역과 대단히 유사하다. 이 강의 유역은 미 동부 지역의 대표적인 저지대Wet land의 일부로서 수량이나 강폭의 자연 경관이 다른 강과 대동소이하다(김, 1993).

이 강은 하구를 향할수록 강폭이 대단히 넓어지며, 다른 강에 비하여 유속과 물결이 있으며, 수량도 풍부하여 마치 바다의 성격을 보이고 있다. 어떻든 이 지역은 구릉이 전혀 없는 저지대로서 물 아니면 산림을 이루는 것이 특색이다.

웨스트 포인트West Point 지역에는 대단위의 제지 공장과 제분 공장이 있으며, 선박의 왕래가 대단히 빈번하여 수질 오염과 관계가 있다.

욕 강은 체사피크 만의 하류에 담수를 유입시키는 대하 중의 하나로서 하류에는 욕 타운York Town이 있다. 이 도시는 영국의 청교도들이 이주해 와서 미국 역사를 시작한 근원지이기도 하고 미국 최대 도시 뉴욕 시의 모델이 된 도시이기도 하다.

⑶ **라파하눅 강Rappahanock River의 자연과 수질**

① 중류 수역의 실험 결과

1994년 5월 10일, 이 강의 중류 수역에서 조사된 몇 가지 파라미터 Parameters의 측정값은 다음과 같다.

Depth	T℃	S‰	DO	pH	Cond
1m	18.17	0.0	7.02	8.35	0.098
2m	18.13	0.0	6.96	8.21	0.096
3m	18.15	0.0	6.94	8.14	0.096
4m	18.12	0.0	6.93	8.10	0.094
5m	18.12	0.0	6.94	8.08	0.094
6m	18.13	0.0	6.94	8.07	0.093
7m	18.12	0.0	6.94	8.05	0.090
8m	17.99	0.0	6.59	7.24	0.090
9m	18.01	0.0	6.59	7.22	0.083
10m	17.96	0.0	6.59	7.21	0.078

라파하눅(Rappahanock) 강의 중류 쪽 실험 정점의 결과

타파하눅Tappahanock 시를 중심으로 한 이 강의 중류 지점에서 채수한 수역의 수심은 10~11m나 되는 담수역이었다.

· 이 강의 상류 수역에서도 수질은 대단히 탁하여 투명도의 값은 0.3m 정도이며 수색은 붉으며Red 갈색Brown을 띠는 검은 흙탕물인데 마치 혼탁한 핏물 빛을 나타내고 있었다.

· 수온의 수직 분포를 고찰하여 보면 표층의 수온이 18.17℃인 반면에 수심 10m의 수온은 17.96℃를 보이고 있어서, 수심이 깊어질수록 수온이 조금씩 낮아지는 지극히 정상적인 성향을 보이고 있다. 실제로 표층의 물 덩어리가 저층의 것보다 0.21℃ 높은 정도이다.

· 염도는 전체 물 덩어리Water mass 속에 조금도 들어있지 않은 체사피크 만의 기수와는 전혀 관계가 없는 순전한 담수이다.

· 용존산소량의 수직 분포에 있어서는 표층의 값은 저층보다 상당히 높은 편이다. 수심 1m의 8.35ppm과 수심 10m의 7.21ppm 사이에는 1.14ppm의 차이가 있음을 확인할 수 있다. 이것은 상층 수괴Water mass와 저층의 수괴 사이에는 수문학적 성격의 차이가 다소 있음을 시사하는 것이다.

· 수소이온 농도의 수직 분포는 표층의 값이 저층의 값보다 다소 높지만 큰 차이는 보이지 않는 편이다. 수심 1m의 값과 수심 10m의 값은 불과 0.43ppm 차이에 불과하다.

② 하류 수역의 실험 결과

이 강의 중부 수역에서 조사된 데이터는 다음과 같다.

Depth	T℃	S‰	pH	DO	Cond
1m	17.93	0.1	7.19	8.66	0.277
2m	17.93	0.1	7.16	8.67	0.277
3m	17.84	0.4	7.36	9.89	0.706
4m	17.84	0.4	7.36	10.05	0.789
4.5m	17.86	0.4	7.75	10.05	0.783

라파하눅(Rappahanock) 강의 하류 수역의 실험 결과

이곳의 수심은 불과 5m 정도로서 상류쪽의 10m에 비하여 대단히 낮다. 수문학적 성격을 고찰해 보면 다음과 같다.

· 수온의 수직 분포는 표층과 저층 사이에 차이가 거의 없다. 그러나 저층으로 갈수록 지극히 조금씩 낮아지는 경향이지만, 수온만 볼

적에 이곳의 수괴는 거의 동질적Homogeneous이라고 할 수 있다.

· 염도에 있어서는 체사피크 만의 기수 영향을 다소 받고 있음을 확인할 수 있다. 수심 1~2m의 표층의 물은 0.1‰ 정도로 염도가 극히 낮지만 수심 3m 이하는 0.4‰로서 기수의 영향이 강하게 미치고 있음을 알 수 있다.

· 용존산소량의 수직 분포는 커다란 차이를 보이고 있다. 표층이 8.66ppm인데 비하여 저층은 10.05ppm으로서 1.39ppm의 차이를 불과 3m 수심 차이에서 관찰할 수 있다. 이것은 담수와 기수의 교류, 이 강의 지형적 성격 등과 관련된 수문학적 성격의 표출이라 하겠다.

· 수소이온 농도의 수직 분포를 보면, 수심 1~2m의 경우 7.19~7.16으로 비슷한 성향을 보이고 있으나 수심 4.5m인 경우에는 7.75로서 비교적 높은 값이다. 이것은 일반적으로 표층의 값이 높고, 저층의 것이 낮은 값을 보이는 것과는 상반되는 현상이다.

③ 라파하눅 강의 일반적인 자연환경

강폭은 상당히 넓은 편이며, 양쪽 강변에는 역시 저지대Wet Land로서 끝없이 펼쳐지는 갈대 숲 또는 수목의 평원을 이루고 있다.

이 강의 바닥은 기울기가 거의 없어서 유속이 감지되지 않을 정도였으며, 채수 시에는 바람이 없어서 물결이나 물의 흔들림이 전혀 없어서 잔잔한 호수 같은 경관을 보이고 있다.

라파하눅 강은 남쪽으로 욕강과 이웃하고 북쪽으로는 포타맥 강과 이웃하고 있다. 이 강은 다른 강의 흐름과 동일한 성향을 가지고 체사피크 만의 중부에 유입되고 있다.

수목의 울창함이나 위도상으로 볼 적에 물론 다른 하천과 마찬가지로 광합성작용의 최적지로서 태양광선이 풍부하며, 영양염류가 많아 미세조류Microflora와 초목이 번성하는 환경이다.

⑷ 토의 및 결론

구분		T℃ 평균값		S‰평균값		DO평균값		pH 평균값		투명도 m
Chesa-peake 만	St. 1 상층	7.21	5.25	10.4	22.1	11.42	10.81	7.90	7.92	·
	St. 1 저층	4.59		26.9		10.51		7.90		
	St. 2 상층	5.08	4.69	24.5	28.8	11.93	11.38	7.91	7.93	·
	St. 2 저층	4.32		30.8		10.85		7.92		
	St. 3 상층	5.31	4.96	19.1	22.9	12.05	11.63	8.11	8.09	·
	St. 3 저층	4.60		26.3		10.77		7.99		
	St. 4 상층	5.42	4.65	17.6	20.3	12.24	11.75	8.06	8.04	·
	St. 4 저층	4.39		21.7		11.36		8.03		
James 강	중류	18.45	18.73	0.1	0.1	7.13	8.24	8.28	8.07	0.4
	하류	19.00		0.1		9.35		7.85		0.7
York 강	중류	18.12	18.57	0.0	2.1	6.66	6.78	7.41	6.98	0.6
	하류	19.02		4.2		6.89		6.55		0.4
Rapp. 강	중류	18.09	17.99	0.0	0.1	6.84	7.10	7.87	8.67	0.3
	하류	17.88		0.3		7.36		9.46		0.3

체사피크 만과 3개 하천의 수문학적 파라미터(parameter)의 평균값: 상층의 평균값은 수심 1m와 2m의 값을 평균한 것이고, 저층의 평균값은 수심 2개의 값을 평균한 것이며, 상층과 저층, 즉 물기둥의 평균값은 전체 측정치의 산술평균이다.

몇몇 파라미터parameter들의 상관관계의 연구는 3개 하천의 중·하류 정점과 체사피크 만의 수질(김, 1995)의 4개 실험정점에서 얻은 실험 데이터를 사용하였다. 상기의 종합도표에서는 T℃, S‰, DO, pH 및 투명도에 대하여, 체사피크 만에서는 상층과 저층으로 나누어 평균값을 냈고, 또 이 두층 전체 평균을 내서 쉽게 비교할 수 있게 했다. 그리고 3개 하천에 대해서는 수행한 측정치를 중·하류로 나누어 비교했으며, 최종적으로는 조사한 전체 정점의 값을 비교했다.

체사피크 만으로 유입되는 3개 하천의 투명도 값은 0.5m 전후로서 물이 대단히 탁하고 오염되어 있다. 물론 세스톤Seston의 양이 대단히 많음을 시사하고 있으며, 수역의 성격상 생물부유물Bioseston보다 무생물 부유물Abioseston의 양이 두드러지게 많다.

수색은 암갈색Dark Brown 또는 흑갈색Black Brown이 주종을 이루고 있다. 여러 가지 자연환경으로 보아 풍부한 광합성 작용이 이루어져야 함에도 불구하고 광투과층Euphotic Zone이 제한되어 있으며, 암흑수층 Aphotic Zone이 넓게 펼쳐져 있는 셈이다. 개개 유입 하천의 수문학적 성격을 비교하면 다음 같다.

제임스 강의 중류Middle course와 하류Lower course의 수문학적 파라미터parameter를 비교하면, 수온은 하류가 다소 높았고, 염도는 0.1‰로 동일하였으며, DO는 하류의 값이 상류의 것보다 훨씬 강했다. 그러나 pH는 상류가 하류보다 높았다.

욕 강의 경우 수온은 하류가 다소 높았고, 염도는 상류가 0인 반면에 하류는 4.2‰ 정도가 되었고, DO는 하류가 다소 높고, pH는 상류가 높았다.

라파하눅 강의 경우, 수온은 상류가 다소 높았고, 염도는 상류가 0.0인 반면, 하류는 0.3‰ 정도이고, DO는 하류가 뚜렷하게 높고, pH는 하류가 높았다.

　조사한 지점Station을 보면, 욕 강의 중류와 라파하눅 강의 중류 수역은 체사피크 만의 영향을 전혀 받지 않는 순수한 담수의 성격을 나타냈으나, 3개 하류는 대소의 기수 영향을 받고 있었으며, 특히 욕 강의 하류는 체사피크 만의 영향을 많이 받아 염도가 4.2‰나 되었다.

4장

중남미의 자연환경과 생물

코스타리카   파나마

베네수엘라   북대서양

콜롬비아

에콰도르

페루   브라질

볼리비아

남태평양   칠레   파라과이

아르헨티나   우루과이

남대서양

1. 코스타리카의 바다와 자연

1) 코스타리카의 개요

코스타리카는 위도 상으로 북위 8~12° 사이에 있는 열대지방이다. 이라수 산은 3,482m의 고산으로 산호세 근처에 위치하며, 태평양과 대서양을 나누고 있다. 코코 섬은 북위 5° 32′과 동경 87° 04′에 위치하며 본토에서 약 500km 떨어져 있는 비교적 큰 섬이다.

코스타리카의 면적은 5만 1,000km²이고 인구는 487만 명으로 인구밀도가 90명 정도이다. 국민소득은 2005년 기준으로 13,000불이고 수도 산호세에는 35만 명이 살고 있다. 국민은 스페인 민족과 인디언으로 구성되어 있으며, 언어는 스페인어를 사용하고, 76.3%가 가톨릭 신자이며, 13.7%가 개신교 신자이다. 수출은 65억불, 수입은 85억불 정도이다.

1502년 크리스토퍼 콜럼부스는 이 땅을 보고 강과 숲으로 뒤덮인 지구상에서 가장 아름다운 곳으로 하늘을 찌를 듯한 수천 종류의 나무로 가득 차 있고, 나무들의 잎은 지는 일이 없는 상록의 세상이라고 말했다.

이곳의 기온은 연중 24~28℃(75~82℉) 사이로 연중 균일한 기온 속에 있는 열대강우림 지역이다. 풍부한 태양광선, 변화무쌍한 안개, 풍부한 강우량, 아침의 찬란한 햇빛, 저녁의 빛나는 별, 따뜻하고 쾌적한 자연환경을 지니고 있어서 아름다움을 형용할 수 없을 정도라고 하며 고요와 평화를 상징하고 있는 나라이다.

바다에서는 수영Swimming, 낚시Fishing, 다이빙Diving, 래프팅White Water Rafting, 요팅Yachting 등의 해양 스포츠의 천국을 이루고 있으며 지

코스타리카의 다양한 생태 환경

상으로는 하이킹Hiking, 바이킹Biking, 숲 위 걷기Skywalk above the trees 등
의 각종 스포츠를 만끽할 수 있다. 특히 재미있는 일은 같은 날 태평양
에서 수영을 하고 대서양으로 가서 또 수영을 즐길 수 있는 양대 해양
의 나라이며, 열대 밀림의 나라이다. 이것은 무엇보다도 양대 해양을
단시간에 쉽게 접하면서 천연의 혜택을 누리는 해양국가인 것이다.

코스타리카는 지구상에서 가장 모범적인 자연보호 국가로서 전 국
토의 사 분의 일, 즉 26%가 보호림 구역이며 그 중에서 8%는 국립공원
으로 지정되어 있다. 국토 개발은 예로서 도로를 건설하는 중요한 일까
지도 자연보호에 중점을 두고 배려하는 나라이다.

코스타리카의 국립공원은 전국적으로 20개로 지정되어 있으며, 각
종 보호 구역으로 지정된 곳은 60개이다. 이들은 생물학적 보전지역
Biological Reserve이 11개, 야생동물의 피난처Wildlife Shelter가 9개, 국립
유적지National Monument가 1개, 산림보호Forest Rereve구역이 12개, 특수

지역의 보호구역이 25개, 생물학사적 보전지역Biological History/Cerere이 1개 등으로 구분되고 있다.

2) 코스타리카의 활화산 지대

코스타리카는 환태평양의 화산 지진대의 한 부분으로서 지구가 살아 움직이는 활동력을 보여주고 있다.

국립공원 뽀아스Poas 활화산은 해발 2,708m의 고도에 위치하고 있으며, 산꼭대기의 분화구에서 끊임없이 연기를 내뿜고 있어서 이 일대는 유황냄새가 진동을 하고 있다.

고산이기도 하지만, 기압의 변화에 따라서 구름의 이동이 대단히 예민하고 변화가 극히 신속하여 순식간에 맑은 하늘을 볼 수 있는가 하면

코스타리카의 분화구

순식간에 구름으로 뒤덮여 아무것도 볼 수 없는 지대이기도 하다. 분화구를 관찰할 수 있는 것은 그날의 좋은 천기를 기대하는 것뿐이라고 하겠다.

다른 한편으로는 이곳은 태평양과 대서양이 인접해 있기 때문에 그들의 기압차 또는 변화에 따라서 구름의 이동이 대단히 신속하여 분화구의 관찰 유무가 결정되는 것이다.

뽀아스 산에 있는 하나의 분화구는 청옥색의 물을 담고 있는 연못으로 뛰어난 경관을 연출하고 있다. 이 연못의 주변은 열대강우림대로서 수목이 무성하며, 고산성 초본류도 보이고 있다. 역시 구름의 이동에 따라서 연못뿐만 아니라 모든 삼라만상의 존재가 발현되는 것이다.

국립공원 이라스Irazu 분화구들은 해발 3,432m의 고산지대에 위치하고 있는데 여러 개의 분화구가 시차를 두고 형성되어 있으며, 이 일대의 경관은 대단히 독특하다고 하겠다.

1961년 미국의 케네디 대통령이 취임할 때 이곳에는 용암이 분출하여 이 일대를 뒤덮는 재난이 일어났다고 한다. 이라스 산은 거대한 산맥의 한 봉우리로서 이 산의 일대는 유럽에서 볼 수 있는 전형적인 농촌 풍경을 보이고 있다. 특히 대규모로 경작되고 있는 커피 농장이 두드러지게 보이며 이밖에 수많은 열대 과일 농장들이 대단지를 이루고 있다.

이 일대의 분화구들은 물을 담수하고 있는 연못이 있는가 하면, 물이 없는 분화구도 있고, 습지를 이루는 분화구도 있다. 분화구의 연못은 대단히 아름다운 절경을 이루는데 물의 색깔이 청록색으로 매혹적인 자연색을 표출시키고 있다.

코스타리카에는 수많은 활화산이 활동하고 있으며 여기에서 분출되는 지하수는 온천으로 잘 활용되는데 특히 국립공원 아레날Arenal 활화산은 1,633m의 고도를 가지는데 온천으로서 유명하여 미국 사람을 비롯한 많은 관광객들이 이곳의 온천욕을 즐기기 위해서 코스타리카로 온다고 한다.

3) 코스타리카의 열대강우림

코스타리카의 국토는 크게 보면 북미와 남미를 잇는 교량 지역이면서 태평양과 대서양을 접하는 열대강우림지대이지만, 실제로는 이라스 산을 비롯한 고산지대, 화산활동지대, 해안의 습지대 등으로 분포되어 있다. 이 나라는 상대적으로 작은 면적임에도 아주 다양한 생태환경을 지니고 있다. 따라서 생물의 종 다양성이 지구상에서 가장 큰 지역이다. 코스타리카 정부는 자연 그대로의 산림을 보호하며, 그것을 통하여 자연 생태의 관광 국가로 발전하여 명성을 지니고 있다.

코스타리카의 우기에는 끊임없이 내리는 비와 높은 기온으로 밀림이 형성되며, 숲의 층이현상Stratification으로 볼 적에 거대한 고목들 밑에 관목 또는 각종 덩굴 식물들이 덤불을 이루어 길이 없어 보이지만, 실제로 밀림 속에는 햇빛이 차단되어 있어서 식물이 자라지 못하므로 숲속의 공간이 있다. 밀림의 30m 높이에는 거미 원숭이를 비롯하여 많은 동물이 서식하고 있다.

밀림의 나뭇잎들은 우기에 늘 물에 잠기므로 잎이 썩지 않기 위해서, 수분을 쉽게 배출시키는 뾰족한 형태의 잎으로 진화되어 있으며, 종이열대장수말벌은 벌집에 물이 차올라서 애벌레가 자라는데 장애를 받지 않도록 물을 입으로 빨아 마신 다음 벌집 밖으로 내뿜는 작업을 한다.

많은 강수량은 토양과 밀림의 나뭇가지를 강물로 유입시키고 나아가서는 바다로 운반한다. 이러한 나뭇가지들은 조수에 밀려서 해변에 쌓이고, 해변에는 이러한 퇴적물에 의지하여 생활하는 기니피그와 같은 동물들이 서식하고 있다.

찬란한 황금색을 하는 황금 두꺼비는 지구상에서 유일하게 생존하는 종으로써 이 지역의 1평방 마일 안에서만 자생하고 있다.

코스타리카의 동·식물은 열대강우림의 환경에 적응하여 진화하고 있다. 열대 우림의 밤은 먹고 먹히는 포식자와 비포식자의 적나라한 적자생존의 생활환경이 연출되고 있다. 따라서 풀이나 나뭇잎은 벌레들의 무한 공격을 받아 침해를 당함으로써 많은 종류의 잎들은 벌레에게 독성을 주는 방향으로 진화하여 먹지 못하게 자기방어를 하고, 곤충들은 아무 나뭇잎이나 먹을 수 없어서 독성을 피하여 골라먹는 식성으로 진화되어 있다.

열대 밀림의 토양은 비옥할 것 같지만 실제적으로는 전체 양분의 5%만 지니고 있으며 95%는 밀림 밑에 자생하고 있는 식물이 가지고 있다. 이것은 동식물이 나고 죽고, 무기물질에서 생명체의 유기물질로 유전되고, 다시 말해서 자연의 순환 속에서 생물과 물질이 돌고 도는 양분의 순환현상이다. 이러한 지역적 특수 환경으로 인하여 식물에게 양분 공급이 시차적으로 이루어지고 있다.

대서양의 밀림과 태평양쪽의 밀림은 고산의 정상으로부터 양분되어 자생하는데 여기에도 풍광으로 인한 생태적 차이가 있을 수 있다. 또한 많은 강우량에 따른 우수 량은 산골자기마다 대소의 하천을 이루고 있으며, 특히 안개의 경관은 무궁무진한 변화를 보이며, 대단히 아름다운 자연의 풍광을 연출하고 있다.

4) 열대강우림의 중요성

　지구상의 열대강우림대의 면적은 772만km² 정도로 알려져 있으며, 이곳에서는 활발한 광합성 작용이 끊임없이 산소를 내뿜어서 지구환경을 정화시킬 뿐만 아니라 인류에게 산소를 공급함으로서 생명을 보전하게 한다.

　열대강우림이 시간당 3,000에이커acre씩 벌목 혹은 개발 행위로 파괴되고 있다는 보고가 있다. 이러한 현상은 열대강우림 속에 자생하는 생물의 종을 축소시키며, 생물 다양성에 지대한 영향을 미치고 있다. 어떤 종류의 생물은 과학자에 의해서 미처 발견되기도 전에 멸종되고 있는 것이다.

　북극권이나 남극권의 빙하가 급속도로 해빙됨으로서 바닷물이 차가워지는 라니냐현상은 해수면의 온도가 데워져서 기후의 영향을 미치는 엘니뇨현상과 함께 바람, 해류, 지사운동 등과 연계하여 바닷물을 뒤집어 놓는 용승현상을 일으키고, 이에 따라서 적응력이 강한 어느 특정 해양생물은 번식이 급속도로 이루어지는가 하면, 어느 생물은 수온, 먹이 등의 급속한 변화에 적응하지 못하고 사멸함으로서 종의 다양성을 아주 축소시키고 있다. 이 모든 것이 지구 환경을 변화시키는 것이다.

　지구의 온난화 현상은 국지성 폭우, 극심한 가뭄(아프리카의 사막화 지역), 뜨거운 폭염, 극심한 한파, 온대지방의 아열대화, 한대지방의 온대화, 태풍의 빈번한 발생 등, 예측불허의 재난발생을 일으킴으로서 환경을 완전히 변천시키며, 심지어는 인류의 생존까지도 위협하고 있다.

　이와 같은 온난화 현상으로, 지구는 기후 변화를 맞이하고 있는 상황에서 코스타리카의 열대강우림의 보호는 인류생존에 긴요한 기능을 지니고 있음을 인식해야 한다. 마치 지구의 허파노릇을 하고 있는 것이다. 열대강우림에서 발생되는 산소가 인류에게 숨을 쉬게 하고 건강을 유지시켜 주는 것이다.

성서에 기록되어 있는 노아의 홍수는 40일 동안 밤과 낮에 장대비가 쏟아지므로 온 세상이 물에 잠겼는데 지금도 그렇게 오랫동안 집중폭우가 쏟아지면 그 때와 동일한 현상이 일어날 것이다. 지금의 온난화 현상은 이런 징후를 점점 더 확실하게 보여주고 있다. 해마다 심해지고 있는 집중호우 앞에는 과학기술도 인류의 찬란한 문명도 속수무책으로 위축되고 있다.

2011년 7월 서울의 강남지역과 경기도의 광주일대에 한 시간 동안 100mm의 폭우가 쏟아졌는데 발생된 수해 상황을 되돌아보면 노아의 홍수를 이해하는데 도움이 될 것이고 노아의 방주를 짓듯이 지구 환경을 살리는 노력이 대대적으로 필요하며 일상생활 속에서 실천해야 한다.

오늘날의 막대한 화석연료의 사용은 지구의 표면의 온도를 높이고 대기의 온도를 높일 뿐만 아니라, 탄산가스가 온실효과를 일으켜서 해마다 사막의 면적이 늘어나고 있으며 열대강우림의 면적은 인간의 탐욕으로 점점 줄어들고 있는 것이다. 참으로 심각한 현실이 아닐 수 없다. 인류는 다 같이 깊이 자성하면서 피나는 노력으로 지구 환경을 살려야 하는 당위성에 직면 해 있다.

5) 코스타리카의 하천과 하구

코스타리카의 국토는 주로 고산준령의 산악 지대이며 상하의 열대 지역인데, 강우량이 많아서 무엇보다도 식생이 왕성하여 무성하며, 이와 더불어 서식하는 각양각색의 생물자원이 풍부한 국가이다.

이 나라는 국토가 협소하여 장강대하의 발달은 기대할 수 없으나 고산 지대에 내리는 강우량이 계곡마다 대소의 하천을 이루고 결국에는 하구를 형성하면서 바다로 유입된다.

따라서 하천의 수효도 많고 하구의 수효도 많은데, 하구의 성격에는 담수를 선호하는 어류가 모이는 생태환경을 이루는 것이 특징이며, 먹이가 풍부하여 어류자원의 회유장소이기도 하다.

일반적으로 풍부한 강수량 자체만으로도 자원이고, 어류양식을 할 수 있는 잠재력을 가지며, 에너지를 생산할 수 있는 수자원의 근원을 이루는 것이다.

그러나 코스타리카의 산야에 내리는 우기의 집중폭우는 뿌리가 발달되지 않은 수목을 쓰러지게 하고, 산사태를 발생시킴으로서 수해를 유발시키고 있으며, 강물은 전반적으로 흙탕물로서 토사유출이 심하고 수목이 떠내려가서 강의 연안 또는 해변에 퇴적된다.

이런 퇴적물에 서식하는 동식물들이 색다른 생태계를 이루는 것도 이 나라에서 볼 수 있는 현상이다.

코스타리카에서도 송어 양식을 한다고는 하지만 그리 왕성한 것 같지 않다. 송어는 냉수성 어종으로 찬물을 선호하나 이곳은 열대지역이어서 고산이라고 해도 수온이 비교적 높으며 물이 탁하기 때문에 양식조건이 맞지 않는다고 하겠다.

에스텔라Estrella 강은 카리브 해로 유입되는 하천으로 상당한 수효의 지천이 모아져서 비교적 큰 규모를 지니며 하류 쪽에서는 파나마와 국경을 이루며 흐른다. 이 강은 장강대하는 아니지만 산중의 임간을 흐르기도 하고, 때로는 급류를 이루기도 하며, 평원에서는 도도하게 흐르기도 한다.

이 하천은 수상교통수단으로서 활용되고 있다. 대단히 폭이 좁고 긴

코스타리카의 바나나   코스타리카의 어류

보트가 대중교통수단으로 이용되고 있어서 원시적인 상태를 벗어나지
못하고 있다. 그런 보트에 상당히 큰 250마력의 동력을 장착하고 급류
를 오르내리는 것은 마치 래프팅 수준의 곡예 같은 경우도 있다.

　다른 한편으로는 바나나, 파인애플, 수박, 커피 등의 농산물을 교통수
단이 없는 상류 지방에서 집산지로 운반하는데도 크게 기여하고 있다.

6) 코스타리카의 태평양 해양환경

　코스타리카가 태평양과 접하고 있는 해안선의 길이는 1,106km로써
상당히 긴 편이다. 태평양쪽의 해안선은 굴곡이 심하고, 커다란 반도가
두 개 있으며, 대소의 많은 항만이 발달되어 있다.

　코스타리카는 태평양쪽으로 중요한 섬들과 암초들을 지니고 있는데
카노Caño와 코코Coco같은 비교적 커다란 섬을 가지고 있다. 코코 섬은
코스타리카의 동남쪽의 해안도시 카보 블랑코Cabo Blanco에서 535km

떨어져 있는 고립된 섬으로서, 생물진화의 자연 실험실 같은 곳이다. 이 섬은 다윈의 진화론의 산실이 된 갈라파고스 섬과 불과 천여km 거리에 있고, 위도 상으로나 자연 환경적으로 거의 같은 해역에 위치한다고 할 수 있어서 일맥상통한다고 할 수 있다. 갈라파고스 섬은 에콰도르의 연안에서 900km 떨어진 고도로서 시공간적으로 진화의 특성을 극명하게 보이고 있는 섬이다.

코코 섬의 해안은 절벽으로 되어 있어서 바다로 유입되는 폭포 경치는 대단히 아름답다. 이곳은 믿기지 않을 만큼 청정한 해역으로서 다이빙 같은 해양 스포츠의 천국을 이루고 있다. 이곳의 자연생태의 특성으로 유네스코는 1997년에 세계문화 유산지역World Heritage Site by UNESCO으로 지정하고 있다. 이 섬의 근해에는 다양한 종류의 어류와 특히 상어의 회유 내지 서식지로도 잘 알려져 있다.

태평양의 해안을 따라 조성된 코스타리카의 비취는 해안선 전반에 거쳐 적절한 거리적 간격을 두고 있으며, 상하常夏의 이점을 이용하여 많은 관광객을 유치하고 있다. 이러한 비치들은 역시 뛰어난 자연 경관의 아름다움을 표출하고 있다.

태평양쪽으로 유명한 비치는 31곳으로 지정되어 있으며 자연보호 차원에서 각별하게 관리되고 있다.

7) 코스타리카와 카리브 해의 해양환경

코스타리카가 지니는 카리브 해의 해안선은 태평양의 해안선보다 상당히 짧지만 양 대양이 다르듯이 성격상 현격한 차이가 나타날 수밖에 없다. 이 나라의 북동쪽에 위치하는 카리브 해와 접하는 해안선의 길이는 약 300km에 불과하다. 이곳은 크게 보아 대서양의 일부이지만, 카리브 해의 영향 속에 놓여 있다. 비치는 태평양쪽에 비하여 수효가 아주 적지만, 카리브 해의 성격을 지닌 비치들이며 자연보호와 관광차원에서 지정되어 있다.

카리브 해 쪽으로는 내륙의 높은 산악지대의 많은 강우량으로 인하여 수많은 하천이 형성되어 있다. 이러한 이유로 역시 수많은 하구가 형성되어 있으며, 하구 생태계를 이룬다. 하구에는 담수 어류와 해산 어류가 뒤섞이며 독특한 기수 생태계를 이루므로 생물학적으로 대단히 중요한 의미를 지니는 수역이다.

카리브 해의 자연 지리적 성격을 다소 소개하면, 카리브 해는 북위 9~22°사이에 위치하며 면적은 272만km²이고 최고 수심은 7,686m이며 평균 수심은 약 2,500m이다. 남미와 북미사이에 계란형 비슷한 형태를 하고 있으며 쿠바, 아이티, 도미니카, 자메이카 그리고 수많은 작은 도서 국가들로 둘러 싸여 있는 대서양 안에 있는 호수 같은 바다이다.

이곳은 열대 해역으로 평균 수온이 27℃로써 아주 높다. 6월과 10월 사이에는 허리케인이 발생하여 카리브 해 연안 국가들과 미국과 멕시코에 막대한 영향을 미친다. 그리고 카리브 해는 북미의 유카탄해협을 통하여 멕시코 만과 칸테체 만과 연결되어 있고, 해류가 교환된다.

카리브 해를 크게 보면 유카탄 반도로 분리되어 있는 맥시코 만의 해역 약 160만km²를 포함하면 432만km²으로 확대되고 있다. 이들은 대서양의 일부일 뿐이다.

8) 코스타리카의 문화

코스타리카는 인구가 약 450만 명 정도이고 그중에 원주민인 인디오는 약 10만 명이다. 이들은 산악지대와 어촌에 살고 있다. 이 나라 국민의 76.3%가 가톨릭 신자이며 13.7%가 개신교 신자이다.

이 나라는 카리브 해와 태평양을 끼고 있는 해양 국가이지만 해양 진출이 거의 없는 듯하다.

풍부한 강우량과 하늘을 찌를 듯이 높은 수목의 자연환경이 대단히 아름다운 상하의 기후를 지닌 관광 국가로 만들고 있다. 따라서 관광수입이 나라의 경제원인데 최근에는 미국의 경기침체로 미국인의 발길이 끊기면서 모든 경제활동이 공황상태에 있다.

코스타리카는 군대를 가지지 않은 비무장의 취약한 나라로서 경찰력이 있지만 마피아단 같은 강력한 범죄조직에 대해서 효율적으로 대처하지 못하며 기간산업의 발달이 거의 되어 있지 않은 오로지 관광수입에만 의존하는 나라이다.

실제로 코스타리카는 국토도 작고 인구도 적고 경제 규모도 작지만, 풍부한 광합성 작용으로 인하여 생산되는 열대산물을 주목해 볼만한 나라이다.

이 나라에 도심에서 보이는 풍물은 재래시장, 각종 박물관, 극장 등 거리의 풍경을 한 세대 지난 유럽풍의 면모를 보여주고 있다.

현재는 관광객의 급감으로 경제 위기에 처해 있어서 어려움을 면치 못하고 있는 나라이다. 그렇지만 자연보호의 모범국가로서 열대강우림을 보호하여 지구상의 모든 나라에게 고마운 역할을 담당하고 있다.

2. 아마존 강, 남미의 젖줄

지구상에서 가장 커다란 강은 아마존 강이다. 남미 대륙의 상단을 동서로 횡단하는 길이 6,516km의 대하로서 열대의 울울창창한 푸르름의 원시림 속을 흐르고 있다. 이 강은 6,000여개의 지류를 가지고 있으며, 전체의 유역 면적은 705만km²이다. 대부분의 유역 면적은 브라질에 있으며, 브라질면적의 58%를 점유하며 남미 대륙의 34%에 해당되는 유역 면적을 지니고 있다. 상류의 물이 하류에 도달하는 데는 한 달 정도의 기간이 걸리며 강안에 섬이 있고, 그 섬 안에 호수가 있을 정도로 방대하다. 하류에서는 매일 25억톤의 수량을 대서양으로 쏟아내고 있다. 이 수량은 뉴욕의 시민이 9~10년 동안 먹고 쓰는 수량에 해당한다고 한다.

아마존 강의 서북부의 수원지인 동시에, 페루의 북동부 지역이며 브라질 국경에서 멀지않은 이키토스Iquitdos시는 아마존 강의 지류인 이따야Itaya강과 나네이Nanay강으로 완전히 둘러싸인 직사각형의 물의 도시이다. 인구는 5만 여명이지만 주변의 주민까지 합치면 8만 여명 정도의 지역이다.

이따야 강물은 황토가 섞인 갈색이고 세스톤의 양이 많아 투명도는 1~2m에 지나지 않고 수온은 따뜻하여 22~23℃ 정도이다. 수심은 보통 4m 정도이나 깊은 곳은 10m나 된다. 강폭은 900m정도인데 제일 넓은 곳은 4.4km나 된다. 강의 연안은 약간 검은 모래가 섞인 모래사장이다.

강물에는 물옥잠이 번성하여 군집을 이루고 있고 연꽃 종류도 자생하고 있다. 이 강물에는 육식성 어류인 삐라냐Pirana가 많이 서식하는 곳이다. 낚시로 잡으려고 시도하였으나 메기종류Bagre만 낚여 올라

온다. 이 강에는 대형 물고기 빠이체Piche가 살고 있다. 큰 것은 길이가 3m나 되고 무게는 수백 kg에 달한다고 한다. 그리고 물뱀Agua conda도 길이가 6m, 무게는 280kg이나 되는 것이 이곳에 자생하고 있다.

7~8월은 건기이지만 수량이 많다. 우기인 12~3월에는 비가 많이 와서 강의 수위가 보통 7~8m 높아지고, 비가 아주 많으면 무려 15m정도 높아진다. 나네이 강의 수색은 검은 색을 띠고 있고, 이키토스 시의 한 부분에서 이따야 강과 만나 거대한 물줄기를 형성한다. 나네이 강의 하류의 강폭은 무려 14km나 되는 곳도 있다.

따라서 이곳에는 수상 마을이 형성되어 있다. 강의 수위보다 약 15m 높은 땅위에 원주민들이 수해 대비용으로 1~2m 또는 1층 정도는 기둥만 세우고 그 위에 집을 지어 생활한다.

아마존 강의 유역은 각종 자원의 보고 역할을 맡고 있음은 물론 열대 우림이 내놓는 산소의 양도 막대하여, 전 지구에서 발생시키는 산소량의 5%나 된다. 무엇보다도 수자원이 다른 강의 추종을 불허할 만큼 많은 강이다. 열대의 자연 속에는 많은 양의 생물이 나고 지며, 다양한 생물들이 거대한 자연생태계를 이루고 있다. 특히 곤충류와 물고기류가 대단히 많으며 종류가 다양하다. 아마존 강의 유역에는 새로운 생물의 종이 생겨났다가 이름도 알려지기 전에 사라지는 경우가 비일비재하다.

그런데 이 강의 방대한 산림 지역에 동서를 관통하는 고속도로가 건설되면서 부터 인위적인 산불로 자연생태계가 급속히 파괴되어 가고 있다. 개발이라는 기치 아래 태고의 천연 생태계가 밀려나고 있다. 애석한 현상으로 범세계적인 자연 보호 운동이 아쉽지 않을 수 없다.

브라질은 면적이 851.6만km²인데 남한 면적의 86배나 되는 대단히 큰 나라이다. 인구는 2억 명이 약간 넘으며, 인구밀도는 평방킬로미터

(km²)당 23명 정도이다. 수도는 브라질리아로 인구는 250만 명 정도이다. 언어는 포르투갈어를 사용하며 지구상에서 가장 풍부한 천연 자원을 지닌 나라로 평가받고 있다. 농산물로는 커피, 목화, 사탕수수 등을 많이 생산하며 특히 철광석의 매장량이 많은 것으로 알려져 있다.

3. 우루과이 강의 자연

우루과이 강의 상류는 대부분 브라질과 우루과이에 있으나, 아르헨티나의 엘 소베르비오El Soberbio 국경 도시에서도 일부 시원된다. 이곳의 흙에서는 철분이 많이 함유되어 붉은 빛을 띠는데, 강물의 시원부터 붉은 흙탕물이다. 아열대권의 더운 내륙에 쏟아지는 대부분의 강우량이 이 강으로 집합되면서 거대한 하천을 이룬다.

이 강의 아르헨티나 쪽 상류 지방에는 인구가 많은 마을이 없다. 자연 그대로 남아있거나, 아니면 산림으로 조성되어 있다. 또한 브라질 쪽에서는 아르헨티나보다도 더 넓고 광활한 평원을 이루고 있으며, 자연 경관상으로 아열대성(필자가 12월 초 조사 때 37℃였음) 숲과 녹원을 이룸으로써 대단히 아름답고 인상적이다. 특히 브라질 쪽에는 콩, 옥수수 등의 광활한 농장이 전개되며, 간혹 향료 공장도 보인다. 농약과 공장 폐수는 강물을 오염시켜 피해를 주고 있다. 상류인 이곳에는 도라도Dorado, 수루비Surubi, 빠티Pati, 만두베Mandube, 싸발로Sabalo 같은 물고기가 우점종으로 보인다.

우루과이 강은 아르헨티나와 우루과이의 국경을 흐르면서 막대한 수량의 증가와 함께 국제 하천으로서의 위용을 드러낸다. 특히 우루과이 전역에 내리는 강우량은 대부분이 이 강으로 모여든다. 특히 네그로

Negro 강이 우루과이 강과 합류되는 하류에서는 마치 대해와 같은 넓은 하구를 형성한다.

네그로 강은 우루과이 내륙의 중심부에 수표면적이 커다란 호소를 지니고 있다. 네그로라는 말은 물의 색깔이 검기 때문에 붙여진 이름으로, 건기에는 유속이 없는 정체된 물 덩어리로 유독 검은 흙색을 띤다. 마치 "죽은 물" 같은 느낌이다.

네그로 강의 수량이 파라나 강과 우루과이 강에 미치는 영향은 홍수 시에 대단히 크다. 즉 이 강은 홍수기에 엔트레리오스Entre Rios 지역의 범람을 유발시킴으로서 수문학적으로 중요한 의의를 가진다.

네그로 강이 우루과이 강과 만나는 하구에는 여러 개의 삼각주 섬이 있으며, 아르헨티나와 우루과이의 국경 지대이다. 무인도이지만 양국의 국경 수비대가 섬마다 지키고 있다.

섬의 생물상을 일견하면, 나무로 가득 메워져 있는 숲의 섬이다. 섬의 육상은 물이 질척질척한 늪을 이루는데 식생이 빽빽하다. 여기에는 노목도 있고 침수로 쓰러진 거목도 있다. 숲을 이루는 주요 종으로는 버드나무 종류, 포플러 종류, 오렌지 나무, 유칼립스, 유도화 등이 있다. 아르헨티나 정부는 이 섬에 식목을 함으로써 우루과이 령의 자연림보다 울창하게 만들었다. 식생의 층이현상이 보이지 않는 것도 이 때문인 듯하다. 숲 속의 기온은 높지 않아 모기를 비롯하여 수많은 곤충류가 서식하며, 벌꿀의 생산도 볼 수 있다.

많은 새소리도 아름답다. 더욱이 하늘을 날아다니는 수백마리의 물오리 떼는 참으로 아름다운 장관을 연출한다.

1) 파라나시또의 자연

　파라나시또는 우루과이 강의 하구에 위치하는 홍수에 예민한 인구 5천 명 정도의 마을이다. 이 마을은 구알레과이추Gualeguaychu 지역과 함께 파라나 강과 우루과이 강의 영향권 속에 있다.

　파라나시또는 하구의 삼각주 지역으로서 건기에는 육상으로 초목의 생산이 대단히 좋고, 3개의 강—파라나 강, 우루과이 강, 네그로 강—중에서 어느 하나라도 커다란 홍수가 발생되거나, 혹은 둘 또는 셋의 하천이 동시에 홍수가 나게 되면 침수가 되는 범람의 평원 마을이다. 따라서 파라나시또는 삼각주의 넓은 평원 속에 세워진 일종의 수중 마을인 것이다. 이 마을의 집은 대개 일층은 기둥으로만 세워져 있으며, 2층부터 생활공간으로 쓰고 있는 것이 특징이다. 홍수 시에 1층은 침수되므로 홍수방지용 건축 방법이라고 볼 수 있다.

　이 마을의 교통은 자동차길보다는 거미줄처럼 연결되어 있는 운하를 통한 수상 교통이 발달되어 있다. 아동들의 등하교시에는 물론, 이곳 사람들의 출퇴근에도 많이 이용한다.

　수문학적으로 우루과이 강의 유역에는 3월과 4월에 많은 강수량이 있으며, 파라나 강의 유역에는 3월과 12월에 강수량이 많다. 이곳의 최대 범람은 이 두 강이 동시에 홍수가 발생할 때, 이 강물을 바다로 쉽게 빠져나가지 못하게 하는 강한 남풍이 불어 수면이 높아질 때로, 범람이 발생하면 이 마을은 완전한 물천지로 변한다. 이때는 물론 삼각주 안에 생육하는 초목 뿐 아니라 주요 교통로도 침수가 된다. 이것은 범람의 3대 요소가 완전무결하게 성립된 경우이다. 그러나 때로는 이 세 가지 요인 중에 한두 가지가 심할 때도 이곳은 심각한 영향을 받는다. 예를 들면 1959년, 네그로 강의 홍수는 우루과이 강의 범람을 몰고 와서 이 마을과 자동차 도로를 비롯하여 삼각주 평원을 물바다로 만든 기록을 남겼다. 1983년에도 네그로 강의 수면을 4.58m 높인 홍수는 이 지역을 범람시켰다.

이 지역의 수문학적 또는 지형적인 특성은 파라나 강보다는 우루과이 강의 하상이 높다는 것이다. 우루과이 강이 건기에 있을 때에 파라나 강의 홍수는 하구의 넓은 삼각주를 범람함은 물론 우루과이 강물을 역류시키는 결과도 초래한다.

이 지역에서 보이는 특색은 우루과이 강물이든, 네그로 강물이든, 또는 어디에 있는 물이든 간에, 맑고 깨끗한 물을 찾아볼 수 없다는 점이다. 모든 물의 색깔은 검은 흙색 혹은 적색이 섞인 흑검정색의 아주 탁한 색깔을 띠고 있다. 더욱이 햇빛이 창창하고 바람 한 점 없이 수면이 고요하면, 심히 탁하고 걸쭉한 수프같은 물은 더욱 이상하게 보인다.

2) 구알레과이추의 자연

구알레과이추 시는 우루과이 강과 파라나 강의 하구에 위치하는 도시이다. 따라서 이 도시는 양대 강의 하구 영향권 속에 있다. 또한 우루과이와 아르헨티나의 국경 도시로서 인구는 5만 정도이다.

구알레과이추 시에서 삼각주의 운하 안쪽으로 들어가면 전형적인 하구 평원의 자연을 만나게 된다. 이곳의 경관적인 특성을 열거하면 다음과 같다.

첫 번째, 운하의 입구 부분은 폭이 100m 정도이며 물길의 양 옆에는 수생 식물이 가득 차 있다. 삼각주의 안쪽으로 갈수록 운하의 폭은 수백 미터로 늘어나며 대평원이 끝없이 전개된다. 두 번째, 이곳에는 크고 작은 수많은 호소가 있는데 항상 일정한 형태를 지니고 있는 것이 아니며, 홍수에 따라 수시로 생성, 소멸, 변천되는 가변적인 것으로 산재해 있다.

세 번째, 삼각주의 육상에는 늪지가 형성되어 있다. 늪의 물속에는 미세조류microflora와 물에 잠겨 생육하는 작은 초본류로 가득 차 있다. 네 번째, 동물상으로는 개미류의 집이 두드러지게 많고 뱀도 자생한다. 다섯 번째, 수십 년생 목본류가 물에 휩쓸렸을 때 고사하여 나목으로 남아있다. 밑둥은 물에 잠겨있는 경우가 드물지 않다.

여섯 번째, 이곳의 일부 농민 중에는 건기 때에 밑바닥이 넓은 목선으로 소 떼를 초원의 섬으로 이주시켜 방목을 한다. 그러나 갑자기 우수기가 찾아와 미처 대피를 하지 못하면, 소 떼는 홍수에 휩쓸려 희생된다. 일곱 번째, 호소의 곳곳에는 많은 오리 떼가 비상하고 있으며 붉은 색의 화려한 조류, 특히 홍학(플라밍고)이 서식하고 있으며, 비상할 때 아름다운 경관을 연출한다.

여덟 번째, 영세 어부들은 작은 보트를 타고 노를 저으며 초어Sabalo를 잡는다. 아홉 번째, 물과 풀이 엉겨있는 늪에는 지저분하게 많은 것들이 들어있다. 물꽃들은 아주 작고 화려하지 않은 특색을 지닌다. 열 번째, 늪의 바닥은 장구한 세월 동안 퇴적한 층으로 단단해 보인다. 열한 번째, 호소에 고여 있는 물은 대단히 비옥한 녹색을 띄고 있다. 물 전체가 탁하지만 표층수는 앙금이 가라앉아 조금은 맑아 보인다.

4. 라플라타 강의 자원

라플라타 강의 외형적 특색은 대단히 넓은 강폭을 지니고 대서양의 해수와 직접 만나고 있다는 점이다. 수질은 탁한 흙색이며, 막대한 양의 세스톤Seston이 바다로 유입되고 있다.

라플라타 강의 담수가 대서양에 미치는 영향도 적지 않다. 방대한 수량의 담수는 대서양으로 흘러들어가 일단 대하의 자취는 없어지는 듯하지만, 수문학적 영향은 약 500km 떨어진 마르 델 플라타Mar del plata 해안까지 미치고 있다. 해안의 낮은 염도가 그 영향을 보여준다.

라플라타 강의 유역 면적은 무려 310만km²나 되어서 아마존 강(705만), 콩고 강(370만), 미시시피 강(320만), 나일 강(310만), 오브 강(295만)을 감안할 때 세계 제 4위의 방대한 유역면적을 지니고 있다. 다시 말해서 라플라타 강의 유역 면적은 아마존 강 이남에 펼쳐지는, 남한 면적의 31배나 되는 방대한 평원인 것이다. 공식적인 하천의 길이는 나일 강(6,690km), 아마존 강과 양쯔 강(6,300km), 미시시피 강(6,210km), 황하 강(5,469km), 오브 강(5,200km)에 이어서 라플라타 강(4,700km)으로, 세계 제 7위를 기록하고 있다.

또한 이 강은 하천의 길이에 비해서 유역 면적이 대단히 넓은 특징을 지니고 있다.

라플라타 강에는 우루과이 전국토를 적시면서 흐르는 우루과이 강이 유입된다. 우루과이 강의 물은 검은 색을 띠고 있어서 검은 강이라는 별명이 붙어 있다. 또한 유속은 거의 없을 정도로 느리고, 강물은 아주 탁하다.

하구 생태학적으로 라플라타 강은 막대한 하구 생산성을 표출하고 있다. 그 원인으로는 온화한 기후와 알맞은 일조량의 환경 속에 전 유역에서 집적되면서 운반된 인산 염류, 질산 염류, 규산 염류 같은 영양 염류가 일차적으로 식물성 플랑크톤을 폭발적으로 번식시키면서 해안의 생물상을 풍부하게 하고 있다. 특히 하구역 해안에는 어패류가 풍부하게 생산되며, 양적으로 풍부하고 다양한 조류가 군집을 이루며 하늘을 날아다니는 경관도 하구성 특색을 보여준다.

1) 상류의 공업 단지와 어류의 떼죽음

우루과이 강과 파라나 강이 합류하는 지점부터 라플라타 강이라고 하는데, 이 두 강의 하류가 바로 라플라타 강의 상류인 셈이다. 광활한 팜파Pampas를 이루고 있는 유역에 강우량이 많아 홍수가 나면, 막대한 수량이 하구로 몰려 수위가 아주 높아진다. 이때에 하구역인 대서양 쪽으로 불어오는 바람이 없으면 수위가 1.8m 정도 높아지지만 홍수와 함께 바다의 하구로부터 몰아치는 강풍이 있을 경우에는 담수가 바다로 유입되는 양이 제한을 받아 수위가 무려 3.8m나 높아진다. 따라서 이 곳은 때때로 수해가 많다.

라플라타 강의 상류에는 공업 단지를 이루고 있는 깜파냐Campana라는 도시가 있다. 이곳의 강물은 넓은 평원에 크게 두 갈래로 흐른다. 깜파냐 시 쪽으로 흐르는 강을 라스팔마스의 파라나 강Rio Parana de las Palmas이라고 한다. 이 위에 건설된 다리의 높이는 47m나 되며, 길이는 수십km나 되어 웅장한 경관을 이루고 있다. 실제 물이 흐르는 강폭만은 400m 정도이며, 깊은 곳의 수심은 20m가 넘는다고 한다. 강변 쪽으로는 완전히 공장 지대이고, 강 건너편의 삼각주 근처에는 인공 녹화로 숲이 빽빽하게 조성되어 있어 천혜의 녹지처럼 보인다. 물론 이것은 막대한 영양 염류로 인한 하구 생산성을 두드러지게 보여주는 예이다.

라플라타 강의 상류 수질은 아주 나쁜 편이다. 이는 캐나다인이 소유한 엑손Exon이라는 정유 화사에서 운영하는 석유 화학Petrochemie 공장이 막대한 오염원을 배출하고 있으며, 특히 TNT(Trinitro Nitrato Tolueno) 제조 공장으로부터 나오는 폐수가 수질오염의 큰 원인이다.

다른 예로서 라플라타 강의 상류로 유입되고 있는 아로죠 라크루스Arroyo lacruz 강물은 공장 폐수로 마치 콜타르 같은 색이다. 이런 오염수로 인하여 우점종인 초어Sabalo가 떼죽음을 당하는 경우가 비일비재하다. 이렇게 폐사된 어류는 강변에 널어져 수질 오염의 심각성을 가중시키고 있다. 초어 뿐 아니라, 다양한 어류가 폐사되고 있음도 확인할 수 있었다.

2) 중류 지역과 부에노스아이레스

라플라타 강의 담수와 대서양의 바닷물이 섞여 기수역을 이루는 하구 양쪽 연안에는 우루과이의 수도 몬테비디오와 아르헨티나의 수도 부에노스아이레스가 위치하고 있다. 수도의 명칭과 동일한 부에노스아이레스 주는 라플라타 강 줄기 전체와 접하고 있다.

인구가 1,000만 명이나 되는 수도 부에노스아이레스의 생활 폐수가 거의 정화 처리되지 않고 라플라타 강으로 유입되고 있다. 몬테비디오 시에서도 마찬가지로 도시 오염원이 다량 배출되고 있다.

이러한 막대한 오염원은 탁한 수질의 라플라타 강물을 더욱 오염시키고 있다. 오수가 유입되는 현장은 지저분하고 더러워서 마치 60여 년 전 청계천이 한강으로 유입되었던 현장을 상기시킨다. 강변에서는 죽은 물고기가 깔려있다. 부에노스아이레스 대학교의 육수학Limnology

연구팀은 이 대하大河를 집중적으로 연구하고 있으며, 오랜 전통과 좋은 업적을 지니고 있다. 특히 식물성 플랑크톤의 분류와 생태 분야를 중심으로 수계 생물학을 발전시키고 있었다.

3) 하류 지역과 라플라타 박물관

이 강의 하류 지역을 대표하는 도시로는 라플라타 시가 있다. 이곳은 부에노스아이레스 시에서 60~70km 하류 지역에 위치하고 있다. 한 때 아르헨티나의 임시 수도였던 대도시로서 라플라타 대학 역시 명성이 있다. 이 강 하류 지역의 수질은 대단히 탁하고 세스톤Seaston의 양이 막대하게 내포되어 있음은 잘 알려진 사실이다. 이것은 남미의 팜파 지역의 토양 성격과도 직결되어 있다. 또한 인구 70만이 되는 라플라타 시에서 배출되는 생활 오수와 산업 폐수의 유입은 탁하고 더러운 이 강물을 완전히 오염 하천으로 만들고 있다.

4) 라플라타 강 유역의 대초원

라플라타 강과 이 강의 상류인 파라나 수계에 형성되어 있는 대초원의 전경은 참으로 광활하다. 이런 대초원을 인디오의 말로 팜파Pampas(팜파, 팜파스)라고 한다. 정확히 표현하자면, 부에노스아이레스를 중심으로 반경 600~700km에 달하는 평원을 총칭하여 팜파 지역이라고 하는 것이다. 팜파는 아르헨티나 면적의 1/5이지만 인구는 3/4이 밀집되어 있다. 토양은 대단히 비옥하다. 1870년 경 팜파가 개척될 당시에는 목양 목장이 성행하였으나, 목초 알팔파의 보급으로 현재는 소 목장으로 변모되었다.

이 대하의 대초원은 중하류의 온화하고 강우량이 많은 지역에서 더욱 두드러져 자연의 비옥함을 보여준다. 여기에는 평원의 성격을 대표할 수 있는 엔트레리오스 주의 빅토리아 시(인구 25,000명)를 소개하면서 대하의 삼각주 지역에 관한 지형적 성격과 생태적인 면모를 몇 가지 고찰하기로 한다.

첫째, 이 대하의 하류에 형성된 삼각주 토양은 비옥하여 수생 식물의 번식과 더불어 제 1차 생산량이 방대하다. 따라서 이에 따른 먹이 사슬이 극명하게 드러나고 있다.

둘째, 수생 식물의 막대한 번식과 함께 초어Sabalo의 산란, 번식이 방대하여 막대한 어류 자원을 이루고 있다. 이것은 먹이 피라미드에서 제 1차 소비자 역을 맡고, 육식성 어류와 양적 관계를 정립하고 있다.

셋째, 여름철에는 광합성 작용이 극대화되어 수목의 번식과 함께 방대한 양의 곤충류가 서식하는데, 특히 모기의 번식이 극심하여 일상생활을 아주 불편하게 한다.

넷째, 침수 지역을 제외한 평야는 대단히 비옥한 목초지를 이루고 있으며, 여러 가지 작물이 대단위로 경작되고 있다. 물론 목장이라고 해도 젖소인 경우는 1헥타르에 5~6마리이고, 육류를 위한 경우는 1헥타르에 1마리가 방목되는 정도이다.

이런 대초원은 가히 세계적이며 비옥한 경작지와 목장을 이루고 있어서, 마치 꿀과 젖이 흐르는 듯하다. 그렇지만 이런 팜파의 자연이 농경지 또는 산림의 기능으로서 또는 목장으로서 적정한 경제성과는 직결되지 않는 듯하다. 생물자원의 과다한 편재가 낳고 있는 부작용이 아닐 수 없다.

5. 파라나 강의 자연과 자원

1) 남미의 두 번째 대하, 파라나 강

라플라타 강은 실체적으로 파라나 강이다. 라플라타 강은 파라나 강의 하구를 이어 받은 것 뿐으로 방대한 유역 면적을 차지하는 남미의 두 번째 대하이다. 이 강은 남미 대륙의 북쪽에서부터 남쪽의 넓은 면적을 적시면서 흐르는데, 방대한 유역 면적에 쏟아진 강우량이 저지대로 몰려들면서 흐르는 하천이다.

이 강의 시원은 아마존 강 부근의 열대지방과 볼리비아 남부 지역에서 기원되어, 다양한 성격의 토양을 거치면서 온대 지방에 그 하구를 형성한다. 이 강줄기와 관련된 나라는 아르헨티나, 브라질, 우루과이, 파라과이, 볼리비아 등이다.

국제하천으로서의 아름다운 경관, 방대한 삼각주의 형성, 하구의 생물자원 등 주요 기능이 대부분 아르헨티나에 속해있는 것도 특징이다. 또한 광활한 평원에 곡창을 이루게 하는 원동력의 역할도 이 강이 맡고 있다. 아르헨티나 목축업의 젖줄인 동시에 부에노스아이레스, 로사리오 같은 대도시의 발달과 함께 이 나라 인구의 절반 정도가 이 강의 유역에 생활 터전을 이루고 있다.

2) 파라나 강의 상류 자연

파라나 강의 주된 시원은 적도에 가까운 브라질의 마토그로스 고원에서 비롯된다. 따라서 이 강의 상류 자연은 브라질의 열대성 기원과

파라나 강의 상류 자연

밀접한 관계가 있다.

다른 한편으로 볼리비아 또는 파라과이에서 시원되어 파라나 강의 지류를 형성하다가 코리엔데스 주에서 파라나 강의 본류에 유입되는 물줄기도 있다.

아르헨티나의 미씨오네스Misiones주와 코리엔테스Corrientes주의 북부 지역은 파라나 강의 상류 지역이라고 할 수 있다.

이곳의 몇 가지 자연을 소개하면 다음과 같다.

⑴ 이과수Iguasu 폭포의 자연

파라나 강 수계에서 가장 뛰어난 경관의 명미로는 이과수 폭포를 꼽을 수 있다. 혹자는 말하기를 지구라는 유성이 지니고 있는 걸작품 중에는 그랜드 캐년(높이 75m, 수량 1,000㎥/sec), 나이아가라 폭포(51m, 700㎥/sec)를 비롯하여, 이과수 폭포(72m, 수량 1,750㎥/sec)를 빼놓을 수 없다고 한다. 이과수 폭포는 수목이 우거진 아열대 기후 속에 엇갈린 지층으로 인하여 강물이 일시에 곤두박질치는데, 자연수의 수려함과 웅장함 속에 물방울 천지를 이뤄 참으로 아름다운 경관을 이룬다. 많은 관광객들의 심성을 순화시켜 주는 뛰어난 경관 자원이다.

이과수의 자연경관은 아르헨티나와 브라질이 공유하고 있다. 브라질 쪽에서는 헬리콥터로 관광객을 싣고 하늘에서 폭포의 절경을 보여주며, 아르헨티나에서는 폭포의 중심부까지 가교를 설치하여 자연의 웅비함을 만끽하게 해준다.

> 까마득한 날에
> 하늘이 처음 열리고
> (…)
> 부지런한 계절이 피어선 지고
> 큰 강물이 비로소 길을 열었다.
>
> -이육사, 〈광야〉

무한한 시공간 속의 흐름에 이렇듯 웅장하고 화려한 물천지를 이루는 자연 앞에서 사람은 말을 잃는다.

자연지리적으로 이과수 강이 이과수 폭포를 이루면서 바로 파라나 강과 합류한다. 따라서 이 강은 파라나 강의 한 지류이며, 그 유역은 주로 브라질에 있다. 또한 이곳은 브라질, 아르헨티나, 파라과이의 국경지대이기도 하다.

이 폭포에 인접해 있는 브라질과 파라과이의 국경 수역에서는 이타이푸 같은 대형 수력 발전소가 있다. 이것은 파라나 강의 수자원을 에너지화한 좋은 예가 된다.

이과수 폭포를 형성하는 바로 윗부분의 강폭은 넓으며 경사가 완만

아르헨티나의 이과수 폭포

하다. 강물이 넓고 얇게 그리고 유유하게 흐르다가 물줄기가 협소한 단층의 절벽을 급박하게 통과함으로써 폭포는 장관을 이룬다. 강물의 색깔은 황토색이며 대단히 탁하다. 그러나 일시에 비말하는 전량의 물은 하얀 물방울을 이루면서 무지개의 영롱한 경관을 보여준다.

이과수 강은 수량적으로 건기와 우기에 민감한 반응을 나타내는데, 우기 때의 범람은 수위를 2~3m나 높임으로써 더욱 수려한 경관을 연출한다. 이는 아열대성 수목과 함께 이과수 국립공원을 이룬다.

파라나 강의 흐름은 북쪽에서 남쪽으로 흐른다. 그러나 이과수 지역에서부터 코리엔체스 주까지는 서쪽에서 동쪽으로 흐르는 수역을 이룬다.

(2) 미씨오네스Misiones 주의 자연

미씨오네스 지역은 아열대의 더운 지역이지만 인구밀도는 1km² 당

20명 정도로서 비교적 높다. 이과수 폭포 같은 관광자원, 풍요로운 산림자원, 전력생산 같은 에너지 자원이 많아 부유한 지역이다.

이 지역의 특성은 땅에 철분이 많이 함유되어 있어 토양의 색이 붉어 집의 색들과 벽의 색들이 붉다는 점이다. 붉은 토양 색깔은 강물의 성격을 좌우하는 근원적인 역할을 한다. 또한 미씨오네스 주는 구릉지를 이루어 도로는 거대한 파도 같은 기복을 보인다.

방대한 면적에 빽빽하게 식수된 인공조림은 훌륭한 경관을 이룬다. 이것은 알프스의 인공조림이나 독일의 검은 숲Schwartz Wald처럼 산악지역에 철저히 식수한 것과는 성격이 다르다. 무한히 펼쳐지는 평원에 숲의 덩어리가 띄엄띄엄 때로는 오밀조밀하게 펼쳐진다. 많은 공간이 비어있어 여유 있는 조림지역임을 알 수 있다.

이 지역을 대표할 수 있는 표현은 "수림의 왕국", "관광의 왕국", "풍요로움의 왕국" 또는 빈 땅에 개미가 많아 "개미의 왕국" 이라고 동행한 연구원들이 서슴없이 이야기한다.

길가, 들판 등의 유휴지에는 붉은 흙더미가 소복하게 쌓여 있다. 마치 벌집처럼 구멍이 나있는데, 이런 붉은 흙더미는 모두 개미집이다. 어떤 것은 개미집답지 않게 상당히 커 인상을 남긴다.

이 지역의 강우량은 연 1,600mm 정도로 비교적 많은 편이다. 주산물로는 제르바 마테Yerba Mate(차 종류), 차, 담배, 바나나, 파인애플 등이다. 숲을 이루는 주요 수종은 소나무Pinus, 유칼립투스Eucalyptus, 삼나무 Cedro, Guatambu, Anchio 등이다. 재목의 생산과 산림 산업이 왕성하나, 산림 개발에는 인건비가 비싸고 먼 거리를 수송하게 됨으로써 높은 생산비용이 든다. 따라서 나무를 원하는 사람은 벌채를 하고 식수를 하면 나무를 그냥 가져갈 수 있다.

⑶ 파라과이 강의 자연

파라과이 강은 코리엔테스 주에서 파라나 강과 합류한다. 파라과이 강은 아르헨티나와 파라과이가 공유하는 국제 하천이며 포르모사 주와 차코 주의 경계선 역할도 한다.

이곳의 파라과이 강은 사반나의 기후 속에 붉은 토양의 색깔을 띤 흙탕물이다.

이 유역의 주민은 더위로 활동이 축소되어 있다. 목축업, 농업 또는 어떤 생산적인 활동도 의욕적으로 이루어지지 않는다. 조방적인 농업으로서 목화가 주산물이며, 쌀, 콩, 바나나, 파인애플, 해바라기가 생산된다. 그러나 넓은 평원은 버려져 있다.

일반적인 자연경관은 야자수가 비교적 많이 자생하고 있다. 비가 많은 편이고 풀이 무성하다. 그러나 비가 적으면 풀이 말라버리기도 한다.

인구밀도는 $1km^2$당 5명 정도로서 아주 낮다. 목축업은 되는 대로의 방목 상태로서 생산 활동의 빈약성은 가난을 수반한다.

수문학적인 면에서 물의 투명도는 상류임에도 불구하고 탁하여 50cm내외이다. 붉은 토양입자의 탁류 속에서는 세스톤Seston의 양이 지극히 많다. 수온은 열대, 아열대 성이어서 높다. 강폭은 넓으며, 수량도 풍부한 편이다.

이곳에서는 도라도Dorado, 수루비Surubi, 보가Boga, 빠티Pati 같은 어류가 비교적 많으며, 초어인 싸발로Sabalo는 소량 자생한다. 주민들이 이야기하는 어류의 무게는 수루비는 50kg, 도라도는 15kg, 빠티는 20kg, 보가는 7kg, 빠구는 8kg 정도라고 한다. 이러한 수치는 민물 어류로서는 놀라울 만큼 큰 것이다.

3) 파라나 강의 중류 자연

파라나 강의 상·중·하류를 정확하게 나누기는 어려우나, 아르헨티나
의 코리엔테스 주와 산타페 주 사이의 흐름을 대략 중류라고 할 수 있다.

⑴ 코리엔테스 주의 유역

이 지방의 파라나 강은 아열대성 자연을 표시하며 비교적 많은 강우
량(1,293mm)으로 침수 흔적이 도처에 산재해 있다. 특히 1월과 2월에
는 강수량이 많아 홍수의 계절을 이룬다. 이곳에서 관찰되는 물은 아
주 진한 황토색이며 붉은 색도 섞여있다. 물론 투명도는 지극히 낮아
서 30cm전후에 불과하다. 그러나 인구가 적고 오염물질이 전혀 섞여
있지 않은 자연수로서, 수루비Surubi, 빠티Pati, 만두베Mandube, 도라도
Dorado, 보가Boga, 싸발로Sabalo 등의 어류가 대량으로 자생한다.

어류 소모량이 지극히 적지만 낚시철의 남획으로부터 어족 자원을
보호하기 위하여 10월부터 다음해 1월까지의 산란기 어획은 금하고 있
다. 자연보호적 측면에서 흘륭한 조치이고 이는 잘 이행되고 있다.

지형상으로 이 지역에는 산이 없고 얕은 구릉이 평원 속에 산재되어
있다.

이 주의 면적은 8만 8천km^{2}인데, 인구는 66만에 불과하다. 이곳에
서 생산되는 농작물은 쌀, 담배, 토마토, 차 제르바마테 등이다. 어떤
지주는 수만 헥타르의 농장을 가지고 있지만 수지가 맞지 않고, 특히
인력부족으로 땅을 놀리는 경우가 많다.

이곳에는 CÉCOAL(Centro de Ecologia Aplicada del Litoral)이라는 연
구소가 있다. 파라나 강을 연구하는 국립연구소이다. 호소학Limnology
전반을 다루지만 생물학에 역점을 두고 있다. 특히 홍수가 잦은 이 지

역의 생물학적 현상을 면밀히 조사하고 있다.

이곳의 범람은 땅을 침식하여 그 성분을 하류로 운반함과 동시에 영양염류를 삼각주에 퇴적시킴으로써 제1차 생산량이 다대하다. 이러한 연구는 물론 먹이연쇄와 물리, 화학, 지질학적 연구를 기반으로 하고 있다.

⑵ 산타페 주의 자연

산타페 주는 중류에서 하류의 삼각주에 이르기까지 파라나 강변을 북에서 남으로 길게 접하고 있다. 한쪽 강변은 코리엔테스 주와 엔트레리오스 주가 공유한다. 다른 쪽 강변은 산타페 주 만이 점유한다.

파라나 시는 엔트레리오스 주의 수도이고 인구는 26만 명 정도로 아담하고 아름다운 도시이다. 산타페 시의 인구는 약 40만 정도이다. 파라나 강 양쪽 강변에 2개의 주의 수도가 나란히 서 있는 셈이다. 터널과 다리로 연결된 두 도시의 거리는 약 40km나 된다.

이 두 도시 사이에 흐르는 파라나 강의 수문학적 경관은 강폭이 1~2km 정도로 넓으며, 수심은 깊은 곳이 8m이며, 평균 수심은 3m 정도이다. 물의 속도는 6~8km/h로, 빠른 편은 아니다. 강물은 항상 황토색 흙탕물이다.

홍수 시에는 수면이 2m정도 높아진다. 그러나 치수治水가 잘되어 침수로 인한 피해는 많지 않다.

강의 한 편에는 버드나무 류의 숲이 물에 잠겨 있으며, 수심이 낮은 나무 밑에는 늪의 성격을 띤 지형이 형성되는데, 이러한 곳이 바로 초어, 싸발로Sabalo의 서식처이다.

이곳에서 잡히는 초어의 무게는 보통 3kg, 길이는 42cm 정도이다. 대형은 20kg이나 되는 것도 있었다고 한다.

산타페 주에서는 홍수에 침수되지 않도록 치수治水를 잘하고 있다. 인구가 100만이나 되는 제2의 대도시 로사리오Rosario도 파라나 강변에 위치하고 있다.

로사리오 시 한쪽에는 파라나 강과 광활한 평원의 삼각주가 전개된다. 삼각주는 숲으로 덮여있다. 강물 위에서는 모터보트의 질주, 윈드서핑, 유람선, 수상스키 등의 전경이 보인다. 또한 황색 흙탕물이지만 부녀자들은 아이들과 수영을 하며 일광욕을 즐긴다.

이 주는 13만km²의 면적에 인구는 250만 명이다. 강우량은 1,016mm이며, 넓은 평원에 대단히 비옥한 초원이 펼쳐져 있다. 주요 농산물은 밀, 콩, 옥수수 등인데 오렌지 나무의 평원이나 당근의 넓은 평원은 풍요로움을 느끼게 한다. 또한 이 지방에서 방목되고 있는 소는 720만 두라고 한다.

산타페 시에는 INALI(Institute National de Limnologia)라고 하는 육수학 국립연구소가 있다. 비교적 오랜 전통과 많은 연구원이 파라나 강의 생태학에 전념하고 있다. 이 연구소의 설립은 상습적인 홍수와 범람, 그리고 생물자원의 조사, 연구를 뚜렷한 목적으로 삼고 있다. 대통령 직속 기관으로, 연구 활동에도 많은 지원을 받고 있으며, 좋은 학자와 많은 논문이 발표되고 있다.

4) 하류, 엔트레리오스 주의 자연

파라나 강의 하류 자연경관은 주로 엔트레리오스 주의 경관을 대표한다.

이 주의 지리적 형태는 계란형이며, 파라나 강은 서쪽과 남쪽의 주

경계선으로 흐른다. 동쪽의 주 경계선에는 우루과이 강이 흐르고 있다. 주 전체가 일종의 거대한 삼각주인 것이다. 따라서 엔트레리오스 주의 모든 자연적인 변천 과정은 이 두 강의 영향권 속에 있다.

이 주의 광활한 삼각주 평야의 성격은 저지대의 늪, 초원, 목장 등의 환경일 뿐이다.

이 주의 면적은 약 8만km²이고, 상주인구는 90만 명 정도이다. 방목되는 소는 500만 마리이고 양은 140만 마리이다. 양계와 앙골라 토끼의 사육도 많으며, 이 밖에도 다른 농축산물이 많이 생산되고 있다. 이것은 삼각주에 쌓이는 영양염류의 비옥함에 따른 괄목할만한 초목 생산의 자연스러운 결과이다.

부에노스아이레스에서 파라나 시까지는 약 450km인데, 작은 경비행기로 1시간 정도의 거리이다. 비행기에서 내려다보면 왼쪽으로는 파라나 강의 삼각주가 끝없이 펼쳐지며, 오른쪽으로는 무한한 초원이 전개된다.

삼각주는 황토색의 물이 범람하여 뒤덮은 다음에 보이는 모습이다. 수면 위로 약간씩 나온 육상부분은 조그만 섬들이다. 이 섬들은 온통 초목으로 싸여 무성하다. 지평선은 끝이 보이지 않는다. 따라서 이 지역은 삼각주의 숲, 대소의 호소, 또는 강의 흐름으로 물천지의 환경을 실감나게 한다.

전반적으로 무한히 펼쳐지는 평원 속의 초원은 천혜의 생물자원 보고로 사료된다. 실제로 비행기에서 보이는 농촌 마을의 모습은 거의 없고, 오로지 방목되는 소 떼가 광활한 목장에 대단히 빈약한 밀도로 점점이 보일 뿐이다.

엔트레리오스 주의 파라나 강 삼각주는 갈수기에는 조그만 호소와 섬들로 광활하게 전개된다. 수생식물의 번식과 함께 초어의 번식도 두드러지게 많다.

이 주의 커다란 삼각주의 한쪽에는 파라나 강, 다이만테 시, 빅토리아 시, 구알레과이 시, 구알레과이추 시가 거의 직선으로 약 100km의 등거리 위치에 있다. 인구의 분포는 보통 2~3만 정도의 작은 도시들이다.

이들 도시처럼 침수가 되지 않는 광활한 초원은 뉴질랜드의 목장과 맞먹을 만큼 유명한 방목지로 활용되고, 홍수 시에 침수되는 저지대의 늪지와 얕은 수심의 호소는 막대한 수산자원으로, 제 1차 생산력이 대단히 왕성하다.

엔트레리오스 주와 파라나 강과의 몇 가지 상호관계를 고찰하면 다음과 같다.

첫 번째, 엔트레리오스 주의 전 지역은 산이 전혀 없는 평야이다. 삼각주의 상단 부분인 빅토리아 지역에서는 하구의 퇴적형 구릉이 전개된다. 자연경관이 아름답다.

두 번째, 방대한 삼각주는 거의 활용되지 않고 있으나 경제적으로 개발 잠재성이 대단히 높다.

세 번째, 강물의 색깔은 황토빛이며 수생 생물의 생산성이 높으며, 먹이 연쇄에 따른 종의 다양성이 커서 생물자원의 보고이다.

네 번째, 삼각주는 갈수기에 호소와 섬으로 구성되어 있다. 그러나 파라나 강과 우루과이 강이 홍수로 범람할 때는 상습적인 침수 현상으로 완전히 물 천지로 변한다.

다섯 번째, 대하의 하구로 운반된 흙, 모래, 자갈 특히 영양물질은 삼각주의 토양을 대단히 비옥하게 하며, 태양광선과 함께 생물번식에 최적 환경을 이룬다.

여섯 번째, 강 옆에 펼쳐지는 실질적인 삼각주의 폭은 50~60km 정도이다. 이 수역에는 운하의 발달로 수상 교통망이 발달되어 있다. 부락민은 입출입을 소형 선박으로 자유로이 한다.

일곱 번째, 여귀풀 류를 비롯한 초본류의 대량 번식은 초어의 대량 생산을 유도하여 호소가 마치 수족관 역할을 한다. 즉 삼각주 내의 늪과 호소는 초어의 자연적인 양식장 역할을 한다.

여덟 번째, 심한 홍수 시 엔트레리오스 주의 삼각주는 침수로 막대한 피해를 입지만 오히려 강물이 흐르는 강 건너편의 산타페 주에는 피해가 별로 없다.

아홉 번째, 이곳의 생물상은 자연 평형이 잘 이루어져 있다. 식물성 플랑크톤은 동물성 플랑크톤의 먹이가 되며, 수생식물은 저서동물의 먹이가 되는 먹이 연쇄는 물새 떼까지 잘 이어져 있다. 조류 중에는 여러 종류의 물오리가 우점종이다. 이들의 비상은 아름다운 자연 경관을 이룬다.

열 번째, 우루과이 강도 파라나 강과 마찬가지로 엔트레리오스 주의 삼각주에 막대한 수문학적 영향을 끼친다. 우루과이 강의 주요 흐름은 우루과이 쪽에 있고, 낮은 수심의 넓은 흐름은 아르헨티나 쪽에 있다. 주기적으로 발생하는 우루과이 내륙의 홍수는 저지대를 이루는 엔트레리오스 지역의 삼각주를 범람시킴으로써 막대한 피해를 입힌다.

열한 번째, 파라나 강과 우루과이 강이 서로 만나는 지점은 파라나 강의 하상이 3~4m 낮기 때문에 우루과이 강이 범람할 때는 파라나 강의 수위가 상대적으로 6~7m 낮은 결과를 초래한다. 따라서 이 일대는 온통 노아의 홍수처럼 물바다를 이룬다. 이것은 지형적인 성격이 범람을 더욱 심화시키는 경우이다.

5) 잠자는 자원

파라나 강의 상·중류에서는 이과수 같은 절경을 개발하여 관광단지를 조성하기도 하였고, 이타이푸 같은 맘모스 수력 발전소를 건설하여 수자원을 에너지화하는 좋은 예를 남기기도 하였다. 그런가하면 중류에서는 방대한 자연을 있는 그대로 남겨두어 개발의 무한한 잠재성을 시사하고 있다.

파라나 강 하류에 위치하는 엔트레리오스 주의 방대하고 비옥한 삼각주의 자연환경은 파라나 강과 우루과이 강으로 인하여 이루어진 지형적 특성인 동시에 수자원이 되고 있다.

유구한 세월 속에 이 강의 끊임없는 운반작용과 퇴적작용은 자연 지리적으로, 생물학적으로, 고생물학적으로, 자연환경의 변천과정상으로, 풍요로운 수산자원 면으로, 또는 여러 가지 학술적인 면에서 커다란 의미와 중요성을 부여하는 연구 분야들이다.

특히 생물학적 측면에서 한 가지 예를 들기로 한다.

이 강의 하류 삼각주에 쌓이는 영양염류는 식물의 대량 번식에 결정적인 영향력이 있는 제한요소limiting factors를 해소시킴으로써, 제1차 생산량을 대단히 풍부하게 한다. 다시 말해 수중 먹이 피라미드의 저변을 이루는 식물 플랑크톤이 양적으로 방대하며, 질적으로 다양하다. 이러한 결과는 동물 플랑크톤, 패류, 어류 및 물새에 이르기까지 여러 계층의 생물들에게 최적 환경을 제공하는 생물자원의 보고 역할을 하고 있다.

또한 학술적으로 이곳의 생물상은 활력이 넘쳐흐르는 하구생태학의 연구대상지가 되고 있다.

6. 파라나 강의 삼각주와 생물자원

1) 파라나 강의 삼각주

파라나 강은 남미의 문화 발달에 근간역할을 하고 있다. 아르헨티나의 수도 부에노스아이레스, 파라과이의 수도 아순시온, 우루과이의 수도 몬테비디오를 비롯하여 로사리오 시, 파라나 시, 코리엔테스 시 등 대도시의 발달이 이 강줄기에 자리잡고 있음을 쉽게 알 수 있다.

옛부터 인류문화의 발생이 나일 강, 인더스 간디스 강, 황하 등과 같이 큰 강의 유역에서 시원된 점을 상기해 볼만하다.

대하일수록 하구의 성격은 복합적인 특성을 지니기 마련이다. 파라나 강의 하류에는 지형적인 특성에 따라 광활한 삼각주가 형성되어있다. 이 강의 커다란 특성 중의 하나는 생물의 서식 환경이 좋아 막대한 양의 생물자원을 지니고 있다는 점이다. 파라나 강의 하구를 이은 라플라타La Plate 강은 넓은 기수역brackish water의 강폭을 바다와 접하고 있다.

파라나 강의 하구는 라플라타 강이 완충적인 역할을 하기 때문에 바닷물의 영향력은 비교적 적은 편이다. 결국 수문학적 요인으로서 수온, 염도, 밀도, 용존산소량, 세스톤, 각종 영양염류(NO_3, NO_2, PO_4, SiO_3) 등의 물리, 화학적인 성격은 해수의 영향력이 적어서 이 강의 본래의 성격을 지닌다. 또한 식물 플랑크톤, 동물 플랑크톤, 그 밖의 각종 수생 동, 식물도 바다의 영향을 크게 받지 않는다. 다시 말하면 파라나 강의 하구 생태학의 특징은 기수 생태계를 접하지 않고 다만 순수한 육수생태학Limnology에 해당되면서 이 강의 고유 성격은 풍부한 종의 다양성, 막대한 생체량과 생산량으로 발현되고 있다.

파라나 강 하구의 삼각주는 지형적으로 평야의 저지대일 뿐이다. 산하나 언덕 하나 찾아볼 수 없는 광야 또는 물바다의 환경으로, 이곳의 전망은 어디를 둘러보아도 사방이 지평선과 아련히 맞닿아 있으며 멀리 하늘에는 흰 구름이 쌓여있을 뿐이다. 하늘의 색깔은 청정하고 오염되지 않아 마치 태고의 자연처럼 보인다.

파라나 강이나 우루과이 강의 방대한 유역에 우수기가 시작되어, 격렬한 폭우가 쏟아지기 시작하면 홍수는 넓은 광야의 삼각주를 물천지로 만든다. 일반적으로 파라나 강물은 흙색 바탕에 붉은색이 섞여있고, 우루과이 강물은 검은색을 띈다. 장구한 세월 동안 하류로 운반된 막대한 토양입자가 결국 삼각주를 이루고 있다.

파라나 강 유역에서는 우수기가 일반적으로 12월에서부터 다음해 3월사이에 있고, 우루과이 강에서는 3월과 4월 사이에 있다. 이 두 개의 강 유역에서 홍수가 동시에 발생하고 때맞추어 남쪽의 강풍이 불게 되면, 범람하는 물의 흐름은 역류현상을 보인다. 이때는 삼각주 전역이 범람되어 완전히 물바다가 된다.

2) 삼각주의 호수 자연

파라나 강의 삼각주는 대부분 약 8만km²의 면적을 지니는 엔트레리오스 주에 소속되어 있다. 이 주는 삼각주를 끼고 약 100km 전후의 거리로 발달된 디아만데 시, 빅토리아 시, 구알레과이 시, 구알레과이추 시 등으로 삼각주 문화권의 도시들이다.

빅토리아 시의 경우, 파라나 강의 본류와 이 도시와의 교통은 운하로 연결되어 있다. 운하의 수심은 약 8m 정도로 준설되어 있으며, 폭은 150m 정도인 경우가 많다. 이것은 자연적인 수로를 개선하여 활용하는 것이다.

빅토리아 시에서 산타페 주에 이르는 삼각주의 넓이는 60~70km 정도이다. 운하를 통하여 삼각주의 안쪽으로 들어가면 전형적인 늪지대인 호소 자연을 만나게 된다.

호소의 물 덩어리는 아무런 흔들림 없는 고인 물임을 볼 수 있다. 홍수 때 물은 넓은 광야를 휩쓸다가 대부분 바다로 유입되며 그 이후 화창한 태양광선으로 증발이 된 후, 최종적으로 잔류하는 물이 이와 같은 호소의 경관을 이루는 것이다.

호소의 수문학적인 성격과 경관은 다음과 같다.

첫 번째, 경관적인 면에서 수표면은 거울처럼 평평하지만 붉은색이 섞인 진한 흙탕물이다. 따라서 물은 탁하고 걸쭉해 보인다. 넓은 면적의 호소 물 덩어리는 얕은 깊이의 흙탕물이 깔려있을 뿐이지만, 햇살이 내려쬐이고 미풍이 다소 불면, 황토색의 수면은 반사되는 빛으로 온통 은세계를 펼쳐놓은 듯이 찬란하게 반짝거린다.

두 번째, 물의 강한 탁도는 외형적으로는 많은 영양염류의 집적을 의미하며, 이것은 하구 생산력을 크게 해준다. 이러한 현상은 결국 제1차 생산력의 상징인 초원이나 숲의 형태로 나타나고 있다.

세 번째, 수문학적으로 갈수기와 우수기는 주기적으로 순환한다. 갈수기는 비교적 짧은 우수기를 제외한 전 기간이다.

네 번째, 갈수기에는 수심이 깊은 곳을 제외하고 하상이 드러나면서 조그만 호소 또는 늪지가 형성된다. 이들은 무작위적으로 생성되어 존재하다가, 우수기에는 소멸됨으로써 고정된 호소는 없다.

다섯 번째, 갈수기에는 비가 오지 않아도 대부분의 물은 투명도가 대단히 낮아서 투명도 판을 물 속에 넣게 되면 20~30cm 정도가 고작이다.

여섯 번째, 호소의 수심은 대단히 낮아서 대게 1m 내외에 불과하다. 물론 이보다 더 낮은 호소도 많으며, 호소 주변에는 수생식물이 무성하게 자란다.

일곱 번째, 물의 흐름이나 유동성은 전혀 없고 완전히 폐쇄된 생태계를 이룬다. 미세적인 관점으로 보면 고립된 생태군락을 이루고 있는 셈이다.

여덟 번째, 다른 한편으로 이 넓은 호소의 한편에 도도히 흐르는 강의 주류는 항상 풍부한 수량으로, 유속 $0.4 msec^{-1}$ 정도이며, 깊이는 10m 내외이다.

아홉 번째, 호소의 물이 심한 적조현상을 보이고 있지만, 초어가 대단히 많아 마치 수족관 같다.

열 번째, 물 표면에 물방울을 일으키며 뛰는 것은 물 속에 용존산소량의 부족 때문에 일어나는 초어의 호흡활동인 것이다.

열한 번째, 삼각주의 모든 자연환경은 수위Water Level 에 따라 결정된다. 삼각주와 늪지대의 변모 뿐 아니라 주요한 생태상 역시 수위에 따라 결정된다.

열두 번째, 일반적으로 홍수 시에는 갈수기 때 보다 50cm 정도 수위가 높으며 이것은 삼각주 평야에 막대한 영향을 끼칠 수 있는 요인이 된다.

열세 번째, 장구한 세월, 하구로 운반되는 황토는 하구 지형을 점차적으로 높이며 생태계를 변모시키고 있다.

열네 번째, 호소의 수 표면과 저층의 성격을 파악하는 것은 수문학적으로 중요하며, 삼각주의 수면과 육상, 즉 물뭍의 비율을 정립하는 연구는 삼각주 활용상 주요한 과제이다.

열다섯 번째, 일반적으로 규모가 작은 호소에서도 초어의 서식은 좋다. 그러나 어부는 물고기를 잡지 않는데, 이것은 물이 흐르지 않아 물 색이 비정상적이기 때문이다.

열여섯 번째, 호소의 수표면에 바람이 일어, 잔물결이 찰랑거려도 저층까지는 전혀 영향을 미치지 못한다. 따라서 저층의 물은 수질이 좋지 않다. 다만 우수기 때 홍수가 일고 큰 바람이 일면 상하층의 물이 완전히 뒤바뀌어 순환이 일어난다.

열일곱 번째, 일반적으로 운하의 경관은 장소에 따라 전혀 다른 모습을 하고 있으며 깊이나 넓이도 곳에 따라 다르다.

3) 하구의 생산성과 생물상

여름철에는 호소에 풍부한 햇볕이 내려쬐이며, 바람의 강도는 물의 순환에 전혀 영향을 미치지 못할 만큼 미약하다. 따라서 광합성 작용도 수층에 따라서 전혀 다른 성격으로 표출될 수밖에 없다.

호소의 수표면과 육지의 평원 사이에는 고저의 차이가 거의 없는 것이나 다름 없어, 크게 보면 평탄한 광야일 뿐이다. 즉 광활한 델타역에 대소의 수많은 호소가 펼쳐진다. 미세한 관점으로 보면, 이들 호소 하나하나는 개개의 다른 생태계를 이루고 있는 듯하지만, 실제로 광활한 삼각주 전 지역은 하나의 커다란 생태계를 이루고 있다.

(1) 수생 식물

하구의 호소에 축적된 영양 염류는 식물 플랑크톤과 수생 식물을 대량으로 번식케 한다.

필자가 부에노스아이레스 대학을 방문했을 때 미세조류microflora를 연구하는 연구팀과 토론을 한 바 있다. 인구 1천만이 넘는 세계적인 대도시에 걸맞게 부에노스아이레스 대학은 교수와 학생의 수가 많을 뿐 아니라 연구 분위기도 훌륭한 세계적인 대학이라 할 수 있다.

미세조류microflora의 분류학으로 저명한 Tell 교수의 연구팀이 바로 이 대학에서 연구를 하고 있는데, 텔Tell 교수는 파리Paris의 자연사 박물관에서 연구한 바 있는 조류 학자이다. 그는 프랑스의 꾸떼Couté 박사와 함께 파라나 강의 미세조류에 대해서 공동연구를 했다. 이들은 섬세한 연구 솜씨를 지닌 대가로서 전자현미경SEM을 활용하여 뛰어난 논문과 저서를 발표하였다.

실제로 파라나 강 하구 수계는 식물 플랑크톤의 집합장이라고 할 만큼 그 종류가 다양하다.

삼각주의 식생은 친수성 목본류가 좋은 경관을 이루지만, 수생 초본류 역시 풍요로워 델차역을 초지로 장식하고 있다.

이곳에서 쉽게 관찰되는 초목본류는 다음과 같다.

  · Aliso(*Tessaria integrifolia*)

  · Alamo(포플러 류)

  · Canelón(*Rapanea lorentziana*)

  · Ceibo: Seibo(*Erythrina Cristagalli*)

  · Curupi(*Sapium haematospermun*)

  · Espinillo(*Acacia caven*)

  · Eucaliptus(유칼립스 류)

  · Inga(*Inga uruguensis*)

  · Junco(reed, 갈래 류)

  · Laurel(*Nectanara falcifolia*)

- Mora(Malberry, 뽕나무 류)

- Pajaboba(Pajabrava, 짚의 체형을 지니는 초본류)

- Sauce(*Salix humboltiana*)

- Sangre de drago(*Croton urucurana*)

- Tala(*Celtis spinosa*)

- Timbo(*Enterolobius contorlisiliguum*)

- Timbó blance(*Cathormium polyanthum*)

(2) 어류

여름에 해당되는 12월 경, 방대한 삼각주 안에 수없이 산재해 있는 호소의 물속에는 부화된지 1~2 개월 정도의 작은 초어Sabalo가 표층을 회유하고 있다.

이렇게 많은 양의 초어가 생활사Life cycle를 자연스럽게 수행하고 있다는 것은 초어의 생활 조건이 천혜적이라는 것을 반증한다. 어류의 생식과정인 산란, 부화의 쾌적한 환경을 비롯하여 생장, 번성에 절대적인 영향을 미치는 수생식물이 최적 상태에 있음을 알 수 있으며, 따라서 이곳을 극대화된 초어의 자연 양식장이라고 할 수 있다.

초어는 이가 없으며 풀만을 먹이로 삼는다. 이들은 수중의 풀 속의 표층수에만 살고 운동성이 적은 편이다. 이들의 생체량은 다른 어류에 비해서 절대적인 우위를 차지하고 있다. 유동성이 없는 호소의 물에는 용존산소량이 부족하고, 특히 저층으로 갈수록 무산소 현상에 가까워진다. 이 때문에 초어는 숨을 쉬기 위해 수표면으로 뛰어오른다.

다른 한편으로 이곳의 수계에는 먹이 피라미드가 형성되어 어류라 하더라도 초식성 어류herbivores와 육식성어류Carnivores 의 양적 평형이 잘 이루어져 있다. 육식성의 대표적인 어류는 대형어류인 수루

파라나 강에 서식하는 다양한 어류의 일부

비Surubi를 비롯하여 보가Boga, 삐라냐Piranãs 등이다. 물론 잡식성 어류 Omnivores 도 많다. 호소의 다양한 어류는 성격에 따라 수층별로 구분된다. 이러한 먹이 사슬에도 불구하고 초어의 대량번식은 지역성을 잘 대변한다. 따라서 초어의 생활사를 면밀하게 연구하는 것은 자원화를 위한 개발 노력의 일환이 될 것이다.

다음은 파라나 수계의 하구역에서 쉽게 관찰되는 어류의 종류이다.

- Amarillo(*Pimelodus Clarias*)
- Boga(*Leporinus obtusidens*)
- Bagre sapo(*Rhamdia sapo*)
- Dorado(*Salminus maxillosus*)
- Pati(*Luciopimelodus Pati*)

- Pacu(*Colossoma Mitrei*)
- Sabalo(*Prochilodus Platensis*)
- Surubi pintado(*Pseudoplatystoma coruscans*)
- Vieja del Agua(*Loricaria loricario vetula*)

이러한 생물자원의 막대한 생체량은 실제로 넓은 광야의 육상에 비하면 보잘 것 없이 적어 보인다.

그러나 식물은 넘쳐나는 영양염류와 풍부한 태양광선을 광합성 작용에 모두 활용하지 못하여, 남아도는 영양염류는 삼각주의 하상에 계속 쌓여 진다. 이는 지구상의 자원 편중과 활용성이 지역에 따라 크게 차이가 나는 것을 보여준다.

(3) 물새

파라나 수계의 하구에는 이미 언급한 바와 같이 각종 생물이 풍부하게 자생한다. 막대한 양의 식물 뿐 아니라 동물의 종류도 많다.

하류의 물속에는 영양염류가 많으므로 식물성 플랑크톤의 번식이 많음과 동시에 동물성 플랑크톤이 다대하고, 또 이것을 먹고 생존하는 어패류의 번성이 왕성하다. 그러나 세스톤Seston의 양이 너무 많아, 때로는 패류의 호흡활동, 즉 생존에 좋은 환경이 되지 못한다.

하구의 특성 중의 하나는 결국 물새 떼의 번식으로 이어지며, 마치 이들의 낙원처럼 표현된다. 흔한 물오리 떼에서부터 "자카자카"하며 우는 커다란 자카새에 이르기까지, 다양한 물새 떼가 자생하고 있다. 날개만 붉은 백조도 있고, 몸체의 대부분이 붉은 백조도 있으며, 백과 적(흰색과 붉은색)이 적당히 혼합되어 화려한 것, 검은 색과 청색이 어우러진 것도 있다. 여기에서 관찰된 조류들은 다음과 같다.

- Aninga(*Anhinga anhinga*)
- Bigua negro(*Phalacrococax olivaceus*)
- Chaja(*Chauna torguata*)
- Gallo colorado(*Tigrisoma lineatum*)
- Pato creston(*Netta peposaca*)
- Pato criollo: P, Picazo(*Cairina moschata*)
- Pato Maicero(*Anas georgica*)
- Pato Siluador(*Amazonetta brasiliensis*)
- Siriri colorado(*Dendrocygna bicolor*)

다양한 종류의 조류가 자생하는 것도 이 지역의 생물학적 특성이다. 한편, 모든 생물은 먹이연쇄에 따라 모양, 크기, 성질 등의 기능이 다양하게 발달되는데, 이곳의 생물상 역시 원론적인 경향을 지니고 있다.

4) 생물자원의 개발과 활용

(1) 식물의 생산성 활용

하구 생태학적 측면으로 엔트레리오스 주의 넓은 삼각주 지역을 활용하는 방법에는 식물의 생산성을 극대화하는 것이 있다. 이것은 지역적 장점을 가장 잘 살리는 것이기도 하다. 몇 가지 방안을 제시하면 다음과 같다.

첫 번째, 조림은 생산적이다. 이 지역의 성격에 잘 맞고, 생장이 빠르며, 일시적인 침수에 어느 정도 버틸 수 있는 경제성과 직결된 수종을 개발하는 것이 바람직하다.

버려진 방대한 광야에 산림을 형성하는 것은 국력을 기르는 것으로 연결된다.

두 번째, 지역에 알맞은 목초를 개발하는 연구로는 생산성이 크고 침수에 강한 목초를 개발하여 목축업을 발전시키는 것이 바람직하다. 상습적 침수 면적이 넓지만, 짧은 우기만 지나면 비옥한 옥토로서 목장의 기능이 가능하다.

세 번째, 남아도는 많은 양의 목초를 활용하는 노력이 필요하다. 건초의 활용을 넓히는 연구가 필요한데, 건초 역시 에너지의 한 종류로 활용될 수 있다. 목초가 없는 겨울철을 기준으로 1ha에 한 마리의 소를 방목하는 것은 낭비이며, 현재 2ha에 한 마리의 소를 방목한다면 이는 대단히 비경제적이라 할 수 있다.

네 번째, 초지의 생산성 증가에 대한 연구와 함께 이러한 환경에 알맞은 특수작물 또는 약용식물의 개발은 바람직하다. 수출용 작물을 대량생산하여 수출할 수 있다면 좋다.

아르헨티나의 초장은 가히 세계적이며, 파라나 강 수역에 전개되는 평원은 대개 초장이다. 특히 엔트레리오스 중에 펼쳐지는 초장은 마치 꿀과 젖이 흐르듯 비옥하다. 그 뿐만 아니라 이 나라의 국토는 대개 평원이며 그것의 대부분이 초장이다. 목축업은 자연 상태에서 방목의 형태로 행하여지는데, 온 국민이 쇠고기를 충분히 먹고 남을만큼 풍요롭다.

아르헨티나에는 22개의 주가 있는데, 부에노스아이레스 주 하나만에도 2,283만 마리의 소가 있다. 이는 인구가 밀집된 주여서 비교적 집약된 목축업이 행하여지는 것으로 볼 수 있다. 전국적으로는 6,000만 마리의 소가 있는데, 이것은 1인당 2마리 정도이다.

현 상태에서 마음만 먹으면 몇 년 사이 소의 수를 2~3배 늘리는 것은 어렵지 않으며, 이것은 바로 광합성 자원의 소산이다.

⑵ 어류의 기초 연구와 활용 방법

삼각주 내에 자생하는 총 어류의 50% 정도가 잡식성 어류이며, 초어의 일 년 생산량은 1ha당 2,500kg 정도로, 그 광활한 면적을 감안했을 때 막대한 양이 서식하고 있다.

만약 초어를 염장(소금에 절임) 혹은 건조식품으로 개발하여 많은 양의 초어를 소비한다면, 근본적으로 초어의 현존량이 감소될 수 있다.

그렇다면 초어의 생활사를 연구하여 인공적으로 산란, 수정, 부화, 치어생산, 방류하는 작업은 일정한 생산량을 확보하는 대책으로, 초어 자원을 과학적으로 활용할 수 있는 대책인 셈이다.

다음과 같이 초어의 생태학적 기초 연구와 응용과학적 연구가 필요하다.

첫 번째, 파라나 수계의 삼각주 호소의 생태학적 성격을 파악하고 초어의 시공간적인 분류와 생태계에 대한 조사, 연구는 필수적인 과제이다.

두 번째, 초어의 현존량과 생산량을 측정하여 자원의 보존과 개발에 평형을 이루어야 한다. 즉 초어의 수요와 공급을 정량적으로 연구하는 것이 필수적이다.

세 번째, 초어의 연중 총생산량, 활용량, 유통량 등에 대한 자료가 장기간 축적되어야 한다. 초어가 왕성하게 서식하고 있는 평원의 면적을 산출하고, 먹이연쇄적으로 초어의 정량분석을 정립하는 연구가 필요하다.

이것을 수행하기 위한 방법으로는 엔트레리오스 삼각주 내에 산재되어 있는 호소lagune의 면적, 저지대 또는 침수 면적, 그리고 유수 면적을 산출하고, 그 개개의 면적 속에, 서식하는 초어의 현존량Biomass과 생산량Production을 조사하여, 이들 사이의 상관관계를 정립하는 연구가 수행되어야 한다. 이것은 결국 초어의 총 생산량과 자연 환경과의 관계를 파악할 수 있게 하는 기초 연구가 될 것이다.

　다음 그림은 삼각주 내의 조그만 섬과 호소lagune를 수직적 단면으로 도해한 것이다.

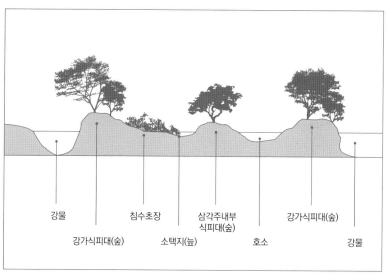

강물　　　침수초장　　　삼각주내부　　　강가식피대(숲)
　　　　　　　　　　　　　식피대(숲)

　　강가식피대(숲)　　소택지(늪)　　호소　　　강물

파라나 강 하구에 형성된 삼각주의 생태 지도

　일반적으로 삼각주의 한 쪽에는 강물의 주류main stream가 있다. 또 다른 한 쪽에는 지류가 있다. 그림에서 보이는 바와 같이, 강의 흐름, 조그만 섬, 호소, 침수대, 소택지, 늪지 등의 삼각주 지형 속에는 관목류, 교목류, 각종 수생 초분류가 보인다. 이것은 하구 생태계의 간략한 유형이기도 하다.

　다른 한편으로 막대한 양의 초어에 경제성을 부여하는 노력이 필요하다.

　첫 번째, 이 나라의 국민은 초어를 먹지 않는다. 이는 다른 육류가

초어를 그물로 어획하여 트랙터에 싣는 모습

많아 소비의 필요성이 없기 때문이다. 소와 초어는 영양 면에서 같은 단백질원이여서 큰 차이가 없으며 맛도 비슷할 것이다. 초어가 식탁에 놓일 수 있도록 식성에 맞추어 요리 방법을 찾아내면 좋다.

두 번째, 초어를 소금으로 절이는 염장법을 개발하는 것이 바람직하다. 유럽에서는 멸치Anchois나 대구Moru 같은 생선을 염장 식품으로 활용한다. 예로서 초어의 염장식품은 단백질과 소금기를 많이 필요로 하는 열대 내륙 지방의 사람들에게 좋은 식품이 될 수 있으며, 따라서 좋은 수출 상품이 될 수 있는 것이다.

세 번째, 양질의 어분은 좋은 수출품이 된다. 양식용 어분은 한국이나 일본 같은 나라에서는 인기품목이다. 그러나 전근대적인 생산방법으로 가축용 어분 생산은 비효율적이므로, 생산 공정의 현대화가 요망된다.

네 번째, 명태포, 대구포, 쥐포 등과 같은 건조식품으로의 개발도 나쁘지 않다. 예로서 동양 삼국(한국, 일본, 중국)에서의 어포 같은 건조식품은 다양한 방법으로 요리에 쓰이며, 인기 있는 식품으로 가격도 비싸다.

지구상에는 동물성 단백질을 절실하게 필요로 하는 많은 사람들이 있다. 귀중한 식량자원이 버려지는 것은 비인간적인 현실로, 기아선상에서, 양질의 단백질원의 결핍으로부터 허덕이는 인류가 얼마나 많은지 생각해 보아야 한다.

5) 국제공동연구의 필요성

자연 지리적으로 우리나라와 아르헨티나는 지구의 반대편에 위치한다. 이 두 나라는 원거리 관계 뿐 아니라, 자연 환경의 차이도 심하다. 이 나라에는 광활한 평야와 무한한 미개발 자원이 있다. 우리나라에서는 찾아볼 수 없는 자연환경이다.

국민적인 기질의 차이도 크다. 전혀 다른 문화권에서 살아왔으며, 조상 대대의 유산, 인구밀도의 고저 차이, 학문 발달의 방향과 정도 차이 등도 현격하다.

무엇보다도 거리는 두 나라 사이의 빈번한 왕래를 가로막는 장벽으로 작용한다. 국제교류는 양적으로 제한되어 있는 셈이다. 실제적으로도, 학술교류는 거의 없는 상태이다.

아마존 강에 대해서는 매스컴을 통하여 비교적 알려져 있는 편이지만, 310만km²나 되는 방대한 파라나 강 수계에 대하여 우리나라에서 알려진 바는 없다.

금번 파라나 수계의 자연생태계에 대한 공동 조사 같은 것은 획기적인 교류의 한 예에 불과하다.

이번의 한-아 학술 교류의 핵심적인 관심사는 삼각주 내에 서식하고 있는 생물자원의 개발에 있었다. 특히 초어 자원의 개발이 이 나라의 경제에 도움이 되고 국력 향상에 공헌되었으면 하는 바람으로, 과학기술을 통한 경제 부흥에 있었다.

그러나 기초 연구 없이는 이것을 이룰 수 없음은 자명하다. 한 손에는 기초과학을, 다른 한 손에는 개발을 위한 연구에 매진할 필요가 있다. 초어자원을 활용하는 방법의 연구가 그 중 하나이다. 이러한 복합적 과제는 국제 공동연구가 긴요할 수 있다. 두 나라 사이에는 자연 지리적 여건과 경제적 가치 판단이 다르며, 과학 기술적 사고방식이 다르다. 바로 이런 점에서 자원을 보는 관점이 달라, 무가치가 가치로 전환될 수 있다. 이러한 가능성의 차이가 바로 경제적 개발로 이어질 수 있는 것이기에, 과학기술자의 교류가 바람직하다.

우선 양국의 교수 또는 연구원이 원하는 연구소에 가서, 일정기간 연구할 수 있는 교류가 필요하다. 예로서 어느 연구원은 한국에 오기를 간절히 희망하고 있었다. 한국에서는 이들을 기꺼이 받아 연수를 시키는 국제적 상호 협조와 지원이 절실히 필요하다.

다음으로 양국은 이해관계에 따른 기관들 사이에 자매결연을 맺고 연구원을 상호교환하면서 연구기술의 교환, 기초과학적인 기술이전, 공동 자원 개발 등의 우호적이면서도 긴밀한 국제관계가 필요하다.

이러한 기초 과학적 교류가 개발로 이어지며, 나아가서는 자원의 수요 공급의 문제에도 좋은 해결 방안을 제시할 수 있어 결국은 큰 경제적 도움을 야기할 수 있다. 이와 같이, 아르헨티나와 한국은 연구 활동과 경제 개발에 서로 공헌할 수 있는 관계에 있다.

5장

유럽의 자연환경과 생물

1. 초원과 호수의 나라 스위스, 알프스의 자연

스위스는 바다를 접하지 않은 내륙의 조그만 나라이지만, 산과 호수로 잘 조화되어 있다. 고산준령의 사이사이에는 계곡을 이루며 강우량의 정도에 따라 산기슭의 적당한 곳에 호수가 생겨나면서 자연 경관은 뛰어나게 아름답고, 호수의 물은 맑고 차고 깨끗하다.

호수는 적당한 수량을 유지하며 주변에는 초목이 자라서 나라 전체가 온통 초록을 이루고 있다. 산과 호수가 잘 어울리는 자연의 나라이다. 이러한 산야와 호수 속에는 각종 생물, 고산 동식물, 수생 동식물이 보금자리를 이루고 있다. 산에는 우거진 산림 생태계를 이루고, 호수에서는 수생 생물들로 호수 생태계가 이루어져 있다.

이러한 호수 중에는 바다처럼 넓은 호수도 있고, 연안의 만처럼 아기자기한 자연경관을 펼쳐 보이는 호수도 있다. 레만 호, 츄리히 호, 루체른 호, 브리엔츠 호와 툰 호 같은 호수는 그림과 같이 아름답고 각기 지니는 특성이 있다.

1) 레만 호

알프스의 산악지역에 발원지를 가지고 있는 레만 호는 프랑스와 스위스의 국경지대에 위치하고 있는 대형 호수이다. 호수의 면적은 무려 $582km^2$이고 길이는 74km이지만 너비는 14km에 불과하다 그리고 이 호수의 최대 수심은 310m이며 평균수심은 154m이다. 이 호수는 많은 수량을 담수하고 있어서 거대 호수의 면모를 갖추고 있으며 수계 생태의 다양성까지도 지니고 있다. 프랑스 그르노블대학교의 호수학 연구팀은 이 호수에 대해서 정기적인 현장조사를 수행하여 많은 자료를 축적하고 있다.

스위스의 국제 관광 도시 주네브는 이 호수의 연안에 발달된 대표적인 도시로서 넓은 호수면의 자연 경관과 조화된 도시의 경관을 조망하게 한다. 이 호수의 수질은 철저하게 관리되고 있어서 외형적인 오염물질은 거의 보이지 않는다. 깨끗하고 투명한 호수의 물에는 백조와 오리가 뛰어 노는 서식처이고, 다양한 어류가 서식하며, 또한 각종 수생 식물이 서식한다.

2) 취리히 호

이 호수는 레만 호에 비하여 규모가 작지만 스위스 제일의 도시인 취리히시가 형성된 곳이다. 이 호수의 빼어난 경관과 지리적인 배경 속에서 도시가 발달되었다. 따라서 호반의 도시, 취리히는 평화롭고 부유하며 아름다운 스위스의 면모를 나타내고 있다.

길게 뻗어 있는 취리히 호의 크기는 길이가 약 40km고, 너비는 비교적 좁아서 가장 큰 곳이 4km정도이다. 취리히 호의 면적은 89km^{2}이며, 가장 깊은 수심은 143m에 이른다. 취리히 시는 유럽의 중심지역이며 교통의 요지이다.

호수의 물은 많고 깨끗하며 오리와 백조를 비롯하여 각종 수중 생물이 서식하고 있다. 호수의 연안선은 약 100km 이상이며, 선박으로 호수를 일주하게 되면, 호수 연안의 빼어난 경관을 일별할 수 있다.

3) 루체른 호

이 호수는 레만 호나 취리히 호에 상당할 만큼 규모가 크다. 이 호수의 면적은 114km²이고 최대 수심은 214m이며 평균 수심은 104m이다. 그리고 호수의 연안선이 복잡하고 길어서 133km나 된다.

루체른 시내를 관통하고 있는 이 호수는 아기자기하고 아름답고 평화스러운 호반이다. 시내에 위치하는 호수에는 지붕을 가진 가교가 놓여 있고, 가교의 양쪽 난간으로 잘 가꾸어진 꽃이 진열되어 있어서 매혹적인 아름다움과 호수의 정취를 더해주고 있다.

루체른에서는 알프스의 아름다운 전경을 바라볼 수 있다. 이 도시는 자연경관이 뛰어나게 아름다워 국제회의 장소로 많이 이용되고 있다. 1984년 10월 지중해 개발위원회의 학술 대회가 이곳에서 개최되었다. 4편의 논문을 발표한 필자는 자크 쿠스또 회장과 많은 이야기를 나누는 시간을 가졌고, 그가 한국에 깊은 관심을 표명한 것을 회상할 수 있다.

4) 브리엔츠 호와 툰 호

인터라켄 시의 왼쪽으로는 그림 같이 아름다운 산악의 초목과 함께 부리엔츠 호가 길게 뻗어 있고, 오른쪽으로는 툰 호가 뻗어 있다.

이 두 호수는 운하로 연결이 되어 있으며, 알프스의 자연 경관의 명미를 이루고 있다. 유럽을 여행하는 관광객의 대부분은 산과 호수의 아름다움을 감상하기 위하여 이곳을 찾는다.

브리엔츠 호와 툰 호의 발원지는 4,158m 높이의 만년설을 이고 있는 융프라우 산이다. 인터라켄 시에서 고도 3,454m에 위치하는 융프라우 욕까지 톱니의 레일을 가지는 고산철도를 타면 알프스 산맥의 경관을 잘 조망할 수 있다. 한여름에도 만년설을 이고 있는 융프라우 욕에는 얼음동굴을 개발하고, 그 속에는 갖가지 정교한 얼음 조각품들이 전시되고 있다.

스위스는 면적이 약 4만1천km^2이며, 알프스 산맥의 중심 국가로서 평야가 별로 없는 산악의 나라라고 할 수 있다. 그렇지만 바다같이 넓은 호수가 있으며, 그림과 같이 아름다운 호수경관을 지니고 있다.

이 나라의 국토는 알프스산맥이 거느리고 있는데, 산들은 눈과 나무와 초원으로 덮여 있으며, 산 아래에는 호수가 있는 것이 보통이어서 "산과 호수의 나라"이다. 그러나 사람마다 보는 관점에 따라 초원의 나라, 산림의 나라, 숲속의 나라라고도 한다. 무엇보다도 국민의식이 높고 경제력이 부강하며, 특히 관광 사업이 알프스의 자연과 함께 발달되어 있음을 느끼게 한다.

스위스는 호수와 산악의 나라이다. 자연 경관이 빼어나고, 산이 수려하다. 또한 츄리히 호, 레만 호, 루체른 호 등 수많은 호수가 곳곳에서 산과 어울려 좋은 경관을 이룬다.

고산이라 해도 산림으로 빈틈없이 메워져 있다. 어느 구석이든 윤기가 도는 푸른 초장, 또는 수목의 숲으로 덮여 있다. 푸름의 풍요로움이 가득 차 있다. 경사면의 초장은 시각적으로 넓어 보이며, 유유히 풀을 뜯는 소 떼의 정경은 평화롭고 목가적이다.

산자락의 숲 속, 조그만 마을에서도, 푸른 초원 속에 들어 앉아 있는 들판에서도, 녹원의 아름다움이 배어 있다. 어느 숲 속의 물레방아, 풍차가 갖추어진 집에서는 요정 아니 선녀 같은 여인이 나타날 듯하다. 그런 곳에서는 인생의 고뇌 또는 생로병사가 있을 것 같지 않을 만큼 아름답다. 그런데 마을마다 제일 높은 명당자리에는 교회가 서 있고,

십자가는 유난히도 우뚝해 보인다. 아, 여기에도 아픔이 있고, 고뇌가 있고, 슬픔이 있는가 보다!

2. 루마니아의 자연

루마니아의 면적은 약 24만km²로 한반도 보다 약간 크다. 국토의 대부분은 내륙에 위치하며 산이 많지만, 동쪽으로 흑해의 해안선을 가지고 있다. 서쪽으로는 헝가리, 북쪽으로는 우크라이나와 몰도바, 남쪽으로는 세르비아와 불가리아를 국경으로 접하고 있다.

석양의 태양아래서 보여지는 루마니아의 국토는 평원과 산림의 나라로 비춰진다. 농경지가 정비되어 정연하고 삼림은 대단히 무성하게 펼쳐지고 있다. 흑해를 끼고 있는 루마니아는 자연 환경이 좋고 에너지원이 풍부한 나라이기도 하다.

루마니아는 낙농 국가로서 옥수수에서 바이오 기름을 추출하고 유채, 해바라기, 등을 재배하여 기름을 생산하고 라방드를 재배하여 향수를 생산한다. 농지는 넓은 평원으로 대단위 경작을 한다.

산야에서 흔히 보이는 수목으로는 올리브 나무, 소나무, 알래스카 포플러 등이며, 가로수로는 미루나무가 보이는 것이 이색적이다. 루마니아의 부란 성 일대의 자연 경관을 살펴보면 산은 울창하고 빽빽한 산림 생태계를 이루고 있다. 이곳에서 관찰되는 수목은 독일 가문비나무, 핀 오크 추리. 참나무, 단풍나무, 측백나무류, 소나무 등이 관찰되며, 산림의 층이현상도 잘 형성되어 있다. 다시 말해서 교목, 관목, 초본의 식생이 잘 형성되어 있다. 이곳을 드라큘라 성이라고도 한다.

그러나 실제의 드라큘라 성은 다른 곳에 있다. 지금은 산위에 황폐지로 남아 있는데 3,000계단을 올라가는 고지에 있다. 드라큘라는 브라스제퍼스 성주가 아주 잔인하여 많은 사람들을 학살하며 먹고 즐겼다는 이야기가 영국으로 전하여져서 소설로 된 것이다.

루마니아 브란섬, 일명 드라큘라 성

시나이에 있는 펠레스성Castle Peles은 시내 산에서 유래되었다고 한다. 시내 산에서 유래되었다는 이 성은 루마니아 사람들이 가장 존경하는 캐롤왕 1세가 성을 짓기 시작하였으나 완공을 못보고 1914년에 죽었다. 그 후 3년만인 1917년에 완공된 성이다. 이 성의 자연환경은, 완전한 자연 환경 속에 자리잡고 있다. 성안에는 각종 조각물, 그림, 총, 칼 등의 무기가 전시되어 있고, 왕의 집무실을 비롯한 아라비아 실, 인도 실, 중국 실 등의 전시실에서는 여러 나라의 문화재가 전시되어 있다.

루마니아의 인구는 2,150만 명으로 폴란드 다음으로 발칸반도에서 큰 나라이며, 한국은 2007년에 루마니아에 6억불을 수출하고 루마니아는 한국에 1억불을 수출한다. 수도는 부쿠레슈티이고 인구는 200만 명 정도이다. 언어는 라틴 언어중의 하나인 루마니아어를 쓰는데 이태리어와 프랑스어와 비슷하다. 또한 영어구사도 뛰어나서 국가 발전에 크게 도움이 되고 있다. 루마니아사람은 97%가 그리스 정교를 믿으며, 공산주의에서 벗어나 시장경제 체재로 바뀌었고 농업도 기계화 되고 있다.

루마니아는 1844년에 독립을 하였고 카롤 왕이 가장 존경받는 왕이다. 루마니아도 분단국으로서 몰도바공화국과 나뉘어져 있다. 독재자 차우체스크는 김일성의 동생이라 할 만큼 독재를 했다. 평양의 주석궁을 흠모하여 어마어마한 인민궁을 건설했다. 인민 궁전은 건축 폭이 270m이고 높이는 97m인데 지하는 150m나 된다. 궁전 앞으로 강을 만들어 물이 흐르게 하였다. 그러나 그는 1989년 12월 25일에 처형 언도를 받고 28일에 70세로 생을 마감했다.

3. 불가리아의 자연

불가리아의 산간분지의 마을

불가리아는 발칸 산맥의 40%를 차지하고 있으며, 산에는 소나무, 자작나무, 미루나무, 뽕나무, 칠엽수, 올리브, 눈솔나무 등이 숲을 이루고 있다. 초본으로는 엉겅퀴가 많이 보인다.

소피아 시에서 멀지 않은 곳에 해발 2,433m의 빅토사 산이 있는데 케이블카로 등산을 할 수 있다. 케이블의 길이는 3.2km이고 해발 1,800m의 고지를 올라간다. 여기에서 볼 수 있는 것은 울창하게 숲을 이루는 소나무와 히말라야시다의 군락이 돋보인다. 다른 한편으로는 참나무도 자생하며 관목류와 초본류가 번성하여 층이현상이 뚜렷하다.

불가리아에서는 해바라기, 옥수수, 유채 등을 대단위로 경작하여 기름을 생산하며, 장미와 라방드에서는 고급 향유를 추출하여 수출하고 있다. 또한 담배도 많이 재배한다.

불가리아의 고시가

불가리아는 11만km^{2}이고 인구는 780만 명에 불과하다. 국민소득은 3,500불정도이며 유럽연합에 가입되어 있다. 20여 년 전에는 공산권이었으나 소련이 무너지면서 변화하기 시작했다. 수도는 소피아로 지혜라는 뜻에서 비롯되었다. 소피아에서 흑해까지는 약 500km의 거리이다.

수도 소피아는 인구가 120만 명이고 해발 600m 고지에 위치하는데 마드리드 다음으로 고도가 있는 수도이다. 불가리아는 500년간 터키에 시달리다가 흑해에서 먼 곳으로 수도를 옮겼다. 불가리아의 역사는 3,000~4,000년이라고 하나, 7,000년이라는 주장도 있다.

벨리코투르노보 시는 1187년까지 불가리아의 수도였다. 현재 인구는 6만 5천명에 불가하지만 벨리코투르노보 대학의 학생만 1만 6천여 명이나 되는 대학촌의 도시로 자리 잡고 있다. 벨리코투르노보 시에는 전통가옥이 보존되어 있는 문화거리가 있다. 여기에는 이 나라의 옛날 문화에 호기심을 가지고 많은 관광객들이 모여든다.

필자가 이 거리를 지나고 있는데 불가리아 케이블 TV 소속 2명의 여기자가 인터뷰를 요청하여 5분정도 이야기를 나눈 적이 있다. 다음 날 아침에 방영되는 프로라고 한다. 인터뷰 내용은 다음 같다. 첫째, 불가리아를 어떻게 생각하는가, 둘째, 벨리코투르노보의 전통가옥 거리를 어떻게 생각하는가. 셋째, 불가리아의 치즈를 어떻게 생각하느냐, 넷째, 불가리아의 역사를 어떻게 보고 있는가였다.

우호적으로 답을 잘 한 것 같다. 불가리아는 환경이 뛰어나게 우수하고 시민의식이 높아 도시가 아주 깨끗하며, 벨리코투르노보의 전통가옥은 아름다운 거리를 이루며 외국인를 매료시키기에 충분하다. 불가리아의 음식문화는 건강에 아주 잘 맞추어져 있고 맛이 좋다. 따라서 좋은 자연환경과 좋은 식생활로 장수를 누리고 있다. 특히 요구르트를 발전시킨 나라로 유명하다. 불가리아는 유구한 역사를 가진 나라로 우리나라의 역사와 비슷한 것 같다. 나는 자연 과학자로서 역사에 대해 깊은 식견이 없다고 했다.

4. 세르비아의 자연

세르비아는 면적이 8만 8천km²이고 인구는 약 950만 명이며, 수도는 베오그라드이며 인구는 약 110만 명이다. 불가리아에서 세르비아로 가는 해안도로는 발칸반도의 험한 산악 지대에 나 있다. 산악의 좁은

세르비아의 다뉴브 강

도로이지만 경관적으로는 아주 아름다운 산길이다.

발칸이라는 말은 "산"이라는 뜻이며, 발칸산맥은 불가리아와 세르비아에 거쳐서 동서의 길이가 530km이고 남북으로는 15~50km이며 면적은 11,596km²인데, 최고봉인 보테프봉은 2,376m로 불가리아에 있다. 식생은 불가리아에서 기술한 것과 같다.

베오그라드는 상당히 아름다운 도나우 강과 사바 강이 합류되는 곳에 위치하고 있다. 크루스선에서 보여지는 강물은 청색을 띠고 있었으며 오염물질이 거의 없어 보인다. 수량이 상당히 많고 강의 양 연안에는 수목이 울창하여 좋은 경치를 보이고 있다. 이 강의 어느 곳은 수심이 무려 30m나 될 정도로 깊다고 한다. 민물고기의 서식이 좋아 메기 종류로 무려 90kg이나 나가는 초대형 어류가 살고 있다고 한다.

유고슬라비아는 가혹한 전쟁을 치루면서 6개 나라로 분리 독립하였다. 슬로베니아, 크로아티아, 마케도니아는 1991년에 분리 독립하였고, 보스니아 헤르체고비나는 1992년에, 그리고 세르비아와 몬테네그로는

2006년에 각기 독립 국가로 되었다. 또한 코소보는 2008년에 세르비아에서 독립을 선언하였으나 자치구로 남아 있다.

세르비아는 1991년에 내전이 일어나서 1999년에 종전이 되기까지 전쟁터의 참혹함을 견디어 낸 나라이다. 인간의 존엄성이나 생명의 절실함이 말살된 생사 갈림의 절벽에서 이제 겨우 회생되어 가고 있는 나라이기도 하다.

베오그라드의 사르보나 정교회를 방문하였다. 일요일이라 교회당 가득 신도들이 모여 서서 예배를 드리고 있었다. 설교를 하는 주교도 있었고 신도들이 예수상에 입맞춤을 하는 예식을 돕는 2명의 주교도 있었다. 너무나 엄숙한 분위기여서 심장이 얼어붙을 정도의 과묵한 분위기였다. 일반적으로 교회에서는 많은 사람들이 모이기 때문에 잡음도 있고 말소리도 있기 마련인데 완전히 정적의 시간이며 신도들은 정숙과 엄숙으로 일관하였다. 참혹한 전쟁과 인간의 처절한 소원을 하나님께 읍소하는 듯 느껴지기도 했다. 우리도 이들과 대동소이하게 6.25 한국전쟁의 아픔을 겪은 민족으로서 느끼는 바가 컸다.

5. 보스니아 헤르체고비나의 자연

보스니아 헤르체고비나의 면적은 51,000km^{2}이고 인구는 약 400만 명이다. 수도는 사라예보이며 인구는 40여만 명이다.

사라예보는 예루살렘이라고 할 만큼 신교가 많은 도시이지만, 모슬렘 사원이 여기저기 많이 보인다. 어느 사원의 울타리에서 더위를 피하여 잠시 서 있는데 그 사원의 주교가 사원 문 앞에 책들을 진열해 놓고 팔면서 사원 안에서 사람들을 만나고 있었다. 주교의 생활이 얼마나 궁

핍한지를 단적으로 보여주고 있는 듯하다. 상당히 이색적으로 느껴지는 광경이다.

사라예보 시는 아직도 전쟁의 흔적이 심각하고 적나라하게 남아 있다. 건물이 폭격으로 잔해만 남아 있거나 교전으로 총격의 파편들이 건물 전체를 벌집처럼 또는 곰보처럼 만들어 놓은 것을 복구하지 않은 채 그대로 보존하고 있다. 전쟁의 폐허가 그대로 남아 있는 것이다. 이것은 물질적인 상처이지만 수많은 사람들이 목숨을 잃고 회복할 수 없는 상처를 입은 것이다. 상당히 오랜 기간이 지났지만 전율을 느끼게 하고 있다.

모스타르Mostar시는 해발이 상당히 높은 발칸 산맥의 산중에 위치하고 있다. 발칸 산맥의 산들은 해발 2,000m쯤 되어 보이는데 일반적으로 수목이 좋다. 산들의 계곡으로는 네레트바Neretva강이 흐르고 있어서 좋은 경치를 보이고 있다. 강물의 색깔은 청옥 색을 띄고 있는데 유럽의 일반적인 수질은 칼슘이 많이 함유되어 있어서 수색이 뿌옇게 보이는 것과는 비교가 된다. 수량이 비교적 많고 수온이 차가워서 송어 양식을 하고 있다.

모스타르 올드 브릿지는 시내로 흐르는 계곡에 놓인 다리이다. 계곡은 암벽이고 경사가 심하여 물살이 굽이치며 빠르게 흐르는데 젊은이들이 다이빙을 하는 곳이라고도 한다. 다리 높이는 무려 22m나 되고 수심은 4m이고 수온은 10℃ 정도이다. 이곳도 물의 색깔이 대단히 맑고 깨끗하며 청옥 색으로 송어가 서식하고 있다.

모스타르 시는 보스니아 내전의 상흔을 아주 생생하게 피부에 와 닿도록 내보이는 전쟁터이다. 이 시의 인구는 6만 6천명이다. 외곽까지 모두 합하면 10만 명이 되는 도시이다. 1992년에서 1993년 사이에 일어난 보스니아 내전 때에 이곳에서만 2만 명이상이 희생된 것이다. 세월의 흐름에 따라 많은 집이 새롭게 지어졌지만 아직도 전쟁당시의 포탄과 총알이 건물이나 가옥에 그대로 박혀있는 것도 많이 남아 있다. 참으로 참혹한 내전으로 아비규환의 전쟁터였음을 보인다. 같은 땅 같은 지역 같은 산천에서 같은 공기를 마시면서 형제자매 또는 이웃으로 살던 사람들이 민족 간의 갈등이라고, 종교적인 갈등이라고 이렇게도 참혹하게 살육을 한 것이다. 종교도 이웃도 이보다 더 심한 죄악을 저지를 수 있는가 생각이 된다. 모스타르시의 주변에 있는 산은 완전히 벌거숭이산으로 아직도 군사기지로 사용되고 있다. 이 시에는 모슬렘 사원이 32개 있고 교회가 2개 있다.

6. 크로아티아의 자연

유럽의 발칸반도에서 가장 아름답다는 크로아티아는 해안선을 많이 지니는 동시에 내륙의 자연경관이 뛰어나게 아름다운 나라이다. 면적은 5만 7천km²이고, 인구는 460여 만 명이며, 수도는 자그레브이고, 인구는 68만 명. 자그레브Zagreb에서 'Zag'는 후방이라는 뜻이고 'reb'은 언덕이라는 뜻이다. 다시 말해서 '뒤에 언덕이 있는 도시'라는 뜻이다.

뒤브로닉Dubronik시는 오랜 전통을 가진 해안 도시로 동화 속에 나오는 것처럼 아름답다. 인구는 5만 6천 명 정도이다. 뒤브로닉 성은 유네스코가 지정한 세계 문화유산으로 등록되어 있다. 이 성에는 17세기에 귀족이 1만 명이나 살았으며 적의 침공을 방어하기 위하여 요새화된 성곽이며 3, 4층의 석조건물들이 넓은 도로의 양편에 정연하다. 이 도시는 중세도시로서 아주 웅장한 모습을 드러내고 있다. 그 당시 성곽 밖에는 약 4만 명이 살았다고 한다.

크로아티아 플리트비체 국립공원

크로아티아는 플리트비체 공원을 1949년에 국립공원으로 지정하였고 1979년에는 유네스코가 '자연유산'으로 지정하였다. 지중해의 매혹적이 경관과는 별도로 내륙의 아름다운 자연경관으로 명성이 있다. 면적이 290만m²이고, 이 공원은 원시림의 울울창창한 자연속에 물이 조화를 이루고 있다. 이 공원의 계곡에는 청정한 물이 흐르고 크고 작은 폭포가 도처에 보이고 있다. 물이 호수를 이루면서 방대한 양의 송어가 서식하고 있다.

호수의 물은 녹색내지 푸른 옥색을 띄면서 대단히 맑고 깨끗하다. 호수의 주변에는 수목이 우거져 있는가 하면 갈대 군락이 호수의 연안에 이루어져 있다.

이 국립공원에는 벨키스랍이라는 호수를 비롯하여 16개의 호수가 있다. 도처에서 보여 지는 폭포는 지형이 다르고, 수량이 다르고, 방향이 제각기여서 신선하고 이색적으로 느껴진다. 웅장한 폭포는 아니지만 아름다운 경관을 보여주고 있다. 수목으로는 히말라야시다와 소나무를 비롯한 활엽수림이 자리 잡고 있다.

산중에 위치하는 호수에는 무공해 배터리 동력선이 100명의 관광객을 태워서 호수를 건너다닌다. 호수는 거울처럼 평탄하고 배는 조금도 요동치 않아 안정감을 준다. 호수 물은 다소 짙은 청색을 띠고 있으며 수심 깊이 까지는 보이지 않으나 맑고 깨끗하다. 기온은 30℃ 정도로 더운 편이지만 수온은 상당히 낮은 산골의 찬물로서 송어의 서식지로서 20℃ 정도이다.

크로아티아의 기후는 스텝지역으로 강우량은 연 500~600mm에 불과하지만 수목이 울창하며 내륙 깊숙이는 알프스의 자연림이 잘 보전되어 있다. 따라서 슬로베니아와 크로아티아의 내륙에는 히말라야 시다가 빽빽한 숲을 이루면서 자작나무가 끼어서 세력을 조금씩 확보해 나가는 형세로 짙푸른 검은 색의 수해樹海를 이루고 있다. 숲이 마치 나무의 바다처럼 강세를 보여서 지구의 온난화 현상 또는 지구의 기후 변화 같은 것은 전혀 느껴지지 않는다. 적어도 이곳에서는 자연생태계의 급격한 변화가 일어날 것 같지 않다.

크로아티아는 아드리아 해의 해안선을 비교적 많이 지니고 있다. 아드리아 해는 지중해의 한 부분이다. 동지중해에는 시리아, 터키, 그리스, 알바니아, 세르비아, 보스니아 헤르체고비나, 크로아티아, 슬로베니아, 이태리, 산마리노 등의 국가들이 아드리아 해의 연안과 접하고 있으며, 연안은 대개 암반으로 되어 있는데 해안의 경관이 뛰어 나게 아름답다.

지중해의 짙푸른 수색, 완전히 암벽으로 이루어진 해안 자연, 험한 암벽의 사이를 헤치고 꼬불꼬불하게 건설되어 있는 해안 도로, 그리고 여기저기 붉은 색의 기와지붕의 해안 마을과 어촌 또한 여러 종류의 식물들, 해송, 측백나무, 노간주나무, 올리브, 오렌지, 포도, 무궁화, 유도화, 부겐베리아, 장미, 용설란, 야자수, 미모사, 자두, 체리, 탱자 등을 관찰할 수 있고, 라방드, 로즈마리같은 허브 식물의 재배지도 있다.

경관적으로 보아서 바다, 해안, 어촌 그리고 나무와 화훼류 등이 조화롭게 어울려 있다. 이것은 지구상의 어느 곳보다도 평화로우며 풍성한 정경을 보이는 곳이다. 대소의 항포구에는 수많은 요트와 보트가 즐비하게 있으며, 해수면 위에는 어류 양식의 부표들이 띄어져 있

크로아티아의 해안 경관

다. 또한, 해안 마을에는 수영장을 비롯한 여러 가지 여유로운 시설들이 설치되어 있다. 바다에는 파도가 다소 있으며 전형적인 지중해의 짙은 청색을 보이고 있다. 바닷물은 맑고 깨끗하고 수온은 25℃ 정도로 쾌적하고 바닷바람은 신선하다. 원양으로는 시원하게 탁 트인 시야를 보이고 있으며, 배를 타고 바다로 나가면 도시 연안의 정경을 아름답게 잘 볼 수 있다.

7. 슬로베니아의 자연

슬로베니아는 면적이 2만km²이고 인구는 200백만 정도이며 수도는 류블랴나로 인구는 150만 명 가까이 살고 있다. 크로아티아와 함께 국민 소득이 높고 유럽연합EU에 가입하고 있는 나라이다.

발칸반도 내륙의 산야에 자생하고 있는 슬로베니아의 식생은 대단히 좋아서 수해樹海를 이루고 있다. 이곳은 알프스산맥의 한 자락이라고도 할 수 있겠다.

히말리아시다가 빽빽하게 자리 잡아 밀림을 이루듯이 자라고 있는데, 이 속에 자작나무가 듬성듬성 끼어 있는 것을 볼 수 있다. 이러한 막대한 숲을 볼 때에 마치 숲이 온 세상을 덮을 듯 기세가 등등해 보인다. 이렇게 강력한 수해는 지구의 사막화 현상이나 생태계의 변천과는 관계가 없어 보인다.

슬로베니아의 포스토니아Postonia동굴은 유럽 최고의 종유석 동굴이다. 알프스 산맥의 먼 발치에 형성된 동굴이기도 하다. 이 동굴의 내부는 5.2km구간이 개방되어 있는데 꼬마 동굴열차를 타고 동굴 안으로 깊숙이 들

슬로베니아 포스토니아 동굴

어 갈 수 있다. 동굴의 천정은 높으며 기온이 낮아서 10℃ 정도로 썰렁하다.

　동굴의 규모가 대단히 크지만 단조롭다. 종류석의 생성모양이 화려하거나 매혹적이지 못한 느낌이다. 동굴 생물로는 딱정벌레, 귀뚜라미, 거미, 지네 등이 흔히 보여 지며 물속에는 새우, 인어Human Fish가 살고 있다. 이 물고기는 앞을 보지 못하며 외부 아가미로 호흡을 하는데 수명은 100년 정도라고 한다. 극히 희귀한 어종으로 보호되고 있다. 이 동굴의 지하에는 상당한 수량으로 보이는 강이 흐르고 있어서 물 소리가 세차게 들린다.

　오스트리아의 국경 근처에는 호반의 도시 브레드Bled시가 있는데 2,000m 전후의 고산들이 주위 환경을 이루며 거목 거수들이 울창하게 숲을 이루고 있다. 바로 이곳을 디나르Dinard알프스라고 하는데 자연경관이 뛰어나게 아름답다. 브레드 시는 오스트리아의 귀족과 유고의 지배층이 휴양지로 이용하는 도시이다. 브레드 성과 호수의 경치는 조화를 이루어 절경을 이루고 있다.

　브레드 호수는 약 50만m²의 면적을 지니고 있다. 배를 타고 40여분 호수를 둘러보니 우선 물이 대단히 맑고 깨끗하여 인상적이다. 호수 주변의 수목도 아름답다. 호수 한가운데 섬이 있고 건물도 있다. 이 호반에는 유고슬라비아 시절, 티토대통령의 별장이 있다. 북한의 김일성이 왔다가 경치에 도취되어 일주일을 더 머물고 갈 정도로 경관이 빼어난 곳이다.

8. 러시아와 모스크바 대학

　러시아는 유럽과 아시아에 거쳐 세계 제일의 방대한 영토를 지니고 있는 막강한 나라로 북극권과 북극해를 절반 정도 차지하고 있으며 대단히 다양한 영토와 생태계를 지니고 있다. 대부분이 한대지방으로 수도 모스크바도 북위 55°에 위치하고 있다.

　러시아의 면적은 약 1,710만km²인데 이것은 남한 면적의 173배나 되는 광대한 면적이다. 그리고 인구는 약 1억 4,300만명이어서 인구밀도는 평방킬로미터 당 8명 정도로 세계에서 가장 낮다. 수도는 유럽 대륙에 있는 모스크바로서 인구는 약 1,000만 명이다. 이들은 러시아어를 사용하고 있으며 종교는 크리스트정교를 믿는다. 러시아가 지니고 있는 천연 자원은 대단히 많아서 이루 헤아리기가 어려우나 그 중 석유, 철강, 목재 등이 대량으로 생산되고 있다.

　러시아의 일반적인 자연생태계를 본다면 동토대에 해당되는 북극해가 있고 이 속에는 생물의 서식환경이 지극히 열악하지만 하나의 생태계를 이루고 있다. 그리고 아시아 횡단을 하면서 형성되는 침엽수림대는 또 하나의 생물 군락이 된다. 그런가하면 내수 자원으로 바이칼 호수와 같은 독특한 내수 생태계를 형성하고 흑해를 끼고 있는 연안 역시 새로운 생태계이다. 육상 생태계로는 코카서스의 우랄 산맥을 중심으로 생태계가 형성되고 있다. 따라서 동·식물의 종류나 서식 환경이 대단히 다양하고 종류가 많다고 하겠다.

　모스크바 대학은 세계 3대 대학 중에 하나라고 하는데, 모스크바 대학 출신들은 러시아의 최고 엘리트집단으로서 이 나라를 주도하는 사람들을 배출하고 있다. 학생은 32,000여명이라고 한다. 이 대학교에서 노벨상을 탄 학자가 14명이 된다. 이들 중에는 조건반사 연구로 개가 종소리를 들은 다음에 식사를 하게 함으로서 침을 나오게 하는 생물학적 반사의 연구로 노벨상을 수상한 파벨로프가 있으며, 장의 유산균을 연구하여 노벨상을 수상한 메치니코프, 화학의 주기율표를 작성하여 노벨화학상을 수상한 맨들레프 등이 있다.

문화예술분야에서도 대단히 유명한 사람들이 많다. 톨스토이, 차이코프스키, 투르게네프, 솔제니친, 푸쉬켄 등 문화예술에 뛰어난 사람들이다. 그리고 수필로 유명한 문학자 안톤 체홉은 모스크바 대학에서 근무한 학자이다. 이들의 문학적 정서는 우리나라 사람들에게 아주 가까워 보다 폭넓게 공감되고 있다.

로마로즈프(1711~1755)는 시골농부의 아들로 태어나서 귀족학교인 리세에 입학할 수 있는 자격이 미달되었으나 거짓말로 입학하였다. 그러나 재학 중에 엄청난 노력을 함으로써 일등을 놓치지 않았다. 두각을 나타낸 그는 서유럽으로 유학을 하게 되고, 이 나라를 이끌어 가는 석학으로 인정을 받는다.

로마로즈프는 피터대제에게 모스크바 대학 설립을 건의하게 되었고 초대총장으로 역임하는 영광을 가졌다.

이 대학의 학생들은 한번이라도 무단결석을 하거나 세 번의 지각을 하게 되면 퇴학을 당한다. 대학 내 학생들의 면학분위기는 대단히 좋다. 이곳에서 공부하는 학생은 의무감이나 출세를 하기 위해서라기보다는 공부자체가 재미가 있어서 몰입하는 우수학생들로서 이루어져 있다.

이 대학의 교수들의 월급은 적은 편이어서 2006년 기준으로 월 20만원 내지 30만 원 정도라고 한다. 그러나 교육과 연구에 대단히 몰두하고 있다. 그리고 모스크바대학의 캠퍼스는 대단히 잘 조성되어있는 편이다.

교정에는 사과나무가 많이 식수되어있다. 이것은 학생들이 공부하다가 나와서 사과를 따 먹고 공부에 몰두하라고 심어놓은 것이라고 한다. 모스크바 대학에는 학비가 없다. 국립대학으로서 우수학생들만 선발되지만, 외국인 학생에게는 선발기준이 까다롭지 않은 반면에 비싼 수업료를 내야 한다. 우리나라 학생도 이삼백 여명 등록하여 공부하고 있지만 성적이 대단히 미흡한 편이라고 한다.

러시아에는 학문적 목적에 따라서 단과대학을 많이 설립하는데 예로서 석유가스대학, 자동차 도로대학, 광산대학, 보석대학, 우주과학대학, 전투핵분야 대학 등 특정한 분야에 목적을 실현시키는 합목적 대학들이 많다고 한다.

현재 사용되고 있는 모스크바대학의 캠퍼스는 1953년에 스탈린 양식으로 건축된 것이고 분교가 4곳에 있다. 그리고 학교근처에는 술집이나 PC방, 또는 오락실 같은 부대되는 시설은 전혀 없다. 이러한 것도 공산주의의 한 흐름이고 특색이 아닌가 생각된다.

9. 프랑스의 지중해

1) 프랑스 지중해변의 자연

프랑스는 북쪽으로 영불해협, 동쪽으로는 대서양, 남쪽으로는 지중해와 접하는 해양 국가이며, 국민성은 바다를 좋아해서 남태평양의 폴리네시아에 있는 섬들을 비롯하여 세계 도처에 대소의 섬들을 소유하고 있다. 프랑스의 지중해변은 일반적으로 최적의 주거 환경을 이루고 있다. 겨울에는 비교적 온난한 우기를 이루고 여름에는 더운 날씨가 다소 있지만 알프스의 시원한 바람과 청명한 일기로 살기에 쾌적하다. 프랑스 지중해안의 자연을 크게 3부분으로 나누어 아주 간단하게 살펴보면 다음과 같다.

프랑스 지중해변의 서쪽 자연을 보면, 스페인과 국경을 이루는 해변은 지중해와 피레네 산맥이 만나는 지역으로서 산과 바다가 만나는 아름다운 경관을 지니고 있다. 특히 이곳은 청정한 자연과 함께 산해진미의 식품으로 인하여 자연스럽게 장수촌을 이루는 곳이기도 하다. 꼴리우르는 프랑스의 화가들이 모여 사는 화가 촌으로 대단히 아름다운 바다의 풍광을 보이고 있다. 바니울스에는 파리 6대학의 임해실험의 해양 연구소가 빼어난 바다 경관 속에 면모를 보이고 있다. '또' 마을은 포도주 생산 단지를 이루고 있는데 발효통 하나가 100만리터 들어가는 거대한 것들로 관광객의 발길을 끌고 있다.

프랑스 지중해의 중앙 부위는 마르세유를 중심으로 한 도시의 모습과 인근의 해안 자연이 다양성을 이루고 있다. 마르세유는 프랑스 제2의 도시로서 굴지의 항만 시설을 가지고 있다. 산업용의 거대한 신항이 있고, 구항은 2500여 년 전부터 형성된 세계적인 양항중의 하나이다. 이 지역에는 론 강이 바다로 유입되며 하구자연의 아름다움이 전개된다. 하구역에 위치하는 까마르그라는 곳은 홍학 떼의 서식지로 유명하며 자연 그대로의 해안경관이 수려하다. 그리고 알프스 산맥에서 유래된 뒤렁스 강물이 전력을 생산하면서 에땅 드 베르라는 해양호수로 유입됨으로서 담수오염이 불가피한 해안이기도 하다. 또한 산업단지도 형성되어 있어서 생태계 변화가 극심한 지역이다. 대도시의 하수처리는 대단히 잘 관리되어 깨끗한 물이지만 연안에서 멀리 떨어진 깊은 바닷속으로 방출됨으로서 해수면의 오염은 없다. 프랑스 사람들의 자연보호 의식은 해양 오염을 극소화 시키고 있다. 그리고 에땅 드 또에서는 유일하게 지중해산의 굴 양식이 이루어지고, 에땅 드 베르에서는 자연산 뱀장어의 서식이 좋다.

프랑스 지중해역의 동쪽 해안자연은 이탈리아와 국경을 이루고 있다. 이 지역은 프랑스의 4대 관광지중의 하나로 손꼽히는 아름다운 자연 환경을 지니고 있다. 이곳의 명미는 니스, 깐, 모나코 등으로 지중해 본연의 해변환경을 나타내고 있다. 이곳은 온화한 기후 속에 수많은 관광객이 수영을 즐기는 해변이기도 하다. 그리고 이 지역에서는 라방드 라는 방향성 허브의 재배단지로서 프랑스의 낭만적이고 부드러운 로망을 보는 듯하다. 연 강우량이 500~600mm에 불과한 스텝 기후대이지만, 올리브 나무의 생육이 좋고, 미모사의 꽃이 매력적인 지방이다.

프랑스 지중해변은 암반, 즉 바윗돌로 구성되어 있으며 모래사장은 빈약하지만 남녀노소를 불문하고 사시사철 해수욕을 즐기며, 사람들은 바다자연 속에서 자유를 만끽하며 나체촌을 이루는 해안도 있어서 진풍경을 보이고 있다.

2) 프랑스의 지중해

지중해를 테티스Thétys라고도 하는데, 이것은 바다의 여신이라는 뜻이다. 이 신은 대단히 아름다운 여신으로 상징되고 있다. 그리스 신화에서 제우스 신과 포세이돈 신은 각기 테티스를 찾아가서 결혼을 하자고 간청했으나, 테티스는 이 신들과 결혼을 하게 되면 더 훌륭한 아들이 태어나기 때문에 결혼을 할 수 없다고 거절하고 사람과 결혼을 한다. 그래서 태어난 아들이 아킬레우스이다. 아들은 어머니가 신과 결혼을 했다면 자신이 더 뛰어난 존재가 될 수 있었을 것이라고 아쉬워했다고 한다. "테티스"라는 단어는 해양학술지의 명칭, 학회의 이름, 상표명 등에 사용되는 것을 볼 수 있다.

지중해는 이탈리아 반도를 기점으로 서 지중해와 동 지중해로 크게 나눌 수 있다. 서 지중해의 북쪽해안으로는 이탈리아, 프랑스, 스페인이 자리 잡고 있으며, 남쪽으로는 아프리카의 모로코, 알제리, 튀니지의 해안이 있다. 서 지중해 안에는 섬이 거의 없으며 비교적 심해를 이루는 것이 특색이며, 해안선은 아주 단조로운 편이다. 이러한 해양 성격 속에 프랑스 지중해가 있다.

프랑스 지중해의 특성중의 하나는 알프스 산맥에서 기원되는 미스트랄mistral이라는 강풍이 심한 파도를 발생시키고, 용승현상upwelling을 일으켜서 생태적으로 바다 생물에 풍부한 먹이를 공급하고, 번식을 유도하여, 해양생산에 기여하는 것이다.

프랑스 지중해는 지형적으로 거의 폐쇄된 바다이기 때문에 밀물, 썰물의 차이가 거의 없으며 연안 해류 외에는 커다란 해류도 없다. 지중해에는 조간대의 면적이 거의 없는 편이고, 해중림을 조성하는 대형 조류macroalgae의 서식대도 거의 없다. 특히 대서양변에는 풍부하게 서식하는 갈조류fucales, laminariales, ascophyllum가 없기 때문에 생체량으로 본다면 대단히 빈약한 바다이다. 그렇지만 지중해의 따뜻한 바닷물 속에는 홍조류의 생육이 풍부하여 해조류의 다양성은 크다. 특히 난수성 석회조류가 저층의 돌, 자갈, 바위에 많이 서식하고 있으며, 산호초도 자생하고 있다.

프랑스 지중해에서 생산되는 어류는 양적으로 대서양이나 영불해협에 비하여 아주 빈약하다. 그러나 어류의 종류는 비교적 다양하여 여러 종류의 도미와 다랑어, 고등어, 정어리, 꽁치, 가자미, 넙치, 가오리, 홍어, 오징어, 낙지 등이 있다. 어획량은 계절적으로 차이가 많으며, 어획되는 종류도 절기에 따라 다르다. 이 해역의 어업 형태는 소규모이며, 영세어민들은 아침마다 어획된 어류를 부두에서 판매한다. 마르세유의 생선요리 브이아베스는 잘 알려진 요리중의 하나이다.

지중해변에서는 어업의 발달보다는 수영, 수상스키, 윈드서핑, 요트 또는 보트놀이, 일광욕, 해수욕, 바다낚시 등 해상 레크레이션이 발달되어 있다.

수문학적인 계절로 한 여름철의 해수면의 수온은 보통 25~26℃이지만 드물게는 30℃까지도 올라가는 때가 있다. 겨울철의 해수면의 최저 수온은 13~14℃까지 하강하지만, 햇볕이 아주 따뜻하여 연중 수영을 스포츠로 즐기는 사람들이 적지 않다(김, 2008).

10. 몰타의 해양 환경과 생태계

몰타는 지중해안에 있는 조그만 섬나라로 리비아와 이태리반도 사이에 위치하고 있다. 면적은 316km²로 제주도의 1/6정도의 크기이다. 유럽연합에 가입한 나라이고 GNP는 2만 불 정도이다. 이 나라의 수도는 발레타이다.

몰타 섬의 환경은 지중해의 영향 내에 있을 수밖에 없고, 해안선은 비교적 긴편하지만 섬의 남쪽으로는 아주 단순하고, 동남쪽과 북쪽으로는 여러 항만이 있고 복잡하다. 연안의 해역은 수심이 상당히 깊어서 천해역을 이루는 곳은 연안에서 500m정도로 보인다. 파도가 많고 잦을 뿐만 아니라 파고도 상당히 높다. 따라서 갯벌 자연은 거의 없으며 저서생물도 빈약하다고 하겠다.

몰타의 바다

　이곳의 강우량은 500mm정도이고 우기는 10월에서 다음해 5월까지이며 건기는 5월에서 9월까지이다. 이곳에서 생산되는 것은 주로 감자이며 이탈리아로 수출을 하기도 한다. 일반적인 식생을 보면 올리브, 야자, 월계수, 무화과, 소나무, 유도화 등이 보인다. 과일과 야채는 거의 수입에 의존한다. 몰타의 자연사 박물관은 이 지역의 지형, 조류 어류 등을 전시하고 있으나 자료가 대단히 빈약하고 특이한 것이라고는 없어 보인다.

　몰타 섬에서 뱃길로 6km정도의 거리에는 고저 섬이 있다. 고저 섬은 면적이 67km²이고 동서의 길이는 9km이고 폭은 5km인데 14개의 마을이 있고 인구는 3만정도이다. 몰타 섬보다 비가 많이 내려서 초목

몰타 섬에서 고저 섬으로 다니는 연락선

이 현저하게 푸르고 농산물의 경작이 많다. 특히 감자의 생산이 많다.

해양성기후로 햇빛이 나는데도 구름이 움직이고 빗방울이 떨어지는 가 하면 세찬바람이 일어 비구름을 순식간에 몰아가기도 한다. 일기가 대단히 변화무쌍한 편이지만 기온은 온화하고 춥지 않은 지중해성 기후이다.

고저 섬은 몰타 섬에서 패리호로 25분 거리에 있다. 이 사이에는 작은 꼬미노 섬이 몰타 섬에서 3km정도의 거리에 있으며, 고저 섬에서는 2km정도의 거리에 있다. 이 해역에는 커다란 어류양식장이 보인다. 이 나라사람들이 즐겨먹은 식사에는 홍합, 조개, 오징어, 생선류가 포함되어 있다.

몰타는 가톨릭의 나라로 사도 바울이 선교를 하러 오다가 난파된 곳이어서 바울을 기념하는 기념물들이 많다. 그런데 가톨릭교이면서도 신을 알라라 부르고 성당을 모스크라고 부르는 것이 특징이다. 바울 섬Saint Paul's Island은 바울이 선교하러 오다 파선되어 피항했다는 미스트라 만Mistra Bay에 인접해 있다. 멜리하 베이Mellieha Bay에는 몰타 섬에서 가장 커다란 항만이 있다. 몰타 섬에는 지도상으로 "항만"이 10여개 표기되어 있다.

6장

아프리카의 자연환경과 생물

1. 모로코와 지브랄타해협

아프리카와 유럽대륙의 최단 거리에 위치하는 모로코는 면적이 44만7천km²여서 남한 면적의 4, 5배이다. 모로코는 스페인으로부터 서사하라의 영유권을 1975년에 이양 받아서 남쪽으로는 모리타니와 국경을 이루고 동쪽으로는 알제리와 국경을 하고 있다.

모로코의 인구는 약 3천5백여 만 명이며, 수도인 라바트Rabbat시에는 2백여 만 명이며, 대서양과 지중해의 입구에 위치하는 탕거Tanger시에는 백여 만 명이 살며, 카사블랑카Casablanca시에는 3백여 만 명이 살고 있다.

유럽과 아프리카대륙 사이에는 불과 14km의 바다를 두고 지브랄타해협이 막대한 수량의 교류에 의해서 강한 해류의 길목을 이루고 있다. 패리호로 건너는 데는 무려 한 시간 반의 시간이 걸린다. 다시 말해서 선박이 항해하는 거리로는 해류로 인하여 40km이상 된다. 지부랄타해협을 건널 때 파고는 4m쯤 되어 보이고 여객선은 몹시 흔들린다. 이곳은 역사적으로 대단히 중요한 군사적 경제적 교통의 요충지로서 역할을 하고 있다. 따라서 국제적으로 수많은 전쟁과 갈등의 문제를 지금도 지니고 있는 해역이다.

유럽 쪽에 위치하는 지브랄타섬과 해협은 대단히 수려한 수륙의 자연경관을 갖추고 있으며, 지세적으로 독특하고, 생태 경관으로 풍요로우며, 해양학적으로는 대단히 흥미로우면서도 중요한 연구 대상이 되는 섬이며 해협이다. 섬은 본래 스페인령이지만 영국과의 전쟁에서 패함으로 영국령으로 편입되어 영국의 군사요충지로서 일반인의 접근이 금지 되어 있다.

북대서양의 참다랑 어군이 산란지를 찾아가는 길목이 바로 이 해협이다. 참다랑어 어군은 이 해협을 통하여 수온이 따듯하고 수심이 얕은 이태리 반도의 남쪽 사르데냐 섬의 연안 수역에서 산란을 하고 치어가 성장함으로서 생활환Life cycle을 시작한다.

북대서양의 참다랑어군이 지중해의 지브랄타해협을 통과하는 시기에 모로코 해역에서 정치망을 놓아 어업을 한다. 모로코는 우리나라의 인터부르그에게 어업권을 허락하여 많은 참다랑어 어획량을 기록하였다.

모로코는 대단히 비옥한 국토를 갖고 있으며 지중해와 대서양의 해안을 접하고 있는 해양 국가이다. 아트라스 산맥을 경계로 하여 북쪽으로는 지중해성 기후로 유럽의 식생괴 대동소이하다. 그러나 이 산맥의 남쪽으로는 사하라 사막의 영향권 속에 있어서 불모의 땅이 대부분이다.

모로코의 대서양변 서사하라는 지중해 쪽의 자연과는 전혀 다른 자연환경을 이루고 있다. 모로코의 최남단과 모리타니의 최북단에는 블랑 곶Cap Blanc이 있는데 옛날 프랑스와 스페인의 국경선 표시의 비석이 있다. 불모의 땅에 식민지 시대의 잔재가 남아 있는 것이다. 스페인 즉, 모로코 쪽의 국경선에는 빛바랜 나무 십자가가 강한 해풍에 오랜 연륜을 보이고 있는 것이 인상적이다. 이곳은 북동풍의 강한 영향 속에 바다와 사막과의 경계가 분명하다. 이것은 마치 무생물의 육상세계와 풍요로운 생물의 바다세계를 구별 짓는 심판관 같다.

국경선 해역을 다소 살펴보면 바닷물은 아주 맑고 비옥하게 보이며, 바다표범이 해면위로 수영하는 모습이 여기저기 보인다. 백사장 쪽으로는 갈매기 떼가 비상하는 경관이 매혹적으로 아름답다.

조간대에는 염생식물의 군락이 무성하게 자라고 있다. 또한 바닷물은 수평선같이 낮은 연안저지대의 평원 깊숙이 들어왔다 나가는 곳에는 염생식물 군락이 무성하다. 바닷물이 출입하는 수로에는 물고기의 회유도 많아서 조석의 차이를 이용하여 그물을 쳐놓으면 칠흑돔, 돔, 농어 등이 잡히고 있다.

사하라 사막으로 푹푹 내려 쪼이는 태양의 열기는 기압으로 되어 바다로 확산되는데, 이것이 바로 동풍Vent d'Est = Teliye으로 대단히 강하고, 3월에 우세하게 분다. 이 동풍은 인접 해안 해수의 표층수를 원양으로 밀어내는 역할을 함으로써 표층의 빈 공간을 대서양의 심층수가 계속해서 채워지는 용승현상upwelling으로 연결되고 있다.

다시 말해서, 표층수를 원양으로 몰아내고, 원양의 심층수가 계속해서 이 수역의 수평을 유지하기 위하여 보충하는 과정에서, 저층 해수의 풍부한 각종 영양염류(P-PO$_4$, N-NO$_3$, N-NO$_2$, Si-SiO$_4$)는 표면으로 나와서 식물 플랑크톤의 폭발적인 증식을 계속시키고 있다. 바로 이 바람이 천혜의 해양생물의 서식환경이 되는 것이다. 그러나 모로코 쪽에는 마을이 형성되어 있지 않아 완전한 불모의 땅으로 남아 있다.

뜨거운 태양열은 계속 사하라 사막에 작열하고, 이 열기는 바람으로 변하여 바다로 불게 된다. 따라서 용승현상은 끊임없이 일어나며, 용승현상이 있는 한, 심층 해수의 막대한 영양염류가 표출되고 플랑크톤의 폭발적 증식은 먹이연쇄에 따라 대단히 풍요로운 해양 생태계를 이루게 한다.

조석으로 바닷물에 잠겼다가 섬으로 되었다 하는 조간대의 생물상에서 쉽게 보여지는 생물로는 막대한 양의 조개류와 게 종류이다. 물론 모래섬의 물가에서도 해조류zostère의 엽상체가 쌓여 있다. 다른 한편으로, 파래 종류, 갈조류와 홍조류의 파편이 관찰되지만 극히 소량이다.

이런 간조대는 일반적으로 사하라의 모래 바닥이 대부분이지만, 상단 부분은 갯벌을 형성하는데 용승현상에 따른 영양염류의 축적, 서식생물의 사멸과 분해, 해조류 등 각종 물질의 퇴적이 니취를 이루고 있어서 발목이 20~30cm 정도 빠지는 갯벌의 진수렁을 이루고 있다. 이

곳이 바로 비료창고 같은 역할을 하고 있는 곳으로 그 위에는 조개류와 게 종류가 뒤덮여 서식하고 있다.

이 해역의 막대한 어족자원은, 마치 사하라 사막의 절대 불모지를 다 보상하고도 남을 만큼의 풍요로움과 아름다운 바다 속의 자연경관을 전개시키고 있다(김, 2008).

아프리카와 유럽은 거리적으로 매우 가깝지만 정치, 경제, 문화, 사회적으로 커다란 격차가 있다. 모로코는 프랑스에서 독립을 했기 때문에 문화적으로 불어권의 나라이며 유럽의 영향을 많이 받고 있다. 국민소득은 5천불정도이며 광활한 곡창지대를 이루고 있어서 프랑스의 곡물창고 역할을 하고 있다.

모로코의 탕거Tanger항에서 스페인으로 가기 위해 관광버스도 페리호를 타야 한다. 항구에 도착하기 20여 분 전에 건널목의 신호등을 기다리는 사이 들판에서 대여섯 명의 아주 건장한 모로코 청년들이 번개처럼 달려와 관광버스에 접근하더니 모습이 사라졌다. 신기한 노릇이었다. 이들은 마치 파리나 벌이 어떤 물체에 붙어 거리 이동을 하는 것처럼 버스 바닥에 붙어 지브랄타해협을 건너는 것이었다. 아프리카를 탈출하려는 일생일대의 모험으로 보였다.

이렇게 필사적인 노력에도 불구하고 스페인의 세관에서 적발되어 다시 모로코로 돌아가는 것을 보면 지구촌의 자유와 억압, 평등과 불평등, 가난과 부유함, 아는 것과 모르는 것 또는 자연스러움과 부자연스러움 등이 있음을 느끼게 한다.

무엇보다도 인간의 능력이 어떻게 버스의 밑바닥에 몸을 숨길 수 있나 하는 의구심을 갖지 않을 수 없다. 모로코의 젊은이들이 유럽으로 건너가 일하고자 하는 목숨을 건 강한 욕구표출에서 초능력적인 의지가 마력을 발휘하고 있다.

2. 알제리의 자연

알제리의 항구

알제리는 238만km²의 면적으로 아프리카에서 두 번째로 큰 나라이며 세계적으로는 11위의 대국가이다. 국토의 85%가 사하라 사막이며 북쪽은 지중해와 접하여 살기 좋은 지중해성 기후를 나타낸다.

지중해의 바닷가에서 아트라스 산맥까지는 유럽의 지중해 연안지역의 식생과 대동소이하다. 아프리카인 이곳에도 올리브나무가 많이 심겨져 조림이 되어 있고 오렌지를 비롯한 과수원이 많이 보인다. 그리고 수목으로는 측백나무 종류, 향나무, 소나무, 유칼립투스 등의 교목과 무화과, 유도화, 야자수, 유카, 선인장류 즉 천년초 또는 백년초, 유채, 민들레 등이 경관을 이루고 있다.

그러나 내륙으로 가면서 강우량의 감소로 인하여 겨울철에는 준 사막으로 변하고 있다. 사막화되어 가는 넓은 벌판에 집이 있는 경우, 집

알제리의 콘스탄틴 협곡과 다리

에서 조금씩 멀어지면서 나무의 크기가 왜소해 진다. 이것은 강우량이 아주 적어서 수목이 생존해 나가기 어렵다는 것을 보이는 것이다. 다시 말해서 인위적으로 나무에 물을 주는 공급량에 따라 나무가 자라는 현상이다.

아트라스 산맥을 처음으로 탐정한 사람은 1861~1862년의 G.F 로펠스이다. 아트라스 산맥의 총 면적은 약 775,340km²인데, 산맥의 길이는 약 2,400km 이고 폭은 400km 정도의 거대한 산맥이다. 지중해성 기후와 사하라사막의 기후적 완충지역이기도 하다.

아트라스 산맥의 2,000m이상의 고지에는 눈이 쌓여 만년설을 이루고 있다. 따라서 설산 밑에 수목의 경관을 지니기도 하고 강우량에 따라 준사막으로 변모되어 있는 생태계도 보인다. 이 산맥의 최고봉인 터브칼산은 높이가 4,167m이며 모로코에 있다.

알제리의 인구는 약 3,300만 명으로 아랍인이 81%, 토착인인 베르베르인이 19%이다. 베르베르라는 말은 나전어로 배우지 못한 야만인이라는 뜻으로 아마지인이라는 명칭으로 바꿔 쓰이고 있다. 베르베르인은 알제리에 3백여 만 명이 살고 있다. 알제리의 지중해 쪽에 있는 도시로는 알제 시의 인구가 3백만 명, 오랑 시에 115만 명, 콩스탕틴 시에 81만 명의 인구가 대도시에 밀집되어 있음을 알 수 있다.

알제리는 아프리카에서 유일한 산유국으로 국민소득이 상당히 높아서 3,000~6,000불이다.

3. 튀니지의 오아시스 생태계

튀니지는 지중해를 접한 북부아프리카에 위치하며 이웃나라로 모로코, 알제리, 리비아와 접하고 있으며 국토면적은 164,000km²이고, 동서의 폭은 약 200km이지만 남북길이는 약 800km나 된다. 그리고 해안선은 1,298km라고 하는데 국토에 비해서 상당히 길다.

이 나라의 기후를 보면 겨울에는 1~2℃(때로는 0℃) 정도로 하강하며 드물게는 1년에 한 두 차례 눈이 내린다. 그러나 일반적으로 5~10℃로 온후한데 아프리카로서는 다소 서늘한 날씨이다. 여름에는 상당히 더워서 35~40℃이다. 강우량은 1년에 1,000mm정도 내리는데, 국토의 1/4정도 되는 남쪽의 사하라 사막 지대에서는 100~150mm정도의 비가 내린다.

사하라 사막의 방대한 면적에서는 금, 석탄, 석유, 인산염 등의 자원이 많이 생산된다. 인산염은 연간 80만 톤 생산되어 중국 등으로 수출하는데 세계 3위의 수출국이다.

사하라 사막은 동서의 길이가 무려 약 5,000km나 되며 약 10개국

튀니지의 사막

이 완전 사막국가이다. 나미바 사막은 사막의 모래색갈이 오렌지색이고, 이집트의 사막은 검은 색이다. 사막에 내리는 강우량은 기껏해야 100mm 내외인데 완전히 0mm인 곳도 있다. 적은 강우량이라고 해도 아주 불규칙하여 예측이 불가능하다. 그래도 사막 안에는 건천의 강이 있고 물이 흐른 흔적이 남아 있다. 기후는 열대이고 낮에는 작렬하는 태양열로 뜨겁고, 밤에는 온도가 급속하게 내려가서 한기를 느낄 정도로 온도차이가 심하다.

　지구의 육상 면적 중에서 36%가 사막이며 사막화 현상은 시간이 갈수록 점점 심각하게 진행되고 있다. 이것은 지구의 기후 변화, 지나친 방목, 증가되는 도시화, 그리고 동식물의 재배가 대량화됨으로 사막화가 가속화 되고 있는 것이다. 매년 6만km²가 사막화 되어가고 있다. 사막의 종류로는 에르그, 레그, 하마타 등이 있다. 그리고 사막의 한 가운데 지하수가 나오는 오아시스가 존재하는데 이것은 이집트에서 유래되

튀니지의 오아시스

었다.

오아시스를 이루는 곳에서는 불모지가 농원으로 바뀌어 농업이 왕성하게 이루어지고 사람들이 모여 사는 오아시스 타운을 형성한다. 예를 들면 토저에서 55km떨어져 있는 리비아와의 국경지대에는 강우량도 100~150mm 내려 준 사막지대를 보이는데 이곳에서는 땅속에서 물이 펑펑 솟아 나오고 있다. 지하수는 바위틈을 통하여 분출되는데, 수온이 무려 70℃나 된다. 이 물이 냉각되어 생물을 자라게 한다. 주로 야자수 과수원이 형성되는데 이 속에는 수많은 초본류가 자생하고 있으며 물속에는 올챙이, 개구리, 물이끼, 담수성 녹조류가 자생하고 있다. 다시 말해서 야자 숲과 그 밑에 다양한 생물들이 자생하고 있는 것이다.

튀니지의 인구는 1,000만 명이 넘으며, 공용어로는 아랍어와 프랑스어를 사용하고 있다. 인구의 98%는 이슬람교를 믿고 2%는 로마 가톨릭과 신교를 믿고 있다. 튀니지에는 이슬람의 4대 성지중의 하나라고 하는 순니파의 성지가 있다. 국민성은 자유분방하고 융통성이 있다. 인구의 50%가 젊은 층이며 대학에서는 영어가 필수과목이며 불어가 공용어로 사용된다. 아랍의 국가로서는 개방적이고 진취적인 국가이다.

인구의 60%가 농업에 종사하는데, 밀, 보리, 올리브, 멜론, 수박, 무화과, 살구, 귤 등을 재배한다. 올리브나무는 무려 600만 그루나 되는데 농원의 경계선에는 선인장Cactus을 재배하고 있다. 길가, 집의 담장, 과수원의 경계선 등에는 수십 년 된 고목의 선인장이 자리잡고 있다. 열매는 많이 열리고 주스 또는 잼으로 만들어 먹는다.

4. 리비아의 녹색혁명의 생태계

리비아는 176만km²의 광대한 국토를 갖고 있으나 국토의 95%는 사하라 사막이다. 광대한 면적에 비해 인구는 약 5백50만 명이며 수도 트리폴리에 2백만 명이 살고 있다. 아랍인이 97%이며 영어가 통용되고 이태리어도 다소 소통된다. 국민소득은 1만5천불정도이고 엄격한 이슬람국가로서 술마시는 것이 금지 되어 있고 여성을 만나는 것이 제한되어 있다.

방대한 국토가 사막으로써 메마름과 불모성을 잘 드러내고 있는데, 이러한 불모성 안에서도 나름대로의 또 하나의 생태계가 형성되어 있다.

우리나라의 동아건설이 대수로 사업을 완성함으로서 지하 500m에 있는 지하수를 직경 4m의 수로를 통하여 퍼 올림으로써 녹색혁명을 이룩한 것이다. 불모의 사막에 인위적인 새로운 생태계가 이루어 진 것이다. 이것은 세계 팔대 불가사의한 일로 평가되고 있다.

이 사업으로 인하여 국토의 녹화사업은 물론 식량의 자급자족이 가능하게 되었다. 이 나라의 국토가 완전히 바뀐 것이다. 생물의 세계에 있어서 물의 기능이 절대적임을 보이는 대목이다.

이 나라에서 비가 많이 오는 달은 2월인데 160mm정도이며 지역에 따라서 편차가 아주 심하다. 리비아는 대부분의 국토가 사하라 사막의 평원이지만, 산도 있고 구릉도 있다. 제일 높은 산의 높이는 700m정도이다.

사막은 생물들에게는 대단히 가혹한 환경이다. 그런데 때로 사막의 성격을 칭송하는 사람도 있다. 사막이 신비로운 것은 어딘가에는 물이 숨겨져 있기 때문이며 사막이 찬란하게 빛나는 것도 밤하늘에 무수한 별들이 쏟아지기 때문이다. 그리고 사막이 유난히 아름다운 것은 혹독한 사막의 환경 속에서 빼어나게 아름다운 여우의 자태가 있기 때문이다. 다시 말해서 사막에서 참으로 귀한 것은 당당하게 숨을 쉬는 생명이 있기 때문이다. 사막이 뜨거운 것은 작렬하는 태양광선 때문만은 아니다. 그러나 사막이 슬픈 것은 오로지 버려져서 외롭기 때문이다.

1969년 카다피가 쿠데타로 정권을 잡고 1971년에 헌법을 제정하여 절대 군주의 우상숭배처럼 온 국민을 독재 국가 속으로 몰아넣었다. 따라서 국민의 창의성은 사라지고 나라의 발전은 기대할 수가 없었다. 사람의 무한한 사고력은 자유가 없음으로 사라졌다. 카다피는 사막에서 생활하기를 좋아해서 때로는 1~2주일 동안 텐트의 사막생활을 즐겼다.

5. 남아공의 케이프타운의 자연

아프리카 대륙의 케이프타운 반도는 대륙의 최남단에 위치하고 있다. 여러 가지 특색을 지닌 지역으로 지상에서 가장 아름다운 지역 중의 하나이다. 인도양과 대서양이 만나는 독특한 해양 환경을 이루고 있으며, 좋은 기후와 자연 경관을 지니고 있다. 다시 말해서, 다양하고 독특한 자연 생태 환경을 지니고 있다.

인도양은 열대 해역의 복사 에너지로 온도가 상승되어 있는 수괴(물 덩어리)를 지닌 대양이며, 북반구 쪽에는 아시아 대륙으로 막혀 있어서 해류가 심하지 않고 큰 파도가 없다.

반면에 대서양은 북반구와 남반구의 수괴가 서로 유동하고 있어서 파도가 높고 수온이 낮은 성격을 지니고 있다. 대서양은 8,244만km² 이고 인도양은 7,344만km² 면적을 가지고 있다. 대서양이 인도양보다 약 900만km²가 크다. 대서양의 최대 수심은 8,385m이고 인도양은 7,450m이다. 그러나 평균 수심은 대서양이 3,926m이고 인도양은 3,963m로서 인도양이 약간 깊다.

이곳은 무엇보다도 거대한 두 개의 대양의 수괴가 부딪치는 곳으로 해양의 내적, 외적 변화가 막대하게 나타나는 현장이다. 현상학적으로 해면의 거센 파도, 솟구치는 비말, 내적으로 거대한 수괴의 대치와 섞임에 따른 수많은 해양학적 요인들의 변화를 내포하고 있다. 다른 한편으로 수시로 변화하는 기상적 요인은 이곳의 바람, 운해, 햇빛과 더불어 지역적 특성을 드러내고 있다.

케이프타운Cape Town은 위도 상으로 남위 30도 정도에 위치하고 있다. 이곳은 지리적으로 남극과 비교적 가까운 지역으로서 남극대륙과 남극 바다의 성격에 영향을 받는 곳이다.

이 반도는 해양성 기후에 절대적인 영향을 받는 곳이다. 해양성 기후로 인하여 겨울에도 혹독한 추위가 거의 없다. 이러한 현상은 희망봉 국립공원에서 초본류의 겨울나기에서도 볼 수 있다. 겨울철이라고 해도 식생이 아주 독특하고 경관적으로 아름답다. 공원 안에 자생하는 생

볼더스 비치의 펭귄 서식지로 가는 길의 해안정경   남아공 볼더스 비치의 펭귄 양식지

물의 종류는 영국 전 국토에 서식하고 있는 종류보다도 많다고 한다. 다시 말해서 생물의 다양성이 큰 지역이다. 이곳에 서식하는 활엽수는, 온후한 기후임에도 불구하고 겨울나기를 하기 때문에 낙엽이 지고 나목으로 변신한다. 그러나 초본류는 겨울임에도 불구하고 상당히 많은 종류가 활발하게 생존하고 있다.

케이프타운에서 빼놓을 수 없는 자연경관은 테이블 마운틴이다. 이 산은 암벽으로 되어 있고 해발 1,200m에 이르는 비교적 높은 산임에도 불구하고 테이블처럼 넓은 평면 공간을 지니고 있어서 붙여진 이름이라고 한다. 이 공간에 수많은 식물들이 자생하고 있다. 특히 독특한 지의류의 서식은 괄목할 만하다.

테이블 마운틴Table Mountain은 해변의 정경과 도시의 아름다움을 일견할 수 있는 곳이기도 하다. 이 산은 외양적으로 식탁처럼 평원을 이루고 있는데 사암으로 이루어져 있고 풍화된 돌과 모래 위에 다양한 식물이 자생하고 있다. 이 지역에서 기록된 식물의 종류는 1,470여 종이

남아공 희망봉

라고 한다. 이것은 커다란 다양성을 보이는 특기할만한 사항이다.

　케이프타운에서 희망봉에 이르기까지 보이는 야생화의 면모를 보면 우선 자연보호 구역으로 잘 관리되어 있다. 모든 야생화가 "자연 그대로"의 상태에서 자생하고 있다. 풍광의 특이성으로, 태양광선의 풍부함과 사통팔달의 해양성 기류의 이동에 따른 바람, 풍부하지 않은 강우량, 풍화작용에 따른 암석, 돌 등이 섞인 토양의 환경 조건에서 폭넓게 적응하여 자생하는 야생 식물은 원색적이고 화려한 꽃들을 피워내고 있다(김, 2008).

6. 세네갈 강의 자연

1) 세네갈 강의 개요

아프리카 대륙의 서부에 위치하는 세네갈 강은 길이가 1,630km이
며, 유역 면적이 441,00km²에 이르고 있다. 이 강의 중요한 의미는 절
대 불모지를 이루는 사하라 사막의 남쪽 한계선을 이룬다는 점이다. 다
시 말해서, 생태 경관을 일신시키는 사하라 사막의 최남단 오아시스 역
할을 하는 하천이다.

세네갈 강은 기니 공화국의 푸타잘롱 산지에서 발원되어 흐르기 시
작한다. 상류에서는 수색이 검어서 검은 강이라는 뜻을 가진 바핑 강이
라고 불리고, 말리의 영내를 북류하다가 흰 강이라는 뜻을 가진 바코이
강과 합류하여 세네갈 강을 이루게 된다.

바코이 강의 합류 지점에서부터 세네갈과 모리타니의 국경 하천을
이룬다. 이 지대에서는 4월에서 6월까지 건기를 이룬다. 이 시기를 제
외하면, 이 강의 하구에서부터 740km에 이르는 상류, 즉 카에스까지
대형 선박의 항해가 가능하다.

이러한 자연 지리적 성격을 이용하여 프랑스인은 18세기부터 내륙
침략의 통로로 이용하였으며, 자원개발을 비롯한 각종 목적으로 1818
년에 전 유역이 탐사되었다. 이 강은 사막 지대에 귀중한 수자원으로서
세네갈, 모리타니, 말리, 기니의 4개국이 공동 개발을 추진하고 있다.

2) 세네갈 강의 하류

세네갈과 국경을 이루는 로소Rosso시는 모리타니의 최남단 도시로서 인구는 35,000명 정도이지만, 주변 마을을 모두 합치면 240,000명이나 된다. 로소 지역은 다른 사막 지대에 비하여 강우량이 비교적 많고, 세네갈 강을 끼고 있어서 혹독한 사막의 불모지에서 탈피한 지역이다.

1991년 같은 경우에는 비가 적어서 연간 강우량이 200mm에 불과하였다. 보통은 250~300mm이며, 지역마다 다소 차이가 있어서 많은 경우에는 600mm의 비교적 풍요로운 강우량을 나타내는 곳도 있지만, 적은 곳은 150~200mm라고 한다.

모리타니가 접하고 있는 세네갈 강의 하류 유역 면적은 67,200km²로서 대평원을 이루고 있으나, 개발되어 활용되는 면적은 극히 적고 제한되어 있다. 세네갈 강의 하구에 가까운 수역의 강폭은 300~500m정도로서 물을 중심으로 국경이 정하여져서 한 쪽 땅은 세네갈이고, 다른 한 쪽은 모리타니이다.

이 강의 남쪽에 위치하는 세네갈 땅은 모리타니의 북쪽 땅과 비교해 보면, 지대가 낮으며, 강우량이 많고 습도도 풍부하므로 수목이 풍성하게 자라는 편이다. 따라서 여기서부터는 아프리카의 열대림이 형성되어가고 있다. 그러나 모리타니는 이런 조건이 전혀 없다. 그렇지만 이 두 나라의 강 양쪽 연안에는 수목과 초본류가 비교적 무성하여 경관적으로 녹지대를 조성하고 있다. 강변의 초목 속에는 갈대류가 무성한데, 그 속에는 작은 텃새의 떼가 많이 서식하고 있음을 볼 수 있었다.

세네갈 강의 하류에서 보이는 강폭이나 수량은 외관상으로 건기에 있는 우리나라의 한강 정도로 보이며, 수량이 풍성해보이지 않는다. 물의 유속도 거의 감지할 수 없고 평평하기만 하다. 더운 기온의 영향으로 수온은 상당히 높은 편이고, 수색은 진녹색으로 고농도의 부영양화 현상 내지 적조현상을 띠고 있다. 전반적으로 수심이 낮은 호수의 물처럼 활력이 없는 고인 물의 성격을 이루고 있다.

이 강 안에는 대소의 물고기류가 많이 서식하고 있다고 하지만, 강가에 사는 원주민이 그물로 포획하는 어류의 양은 보잘 것 없었다. 그물을 놓아 물고기를 잡는 어부의 집을 찾아다니면서 어구와 어획 방법, 그리고 잡히고 있는 어류에 대하여 전반적인 조사를 하였다. 그러나 실제로 강물에 쳐놓은 그물은 워낙 엉성한 것이었고, 어획 방법이 원시적이었다. 또한 강의 수문학적 성격이 전통적으로나마 이용되는 흔적은 하나도 찾아볼 수가 없었다. 어부의 빈약한 어획량(약 4~5kg정도)에서 보이는 물고기의 특성은 대체로 색채가 뚜렷했고, 종류는 열대성 담수 어류로서 크기는 비교적 작았다. 종류 상으로는 꽤 여러 가지가 보였고 원주민의 이야기로는 큰 물고기가 있다고 한다.

세네갈 강은 사하라 사막의 남쪽 한계선이므로 하구의 해안까지 사하라 사막의 바람이 해수에 영향을 미쳐서, 끊임없는 용승현상Upwelling이 일어나고 있다. 또한 세네갈 강물이 영양염류를 운반함으로써 하구역은 황금 어장을 이루고 있다.

로소 지역에는 수문학적으로 하구 성격이 형성됨으로써 제 1차 생산량이 많고 하구 쪽에 가까워질수록 기수 생태계를 이루며, 실뱀장어의 포획을 비롯하여 다양한 어류가 있다고 한다.

모리타니의 연안은 물가라고 해도 강물이 직접 닿지 않는 진흙의 토양이므로 많은 증발량과 혹독한 한발로 인하여 땅바닥이 심하게 갈라져 있다. 따라서 식생조차도 제한되어 있고, 식물의 양이 적어서 사하라 사막의 영향력이 심대함을 잘 드러내고 있다.

로소Rosso시에서 약 30km 떨어져 있는 곳에서 자연숲을 관찰할 수 있다. 멀리서 보면 좋은 숲이다. 그러나 숲의 안에 들어가 보면 늪지로서 강물이 흐르다가 멈춘 지대로서 물이 고인 곳도 있지만, 많은 부분의 땅바닥은 메마르고 갈라져 깊은 틈을 벌리고 있다. 식생은 사막 속에 있는 식물의 종류들로서 오랜 세월 동안 생존하여 굵은 나무를 이루고 있다. 이것이 바로 원주민이 자랑하는 숲이다.

나쁜 기후에도 불구하고 끝없이 전개되는 평원은 모리타니의 곡창지대로 일컬어진다. 그래도 다른 지역과 비교하면, 비가 많이 오는 편이며, 세네갈 강물이 바로 옆에 있는 것이다.

또한 세네갈 강가의 지역에는 자생하는 초본류를 활용하여 목축업이 왕성하다. 색다른 전경 중의 하나는, 수 백 마리의 소떼를 마치 알프스 지방에서 몰고 다니는 양떼처럼, 몰고 다니면서 풀을 뜯어 먹이고 있다는 점이다. 그러나 소의 체구가 대단히 왜소하고 살이 찌지 않은 것이 특색이다. 양, 염소, 닭도 이 나라 사람들이 필요로 하는 만큼 다량으로 기르고 있다. 이곳에서 생산되는 육류만으로도 모리타니 국민의 식성을 육식성으로 만들고도 남는다고 한다.

사막의 위력은 수원지 경내에서도 뚜렷하다. 로소 시에는 시내 한 가운데 연간 1,200만 톤의 수돗물을 생산하는 2개의 수원지와 100Kw를 생산하는 화력 발전소가 설치되어 있다. 수원지의 경내에는 버드나무류가 비교적 울창하여 삭막함을 다소 완화시켜주고 있지만, 땅바닥에는 사막의 모래가 바람에 날려와 쌓이기 때문에 삭막함을 지울 수 없다.

3) 모리타니와 세네갈의 국경분쟁

세네갈은 세네갈 강을 가운데 두고 모리타니와 국경선을 이루고 있다. 세네갈의 면적은 196,129km²이며, 인구는 566만 명 정도인데 아프리카에서 문화 수준이 가장 높은 나라 중의 하나이다. 반면에 모리타니의 면적은 광활하여 108만km²에 이르지만, 인구는 200만 정도에 불과한 사하라 사막의 국토이며, 문화수준이 아주 낮은 국가이다.

세네갈 강을 두고 모리타니 쪽에서는 사막의 토질과 기후로 초목이 잘 자라지 않으며, 남쪽 세네갈 쪽에는 풀이 무성하게 자란다. 이 지역에서 모리타니 주민이 양이나 염소 떼를 방목하게 되면, 가축은 강 건너편, 풀이 많은 세네갈 령의 초원으로 가서 풀을 뜯어먹는 것이 보통이다. 이것은 자연스러운 현상이고, 관례가 되어 지내왔다.

그러나 국경은 역시 국경이어서, 저녁 6시부터는 두 나라의 국경 수비대가 경계 근무를 한다. 1988년, 어느 날 대수롭지 않게 세네갈의 국경 수비대가 모리타니의 양 한 마리를 잡아먹게 되었고, 모리타니의 양 주인은 수비대에게 항의를 하게 되었는데 감정이 좀 격해져 서로 치고받고 하는 싸움이 심각하게 확대되어 갔고, 매스컴을 통하여 즉시 알려지게 되었다. 이것이 화근이 되어 불행히도 이 두 나라 국민 사이에 순간적으로 감정이 폭발되어 전쟁 바로 전까지 비화되었다.

세네갈의 수도 다카르Dakar에 있는 모리타니인은 거의 맞아죽다시피 하였고, 모리타니에 있던 세네갈 인은 마치 개나 양을 잡듯이 어린아이, 어른, 여자를 막론하고 몽둥이로 머리를 때렸고, 쓰러지면 쓰레기차에 싣고 다니는 참극이 벌어졌다. 이때에 생긴 양국인의 희생은 적지 않았고, 재산 피해도 막대했다고 한다.

사람의 의식이란 자연환경에 따라서 엄청난 차이가 있어서 놀랍다. 이 나라의 자연적, 사회적 환경이란 매사 불가능이 피부에 와닿는 듯했다. 실례를 들어보면, 세네갈 강에 대한 다소의 자료를 얻을 수 있을까 해서 이 지방의 관리 책임자 2명을 만나보았지만, 참고 자료는커녕

팸플릿 한 장 찾아볼 수 없었다.

　이 나라 사람들의 의식 속에는 의욕이나 애착이 없어 보이고, 그렇다고 아무런 실망도 절망도 없어 보인다. 불모지 환경에 대한 낭패감이라고는 찾아볼 수 없는 듯하다. 이 나라를 방문하는 외국인들은 자신들이 문화인이라고 자칭하며 서슴없이 이러한 자연 환경을 지구상에서 가장 저주받은 불모지라고 표현한다.

　그러나 실제로 이 사람들의 생활은 그들이 생각하는 것처럼 불행하고 비참한 것 같지 않으며, 웃기도 하며 삼강오륜 같은 율법도 지키면서 묵묵하게 인생을 살아가고 있는 듯하다.

7. 서아프리카의 황금어장, 모리타니 해역

1) 모리타니 바다

　서아프리카의 대서양변에 자리 잡은 모리타니는 108만km²인데 남한 면적의 약 11배나 된다. 사하라 사막의 절대 불모지에 가까운 국가로서 인구는 200 만 명이 다소 넘는다. 가난하고 현대문명이 미치지 않았으며 국민의 대부분이 문맹이다. 프랑스의 식민지였던 이 나라는 공용어로 프랑스어를 쓰고 있으나 일상적으로 아랍어를 쓴다. 수도는 누악초트이며 베르베르인과 흑인 사이의 혼혈인, 무어 족이 77%이다. 이들은 이슬람교를 믿으며 목축업을 한다.

　모리타니의 해안선은 약 700km로서 천혜의 어족자원을 지니고 있다. 이렇게 풍족한 어자원은 방대한 사하라 사막의 성격으로부터 기원되고 있다. 절대 불모지를 이루는 사하라 사막의 강렬한 태양열에 의한

모리타니 해역

것이라고 하겠다.

비가 거의 없으며 매일같이 쏟아지는 강한 햇빛은 750만km^2나 되는 사하라 사막의 방대한 광야에 열에너지로 축적되고, 이 에너지는 마치 화덕의 열기가 발산되는 것과 마찬가지로 강한 바람으로 전환되어 끊임없이 확산되는 것이다.

북쪽으로는 아트라스 산맥으로 바람의 통로가 차단되어 있으며, 동쪽에서는 뜨거운 열기가 계속 넘쳐 들어오며, 결국에는 자연스럽게 저지대인 모리타니의 서쪽 해안을 통하여 원양으로 빠져 나가는데, 이때의 강력한 바람이 표층수를 먼 바다로 밀고 나간다.

끊임없이 밀리는 표층수의 공간에는 심해의 풍부한 무기염류가 함유된 저층수가 표층으로 올라오면서 수평면을 유지하기 위하여 진충되는 것이다. 다시 말해서 용승현상이 일어나는 것이다. 따라서 풍부한 영양염류와 천혜의 햇빛, 그리고 적합한 수온은 제 1차 해양 생산의 최

적조건을 이루고 있다.

그 결과 식물 플랑크톤이 폭발적으로 번식하는 해양 환경이며, 이어서 동물 플랑크톤이 증식함으로서 이상적인 먹이 피라미드를 이룬다. 이러한 해양 환경으로 인하여 모리타니의 어장은 지구상에서 가장 좋은 황금어장으로 평가받고 있다.

2) 모리타니의 해상국립공원, 방가르겡

모리타니의 국립 해양 공원인 방가르겡 해역은 약 2만km²이며 수심 20m 이하의 얕은 연안 해역으로서 각종 어류와 패류가 서식하는 해양 생물의 낙원을 이루고 있다. 이곳은 서 아프리카의 중심 저지대로서 사하라 사막의 열기가 바다로 빠져 나가는 중심 통로이다.

이러한 강력한 바람에 의해서 모래가 바다로 끊임없이 유입되어 상당히 먼 거리까지 바다 깊이를 얕게 하며, 방대한 면적의 조간대를 형성시켰으며, 지금도 진행 중이다. 방가르겡 해역의 연안은 30마일까지도 10m이내의 수심을 지니고 있어서 어로활동은 할 수가 없고 자연적으로 해양 생물의 대량 서식지로서 서아프리카의 대표적인 해안자연 보호구역을 이루고 있다. 모리타니 정부는 연안에서 40마일의 해역까지 전관수역으로 관리하고 있다.

방가르겡 해역에는 2m 정도의 조석차이가 있어서 간조 때와 만조 때의 자연경관은 완전히 다르다. 만조 때에는 물이 들어오는 속도가 빠르지만 해수면은 상당히 평온하고, 수색은 탁하고 진한 녹색을 띠고 있어서 플랑크톤의 물꽃현상이 대단하여, 풍요로운 바다라는 것을 실감하게 한다.

물이 빠진 간조 때에는 조간대의 면적이 대단히 광활하게 펼쳐지며, 갯벌 또는 모래섬이 육상으로 들어난다. 이곳의 조간대에서는 해조류를 비롯하여, 각종 해양생물의 전시장이라고 할 만큼 수많은 저서생물이 관찰된다. 또한 홍수림이 자생하고 있다.

이곳에는 우점종을 이루고 있는 녹색말류zostere 뿐만 아니라 갈조류와 홍조류도 상당한 양이 다양하게 관찰되고 있다. 특히 수많은 조개류와 게 종류가 서식하고 있는데, 양적으로 방대하고 종류로도 다양하다. 이들은 갯벌, 모래섬, 해수가 갇혀있는 웅덩이 등의 조간대를 완전히 뒤덮고 있다. 바다 새의 먹이가 되는 이러한 저서생물은 여기에서 거의 무제한적으로 생산되고 있는 셈이다.

이렇게 풍부한 먹이망은 대단위의 바다 새의 집단이 서식할 수 있는 환경을 제공하고 있다. 바다 새의 우점종으로는 홍학의 군무를 들 수 있으며, 또한 큰 가마우지, 아프리카 가마우지, 흰 펠리컨, 흰 왜가리 등의 조류가 매우 큰 집단을 이루어 날아다니고 있다. 이들의 비상 경관은 대단히 아름다워서 천혜의 별천지를 이루고 있다.

3) 모리타니의 수산업

이 나라 사람들의 대다수는 목축업에 종사하고 육류를 주식으로 하기 때문에 식생활에서 수산물이 차지하는 비중은 대단히 낮고 어로 활동에 관심이 적다고 하겠다. 따라서 이 나라의 수산업은 풍족한 어족자원에 비해서 어업 기술이 대단히 미약하다. 그러나 이 나라의 수산업이 국가 경제의 70%나 되는 비중을 차지하고 있다.

1971년에 모리나티 해역에 한국적 어선이 진출하여 조업을 시작하

면서 마치 황금알을 주워 담
듯이 달러획득을 하였으나
1986년에는 한국적의 선박은
완전히 철수하였다. 그러나
1987년만 해도 모리타나의 바
다에는 한국인의 선장과 어부
들이 1,800여명이나 활동했으
나 1990년대에는 완전히 철수
했다. 어떻든 우리 선원들의
어업기술이 모리타니 해역에

모리타니의 수산업

축적되어 있다는 것은 강력한 국력의 한 형태이기도 하다.

이곳에서 나는 특산물로는 한치가 양적으로 풍부하며 맛이 뛰어나
서 명성을 지니고 있다. 뿐만 아니라 문어와 갑오징어의 생산량도 많
다. 우리나라 사람 중에는 문어 통발을 전문적으로 개발하여 어업에 종
사하는 사람도 있었다.

이 해역에서 어획되는 어류로는 도미 종류와 민어, 농어의 양이 대
단히 많다. 농어의 경우, 해안에서 낚시를 하면 한 낚싯대의 줄에서 보
통 2~3마리, 심지어는 3~4마리씩 동시에 낚이는 신나는 경험을 하게
한다.

해양 동물로는 바다거북이 관찰되며 특히 돌고래와 고래의 회유 장
면이 쉽게 관찰된다. 이 역시 먹이가 많기 때문이다. 이러한 해양 동물
의 회유는 진기한 해수면의 경관이며, 아름답기 그지없다. 무엇보다도
이곳에서 자생하는 어류가 풍부함을 보이는 것이다.

7장

대양주의 자연환경과 생물

1. 호주 대륙의 사막자연

태평양과 인도양으로 둘러싸인 호주대륙은 약 770만km²의 방대한
면적이 위도에 따라, 양 대양의 성격에 따라, 기후에 따라, 지형에 따
라, 또는 지세에 따라 자생하는 육상 생물이 다르고, 분포가 다른 다양
한 생태계를 이루고 있다. 여기에서는 대단히 커다란 비중을 지닌 사막
에 대하여 다소 언급하기로 한다.

호주 대륙의 기후는 방대한 면적만큼 다양하고 복잡하다. 대부분의
내륙은 사막 또는 강우량이 아주 적은 열대성 기후로 사람이 살기에는
쾌적하지 않은 지역이다. 그러나 해안 지역은 태평양과 인도양의 영향
속에 있는 전형적인 해양성 기후대로 대도시들이 있다.

사막의 기후라고 해도 위도와 권역에 따라 다르며, 해양성 기후라고
해도 역시 마찬가지로 위도에 따라 바람의 성격에 따라 생태계가 달라진
다. 이 대륙의 북부에 위치하는 케언스나 다윈 같은 도시를 중심으로 하
는 해안지대는 위도상으로 열대이며 비가 많이 내려 열대 우림을 형성한
다. 그리고 바다 쪽으로는 유명한 열대의 산호초 생태계가 펼쳐진다.

대륙의 중앙부위에는 심프슨 사막Simpson Desert속에 앨리스스프링스
시가 있으며, 이 시의 서쪽으로 기브슨 사막Gibson Desert과 연결되어 있
다. 완전한 사막의 기후대를 이루고 있는 아열대성 권역이다. 앨리스스
프링스 시의 북쪽으로는 방대한 면적의 그레이트샌디 사막Great Sandy
Desert이 있고, 남쪽으로는 그레이트빅토리아 사막Great Victoria Desert이
있다. 이 도시의 서쪽으로는 양대 사막의 영향이 서쪽 해안까지 크게
미치고 있으나, 동쪽으로는 대찬정 분지Great Artsion Basin가 넓게 전개
된다.

위도 상으로 아열대 지역의 아래쪽으로는 건조성 기후대여서 비가

거의 오지 않는 사막으로 생물의 서식이 극히 제한되어 있다. 그러나 이 사막과 접하는 연안 지역은 해양 기후의 영향권 안에 있다. 호주대륙의 중부에 위치하는 브리즈번 같은 대도시는 태평양의 해안에 위치하고 있다.

호주 대륙의 1/3 정도에 해당되는 남부지역은 온대성 기후이며 강우량도 적당하고 온화한 지역을 이루고 있어서 대부분의 도시가 이곳에 있다. 그 중의 하나로 크고 아름다운 대도시인 시드니 시가 있다. 남반구의 해안도시의 식생이지만, 북반구의 식생과 다른 점이 쉽게 보이지 않는다. 다시 말해서 지구촌의 생태계가 기후에 따라 대동소이하다는 것을 느끼게 한다(김, 2008).

2. 블루마운틴의 자연

블루마운틴Blue Mountains은 호주의 3개주에 거쳐 있는 거대한 산맥으로, 생물자원의 보고로 보호되고 있다. 블루마운틴은 남북의 길이가 약 200km이고 폭은 다소의 변화가 있지만 대략 50km로 면적은 약 1만 km²인 커다란 산맥이라고 하겠다.

이 산맥 안에는 여러 개의 국립공원이 있으며, 자연보호 구역이 있고, 각종 토종의 생물들이 보호되고 있다. 블루마운틴에서 약 60km 거리에 대도시 시드니가 바닷가에 자리 잡고 있다. 다소 크게 본다면 시드니 시는 산과 바다의 아름다움을 절묘하게 조화시키고 있다.

블루마운틴에 자생하는 수목으로 절대 우점종의 자리를 차지하고 있는 나무는 유칼립투스Eucalyptus이다. 이 나무는 크게 자라서 거목이 되며 울창하고 거대한 숲을 이룬다. 유칼립투스의 원산지는 호주이며

블루마운틴의 대자연

종도 대단히 많아서 약 600종류가 있다. 유칼립투스 숲의 교목대 밑에
는 관목대와 초본대의 형성이 왕성해 보이지 않는다.

　블루마운틴은 멀리서 보면 산 전체가 푸르스름하게 보여서 붙여진
이름이다. 유칼립투스의 나무 잎에서는 아주 미세한 유적(기름방울)이
증산작용과 함께 분비되며, 유적이 수증기와같이 대기로 증발될 적에
강렬한 태양광선과 만나 반사되는 빛이 푸르스름하게 보이는 것이다.
블루마운틴이 지니는 녹음의 80%는 유칼립투스가 차지하고 있다는 것
도 아주 특이한 자연생태계라 하겠다.

유칼립투스의 나무 잎은 코알라koala의 식량원이어서 유칼립투스가 숲을 이루는 곳에는 코알라가 서식한다. 코알라는 물도 먹지 않고 오로지 유칼립투스의 잎만 먹으며 여기에서 생활에 필요한 모든 영양소와 수분을 섭취하는데 하루에 무려 18시간이나 잠을 자는 아주 특이한 동물이다. 개체수가 줄어들어서 보호대상이 되고 있다. 반대로 캥거루kangaroo는 코알라와는 다르게 번식력이 강해서 개체수가 많이 늘어나고 있다.

이 밖에도 블루마운틴에서 쉽게 관찰되는 동물은 오리너구리platypuse, 포섬possum, 에뮤emu, 태즈메이니아 데블tasmanian devil, 웜벳, 딩고 등이다. 에뮤는 타조 비슷한데 뒤로 걷지 못하고 전진만 하는 동물이고, 딩고는 진돗개 비슷하며 무척 사나운 동물이며, 웜벳은 야행성으로 낮에는 나무통 같은 곳에 은신하고 있다가 밤에 활동한다(김, 2008).

3. 뉴질랜드의 자연

뉴질랜드는 남위 34°~47° 사이에 위치하며 남태평양에 위치하는 2개의 섬으로 이루어진 나라이다. 북섬은 약 12만km²이고 남섬은 약 15만km²이며 뉴질랜드의 총 면적은 271,000km²이다. 북섬과 남섬의 길이는 1,600km나 되며 남섬은 위도 상으로 남극 바다와 접하고 있다. 뉴질랜드는 남태평양의 전형적인 해양성 기후를 지니고 있지만, 남섬의 남부지방은 지리적으로 남극과 비교적 가까운 거리에 있어서 남극의 기후에 영향을 받고 있다.

뉴질랜드는 초원의 나라인 동시에 목축업이 발달한 낙농 국가이다.

뉴질랜드의 자연

이 나라는 양을 집중적으로 기른다. 넓고 풍요로운 초장은 하나의 생태
계를 이루고 있다. 목초도 다양하여 수십 종류에 이르고 있다. 여러 종
류의 목초는 번성하는 기간을 다르게 재배하여 이른 봄부터 늦은 가을
에 이르기 까지 꾸준하게 일정량의 목초가 생산되어야 사육되는 양의
먹이의 수급이 안정되는 것이다. 이러한 초장에는 민들레, 씀바귀, 질
경이, 망초, 엉겅퀴, 고들빼기 등의 풀도 함께 자라고 있다.

　뉴질랜드의 북섬과 남섬은 화산의 분출로 형성된 섬으로서 분화구
가 많으며 뜨거운 유황 온천수가 용출되고 있어서 온천지대를 이루고
있다. 따뜻한 수증기가 대기를 덮고 있어서 색다른 생태계를 이룬다.

물론 뜨거운 온천수 속에도 남조류 같은 온천조가 생육하고 있다. 북섬의 중앙에 위치하는 로토루아Rotorua 시에는 호수가 많아 호반의 도시인 동시에, 용암이 흘러나오고, 더운 물이 지하에서 솟아올라 온천지대를 이루고 있다.

또한 화산의 영향으로 자연동굴도 많다. 반딧불이 대량으로 서식하는 반딧불동굴도 있는데, 그 동굴 속에는 지하수가 냇물처럼 흐르고, 물은 연못을 이루어서, 소형 선박을 타고 반딧불이 서식하는 환경을 관찰할 수 있다. 아주 특이한 동굴 생태계인 동시에 자연의 다양성을 느끼게 한다.

남섬의 산악 지대에는 수많은 고산준령이 펼쳐지고 그 속에 대·소의 호수가 있으며 아름다운 풍치 지역으로 국립공원을 이루고 있다. 이러한 호수들은 화산의 분화구였으며, 호수의 수심은 깊다. 호수 물은 고산의 기후에 따라서 수온이 낮으며 맑고 깨끗한 냉수로서 송어가 서식하고 있다. 높은 산, 청정한 호수, 자연 그대로의 원시림은 천연의 아름다움을 지니는 자연생태계이다(김, 2008).

4. 뉴질랜드 남섬의 피오르드 자연

뉴질랜드 남섬의 서남쪽에 위치하는 거대한 피오르드 국립공원 Fiordland National Park은 면적이 125만 헥타르이며 뉴질랜드에서는 가장 크고 세계에서는 다섯 번째로 큰 자연 공원이다. 밀 포드 사운드는 이 공원과 접하고 있으며, 여기서부터 남쪽으로 약 300km의 해안에 수많은 사운드가 펼쳐져서 피오르드 자연을 이루고 있다. 장구한 세월의 흐름 속에서 사운드는 지각의 변동, 화산 폭발, 빙하의 침식 등으로 형성된 자연이다.

피오르드랜드 공원은 험한 산세의 산맥과 계곡에서 형성된 하천, 폭포, 호수, 산림, 그리고 심한 리아스식 해안을 지니고 있다. 밀 포드 사운드는 피오르드랜드 공원의 명미중의 하나이다. 내륙 쪽으로는 방대한 면적을 지닌 테 아나우 호수와 연결되어 있다. 호수의 길이는 61km이고 면적은 352km²이며 최대 수심은 417m로 뉴질랜드에서 두 번째로 큰 호수이다. 오로지 먼 옛날부터 생겨난 자생적 자연의 모습인 자연생태계를 이루고 있다.

이 국립공원의 해안선은 굴곡이 심하고 빙하의 침식이 강하여 수심이 깊은 바다로 된 것이다. 피오르드의 경관으로 본다면, 울창한 숲을 이루고 있는 산들이 즐비하게 정렬되어 있는 원시림 지역이다. 유네스코는 이러한 자연환경을 1986년에 세계자연 유산으로 지정했다.

밀 포드 사운드의 동쪽 내륙으로는 퀸스타운Queenstown이 있고 남쪽으로 120km 떨어진 곳에는 규모가 작은 테 아나우 시가 있다.

밀 포드 사운드의 기후는 변화무상하여 수시로 변한다. 화창한 일기와 소나기, 구름, 강풍 등의 악천후가 수시로 교차한다. 겨울은 5월부터 8월까지인데 낮 기온이 4℃~10℃ 정도로 상당히 온화한 편이다.

그러나 피오르드 국립공원의 고산에는 눈과 얼음이 덮이고 눈사태가 발생하며, 시속 200km나 되는 강풍이 빽빽한 숲의 나무들에게 타격을 준다. 특히 너도밤나무 군집의 나무들은 뿌리 채 뽑히기도 하고 쓰러지면서 도미노현상으로 나무가 쓰러지는 사태를 발생시키기도 한다.

밀 포드 사운드는 절벽으로 깎아지른 산봉우리들이 피오르드의 수면에 병풍처럼 둘러 서 있는데 2,000m 높이의 펨브로크 피크Pembroke peak와 1,692m의 마이터 피크Mitre peak 등 1,000m가 넘는 산의 계곡으로부터 쏟아지는 수 많은 폭포들은 바다의 만구로부터 16km 안쪽까지 절경을 이루는 자연생태계이다.

밀 포드 사운드는 위도 상으로 남극에 가까운 위치이며, 태평양의 해양 환경으로 절대적인 영향을 받는 완전한 해양성 기후이다. 강우량은 년 7,200mm에 달한다. 이러한 막대한 강우량은 산꼭대기로부터 쏟아져 내리는 폭포를 형성하는데 부족함이 없다. 여름철은 11월부터 다음해 2월까지이며 온화하며 최고 기온은 25℃ 정도이다. 이러한 환경으로 풍성한 원시림 지대를 이루고 있으며, 그 속에는 다양한 조류와 곤충류가 대량으로 번식되고 있다. 자생하는 곤충류는 300여종이 넘고 나무의 저변과 둥치에는 선류mosses와 태류liverworts가 무성하게 번식하고, 2,000m 이상 되는 고산에는 초지가 형성되어 있으며, 24종의 독특한 고산 식물이 자생하고 있다는 보고가 있다(김, 2008).

5. 괌의 해양환경

괌은 위도 상으로 열대에 인접해 있고 서태평양의 가장 깊은 필립핀 해구에 가까이 있는 섬이다. 메리애나 열도에서 가장 큰 섬으로 북위 13°27′, 동경 144°47′에 위치하고, 면적은 549km²이며, 섬의 길이는 48km, 폭은 6~14km이다. 섬의 남부에는 해발 407m의 산이 있고, 북쪽으로는 해발 150m 정도의 고원이 있다. 해안에는 양항良港으로 알려진 아프라 항을 비롯한 대·소의 항구들이 있다.

괌의 육상은 전형적으로 고온 다습한 해양성 기후를 보이고 있으며 자연조건으로 보아 열대 밀림이 형성됨직 하지만, 해안가에는 야자수 Palm tree가 가로수로 번성할 뿐이다. 화훼류로는 유도화, 부겐베리아, 유카 등이 보인다.

이 섬은 2차 세계대전 전에는 울창한 밀림으로 덮여 있었으나 전쟁 시에 과도한 폭격으로 열대우림이 파괴되었고, 강한 태풍의 영향으로 밀림이 다시 회복되지 못하고 있는 상태이다. 그러나 남부 지역의 계곡에는 울창한 숲이 있는 곳도 간혹 보이고, 세월의 흐름과 함께 차츰 회복될 것으로 보여진다.

적도의 열대 해역에서 생성되는 잦은 태풍은 이 섬의 우점종인 야자수까지도 바람의 방향과 지세에 따라서 체형을 휘게 하거나, 쓰러지게 하거나, 해수의 영향으로 말라죽게 하고 있음이 관찰된다. 따라서 괌도의 식생은 단조로우며 생태계의 구성원은 대단히 단순해 보인다.

괌도에서는 인위적 생태계가 형성되는 점도 있다. 밀림이 사라짐과 동시에 새 종류가 거의 다 사라지기도 했다. 일본이 한 때 이 섬을 점령했는데, 그 때에 식용으로 들여온 뱀이 많이 번식하여 새의 알을 모두 먹어 치움으로써 조류의 번식이 중단 되었다고 한다(김, 2008).

8장

자연과 건강

1. 자연, 환경, 건강

이제는 어느 시골이던 쉽게 자동차가 들어가지 않는 곳이 없다. 아무튼 자연 환경의 파괴는 서울이든 시골이든, 산이든 강이든 자동차가 들어갈 수 있고 사람의 발자국이 닿고, 그것도 자주 닿는 곳이라면 쓰레기가 쌓이고, 풀이 마르고, 나뭇가지가 꺾여 나가고, 자연이 훼손되어 가고 있다. 풀밭은 사라지고, 나무숲은 없어지고 있다.

커다란 나라들에 비하면 참으로 작지만, 그래도 아기자기한 삼천리 금수강산에는 몇 년 전까지만 해도 지방의 성격에 따라 말씨도 다르고, 살아가는 풍습도 다르고, 분위기도 다르며, 먹는 것, 입는 것, 노는 것, 일거일동에 있어서 적지 않은 차이가 있었다. 같은 민족이어도 지방마다 산천이 다르고 풍토가 다른데서 비롯된 개성이나 인격의 차이가 우리 사회를 단조롭지 않고, 특색 있고 재미있게 조화를 이루어 주었다.

근대사에서 산업 혁명이 인류에게 가져온 공과는 대단히 크다. 그전에는 오염이 아주 적었으며, 산천초목의 자연 환경이 크게 멍들지 않아 신선한 공기를 마음껏 마시면서 살아갔다. 그러나 그 이후 산업의 발달은 우리 모두에게 편리한 생활을 선사하였다. 특히, 자동차와 비행기의 발달은 인류 문화에 있어서 거리감을 탈피시키는 축지법을 실현시켰다.

지금부터 100여 년 전만 해도 파리의 거리는 우마차가 다니는 거리였고, 여름철의 우마 분뇨는 악취와 파리 떼 같은 곤충의 번식을 극성스럽게 해서 일상생활을 괴롭혔다. 그러던 차에 자동차의 출현은 획기적인 변화가 아닐 수 없었고, 모든 시민은 환호하지 않을 수 없었다.

약 100여 년 전, 미국 동부의 바닷가 모래 언덕에 위치하고 있는 낵스 헤드Nags Head라는 곳에서 라이트 형제Wright가 실험 비행에 성공한

이래 비행기 산업은 일진월보 장족의 발전을 거듭하여 전 세계의 구석구석 비행기의 날개가 펼쳐지지 않는 곳이 없을 정도이다. 이것이야말로 인류의 숙원인 축지법을 실현시킨 획기적인 과학 기술의 발전이고 현대 문명의 꽃이다.

이런 기계 문명 중에서 자동차의 홍수는 인류의 건강에 이렇게 대단한 자충수가 될 줄은 미처 몰랐다. 세월은 엄청난 환경의 변화를 이룬 것이고, 이제 우리 모두는 자동차의 환경 공해로 당황하기 시작한 것이다. 자동차의 발달과 인류의 생활 사이에는 생물학적으로 다음 같은 관계를 무시할 수 없다.

생물이 살아가는 대기 환경에는 일정량의 습도가 유지되고 있다. 다시 말해서, 우리가 숨을 쉬는 공기 중에는 미세한 수분이 적당량 섞여 있어서 호흡을 원만하게 하는 커다란 역할을 맡고 있다. 호흡은 때와 장소를 불문하고 잠시도 중지될 수 없는 가장 중요한 생명 현상인 것이다. 습도가 너무 높거나, 너무 낮은 경우에는 생활에 불편함 내지 질병을 유발하는 것이 보통이다.

오늘날 우리의 호흡 환경은 어떠한가? 엄청나게 많은 양의 자동차 배기가스와 에너지 생산에 쓰이는 각종 화학 연료로부터 배출되는 가스의 양은 다대한 것이다. 예를 들자면 탄소의 산화물(CO, CO_2), 유황의 산화물(SO_2, SO_3, SO_4) 또는 질소의 산화물(NO_2, NO_3) 등 여러 가지가 있다. 이러한 가스는 공기의 무게보다 무거워서 지표면에 가까울수록 농도가 높으며, 대기 속의 수분과 반응하여 탄산, 황산, 질산과 같은 강산을 만들어 낼 수가 있다. 물론 지극히 소량이라고 해도 이러한 강산은 우리의 호흡 작용에 대단히 유해하다.

어떻든 기계 문명의 극대화는 도시와 시골 사이에 환경 공해의 평준화와 함께 심성의 변천을 불가피하게 만들고 말았다. 얼마 전까지만 해도 우리들의 마음속에는 서울 사람이 있고 시골 사람이 있는 듯했다. 마치 보이지 않는 울타리 같은 분위기의 문턱이 있었다.

때로 시골 사람은 도회로 가는 일이 있다. 이런 나들이에서 일가친척 또는 친지를 만나면, 반가움과 함께 자동차의 물결과 번잡스러운 환경에 넋을 반쯤 잃고 "이 복잡한 서울에서 어떻게 사노"하는 것이 진솔된 마음의 표현이며 머리가 어지럽다는 것이 보통이었다. 그들은 도시 사람들처럼 환경오염에 적응되어 있지 않았기 때문이다.

아직도 우리나라는 온화한 기후에 산천 경계가 좋아 살기 좋은 풍토를 이루고 있다. 크지 않은 국토 면적의 아름다운 반도 환경 속에서 한 핏줄의 배달민족이 어느 구석을 가든 정이 넘치고 화기애애하게 대화를 나눌 수 있는 나라이다. 단일 민족의 이심전심이 흐르지 않는 곳이 없다. 축복 받은 영토이고, 축복 받은 동포이다. 다른 나라에서는 같은 국민이라고 해도 말이 통하지 않는 곳이 적지 않다.

영국에서 생산되는 유명한 위스키 올드빠Old Paar에 관련된 환경과 문화에 대한 희화적인 이야기를 소개하면서 자연 보호를 역설하고자 한다. 올드빠는 환경 공해가 없는 시골에서 양조장을 하면서 건강하게 살던 촌부였다. 그는 86세에 초혼(첫 번째 결혼)을 하여 40여 년의 부부 생활을 하다가 126세에 상처喪妻를 하고, 16세 된 동네 처녀와 바람이 나서 임신을 시킬 만큼 건장한 체력을 지녔던 사람이다. 물론 이러한 사건으로 마을 사람들에게 지탄을 받았지만 결국은 재혼하여 활력이 넘치게 살았다.

그 당시 빅토리아 여왕은 156세나 된 이 촌부를 국빈으로 초대하여 런던 구경을 시켰다. 임금의 정중한 예우는 산해진미를 즐기게 했으며, 안락한 관광을 배려했음은 물론이다. 그러나 그는 국빈으로서 런던 생활 15일 만에 원인 불명의 질병으로 죽음으로써 충격적인 수수께끼를 남긴다. 그의 돌연한 객사는 급격하게 변한 환경에서 야기되는 생리 현상일 것이라고 얘기하고 있지만, 주요인의 하나는 아마도 산업 혁명 후 런던의 극심한 환경 공해, 특히 오염된 물과 공기의 중요성을 부각시킨 시사적인 사건이 아닐 수 없다.

인간이 살아서 자자손손 번성해야 하는 이 조그만 지구, 산과 들과, 강과 바다와, 하늘과 공기가 오염에 찌들려 자연 환경이 급속도로 파괴되어 가니 하나밖에 없는 유일한 지구를 살리자는 목소리가 높아지고 있다. 이 아름다운 지구에 자연과 조화를 이루면서 또 찬란한 문화를 이룩하면서 대대로 잘 살아갈 수 있도록 과학 기술은 능력을 발휘해야 할 때가 왔다.

2. 지구촌이 몸살을 앓고 있다

최근에는 유난히도 지구촌이 온통 몸살을 앓고 있다. 몸살이란 사람이든 자연이든 피로가 쌓이고 노폐물이 쌓여 더 이상 정상을 유지하지 못하여 앓는 질환이다. 사람이 몸살을 앓는 것도 원래의 건강을 찾으려는 강력한 생리활동이며 지구환경이 몸살을 앓는 것은 본래의 자연 성격을 회복하려는 몸부림이다. 지구는 지구대로 고유한 성격을 지니며 원래의 자연을 유지하려고 나름대로 노력하고 있다.

세계적인 대하大河 양쯔 강이 범람한 해도 있다. 드문 일이 아닐 수 없다. 적도해역의 고온다습한 비구름의 대기가 편서풍을 타고 양쯔 강의 유역에 도착하여 폭우로 변한 결과라고 한다.

다른 한편 이러한 영향으로 서울에서는 게릴라성 집중폭우가 중랑천을 범람시켰다. 그 결과 우리나라와 중국은 막대한 재산피해를 면치 못하였다. 폭우는 마치 하늘에 구멍이 뚫린 듯이 비를 쏟아 부었다. 그것도 시도 때도 없이 쏟아 붓는 기상 이변인 것이다. 일기예보에 맞추어 대비한다는 것은 어림없는 일이었고, 물난리는 폭우에 의해서 야기되는 감당할 수 없는 천재지변으로서 우리로서는 속수무책이었고 한 시간을 내다볼 수 없는 예측불허의 시간을 보내기도 했다.

우리나라와 중국에는 수많은 수재민뿐만 아니라 농경지가 온통 물바다로 변하여 피해가 이만저만이 아니다. 다시 말해서 적도 해역의 기상이변이 양쯔 강을 범람시켰다면, 다른 한편으로는 양쯔 강을 지나는 비구름이 우리나라의 경기 서울 지방으로까지 전파되어, 마치 홍역을 치르듯 이웃한 두 나라는 물난리를 치렀다.

미국에서는 한여름철의 산불과 폭서로 유례없는 대재난을 당하고 있고, 남극대륙에서는 온난화 현상으로 한반도만한 면적의 빙하가 떨어져 나와 유빙의 신세로서 녹고 있어서 전 바닷물에 막대한 영향을 끼치면서 나아가서는 지구 환경에 지대한 영향을 미치고 있다.

대기권의 하늘에는 이산화탄소가 너무 많이 차여 온실화 현상을 일으키며 지구의 온도를 높이고 있다. 바닷물은 엘니뇨현상으로 수온이 높아짐으로서 지구 전체의 기온을 상승시키고 있다. 이와 반대현상으로는 라니냐현상은 바닷물의 온도를 낮춤으로서 지구의 기온을 낮추었고, 가혹한 한파를 몰고 와서 수많은 희생자를 발생시켰다.

서울의 도심에서는 과다한 자동차의 방열효과와 집집마다의 에어컨에서 내뿜는 열 효과는 도심 전체를 특히 아파트 밀집지역에서 여름을 더욱 뜨거운 환경으로 몰아가고 있다. 그래서 도심의 아파트 주거지에서는 열오염에 극심하게 시달리고 있다. 경우에 따라서는 아파트의 창문조차 열 수 없을 정도로 외부의 더운 열기로 인하여 답답하고 숨 막히는 한 여름을 지내고 있다.

생태계적인 측면에서도 생물의 다양성은 줄어들고 정상적인 생물의 분포는 벗어나고 있다. 다시 말해서 색다른 종의 출현으로 생물의 세계는 이상하게 변모하고 있다. 예를 들면 기후에 쉽게 빨리 적응하는 생물은 강력하게 번식하여 세력을 구축하면서 지구촌을 뒤덮으려고 하고, 그렇지 못한 생물들은 점점 수효가 줄어들다가 결국에는 멸종되고, 종적을 감추게 되는 것이다.

그래서 우리 인간의 물질문명의 발달에 따른 편리한 일상생활은 환경오염을 초래하며 그 일례로 기온변화는 식생을 변화시키고, 그 결과 생물의 종의 다양성에 변화를 불러온다. 바로 이런 결과로 인간의 자연환경은 열악해져 가기만 한다. 어떻든 오늘 날 지구의 자연생태계는 유례없이 변모하고 있다.

선진국의 대열에 들어서려는 우리나라의 환경오염은 또 다른 일면의 부작용을 일으키고 있다. 집중호우에 따른 홍수는 계곡물을 세차게 흐르게 하고 냇물을 범람시키면서 자연 속에 품고 있는 오염물질을 배출해내고 있다.

댐마다 호수마다 만수위를 육박하는 한편, 물이 넘쳐흐르고 있다. 그런데 수면은 마치 쓰레기 집합 장으로 변모하는 이색적인 현상이 드러나고 있다. 심산유곡의 각종 쓰레기가 폭우의 격류로 인하여 하류로 흘러 내려 한곳으로 모아진 것이다. 그 쓰레기의 양이 놀랄 만큼 많아서 가히 인산인해를 이루었다는 표현이 적절할 정도이다.

이것은 우리 모두가 평소에 별 의식 없이 저질러 온 생활의 한 단면이다. 자연은 원래의 자연대로 돌아가려고 비가 오고, 눈이 내리며, 태풍이 불며, 고기압과 저기압이 교차하면서 순환작용을 하고 있다. 이것은 지구가 몸살에서 벗어나려는 자정작용을 하고 있는 것이다.

과학학술이 첨단으로 달리면서 지구상에 그 영향이 미쳐지지 않는 곳이 없다. 그러나 인구가 폭발적으로 증가된 지구 환경은 앞으로 어디로 가는 것인지, 지구의 잠재적 수용력potential은 어느 한계에까지 도달하고 있는지를 쉽게 예측할 수 없는 것이 현실이다.

3. 북극권의 자연, 지구 온난화 현상

북극권이라 하면 북극점을 중심으로 하는 고위도 지방을 총칭하는 것으로 북극해와 이를 둘러싸고 있는 한대 지역이다. 그리고 여기에서 형성된 한냉 기후를 북극권의 기후라고 한다.

지리적 관점에서 보면, 북극점을 포함하는 북극해, 미국의 알래스카 반도, 캐나다의 북쪽에 위치하는 북극 해안에 위치하는 섬들과 연안, 덴마크 영토인 그린란드 섬, 스칸디나비아 반도의 북쪽 연안, 그리고 러시아의 시베리아 연안으로 둘러싸여 있는 전역을 북극권이라고 한다.

북극권의 특징은 기후이며, 기후를 주도하는 것은 바로 한랭한 온도와 빙하와 적설이다. 남극권의 기후 성격도 북극권과 대동소이하다. 남·북극권의 기후는 지구전체의 기후와 온도에 막대한 영향을 미치고 있다.

북극권을 이루는 중요한 부분 중의 하나는 알래스카 반도이다. 이곳의 미개척 시대의 원초적인 기후와 인류 문화가 발달된 오늘날의 변천 기후와의 비교는 뚜렷한 차이가 있으며, 지구 온난화와 같은 아주 심각한 현상을 파악할 수 있게 하며, 이 분야의 과학기술을 생존적인 차원에서 발전시키고 있다.

북극권 기후의 특성은 한대지방으로서 알래스카의 경우, 겨울 기온이 보통 영하 15℃에서 영하 26℃까지 내려가는 추운 날씨를 보인다.

겨울이 일 년의 절반이나 되며, 여름은 상대적으로 짧은데, 여름 기온은 10℃이상이며, 최고 온도는 37℃를 기록한 경우도 있다.

여름철의 날씨는 화창한 햇빛, 비, 구름, 바람, 안개, 가스 이동으로 인한 다양한 변화가 수시로 일어나서 한 두 시간 앞을 예측하기가 어려울 정도이다. 특히 구름의 이동이 수시로 일어나며 하루사이에도 4계절의 다양함이 관찰될 정도라고 한다. 이러한 기후는 일상생활에 커다란 영향을 미치며, 경비행기의 운영이라든가 비행기의 이·착륙에도 많은 영향을 미치고 있다.

기상의 변화는 주로 구름과 바람의 이동과 밀접한 관계가 있는데, 북극권의 기상 변화는 기압의 이동에 따른 바람과 구름으로 인한 강우 또는 강설과 관계가 있으며, 구름의 변화는 무궁무진하다고 하겠다.

북극권에 내리는 강우량은 연간 약 250mm 정도이다. 이것은 년 중 적설량도 강우량으로 환산한 것이며 북극권 전체의 평균 수치이다. 따라서 국지마다 차이가 있다고 하겠다.

북극권에서 발생하는 특이한 현상중의 하나는 여름철에 해가 지지 않고 낮 시간이 계속되는 것이다. 이것을 백야 현상이라고 한다.

이 기간이 바로 여름이며, 실제로 길지 않다. 이런 여름이 지나면 짧은 가을이 오고 그 다음에는 장장 긴 겨울이 시작되는 것이다. 눈이 내리는 시기는 보통 10월에도 많이 내렸으나, 최근에는 지구의 온난화 현상으로 눈 내리는 시기가 11월 또는 12월로 많이 늦추어져 있고, 내린 눈이 녹지 않고 적설 되어 일정한 고도의 산에서 만년설 또는 빙하로서 지구의 기온조절에 기여하고 있다.

현재 이러한 북극권의 기후의 자연현상은 평형이 깨지고 있다. 예로서 앵커리지 근교의 산에는, 여름철 산 중허리까지 쌓여 있던 눈이 산 꼭대기까지 거의 다 녹았으며, 고도가 높은 산의 만년설 또는 빙하도 많이 녹아서 지구의 기상 변화가 급속히 이루어지고 있음을 실감하게 한다.

다시 말하자면, 일 년에 96km³의 빙하가 녹아서 사라지고 있다. 지난 100년의 세월동안 그린랜드의 얼음을 비롯한 남·북극권의 얼음이 녹아서 해수면이 약 23cm정도 상승하였다는 미국항공우주국의 보고가 있다. 어떻든 이로 인하여 지구의 자연생태계는 상당한 변화가 불가피하였으며, 다른 한편으로는 계속해서 해수면이 조금씩 높아져서 연안에 위치하는 대도시에 상당한 영향을 주고 있다.

현재 지구의 온난화 현상은 전반적으로 알려진 사실이다. 그리고 북극권과 남극권에서 아주 두드러지게 관찰되고 있다. 지구의 온난화란 많은 양의 숲이 감소하는 추세의 영향을 받고 있으며, 석유와 석탄 같은 화석연료의 막대한 사용에 따라서 이산화탄소의 양이 대폭 증가함으로서 발생되는 것이다. 다시 말해서, 지구의 온난화의 주인은 이산화탄소로서 55%의 영향력이 있는 것이다.

다른 한편으로 냉장고 또는 에어콘에서 발생되는 염화불화탄소인 프레온가스도 대단히 커다란 비중을 지니고 있는데 무려 24%의 영향력을 가지고 있다. 이 가스는 오존층을 파괴하는 물질로 알려져 있음에 주목해야 한다. 이 가스는 문화와 산업이 발달되면 될 수록 증가되는 것이다.

지구의 오존층이라고 하면 지표면에서 20~30km 높이의 성층권에 오존의 양이 많이 분포하고 있는 것을 지칭하고 있다. 이 층은 태양으로부터 오는 강한 햇빛 중에서 생물체에 지대한 영향을 미치는 자외선을 많이 흡수함으로서 지구의 생태계를 안정적으로 유지시키는 역할을 하고 있다. 그런데 오존층의 감소내지 파괴는 지구의 생태계에 지대한 영향을 미치고 있으며, 사람에게는 강한 자외선의 영향으로 피부세포가 사멸되거나, 변이를 일으켜 피부암 발생에 주요 원인으로 작용하고 있는 것이다.

또한 지구 온난화에 기여하는 다른 가스로서는 자연계에서 주로 발생되는 메탄가스도15%의 영향력을 행사하며 아산화질소 가스는 6%의 영향력을 가지고 있다. 이들 가스는 이산화탄소나 프레온가스만큼 지구 온난화에 비중을 가지고 있지 않지만 역시 주요 요인이며, 인위적으로 조절이 불가능한 부분인 것이다.

인류 문화와 산업이 발달되면 될 수록 증가되는 것은 자동차를 비롯한 교통수단이 아닐 수 없다. 이들은 이산화탄소의 배출을 비롯한 지온 상승을 부추겨서 지구온난화를 가속시키는데 일조하고 있다. 지구의 온난화를 방지하기 위해서는 화석 연료의 절약과 자동차, 냉장고 등의 과용을 자제해야 하며, 나아가서는 절제가 불가피하다.

지구의 온난화는 궁극적으로 인류의 파멸을 초래할 수 있는 대단히 심각한 사안이다. 특히 온도의 상승으로 인한 열대화 현상 또는 강우량의 감소 내지는 지역적 편중화는 인류의 주거 환경에 막대한 영향 내지 피해를 입힐 수 있다. 이에 따른 생태계의 변천은 사막화 또는 생물의 다양성을 축소시키고 있다.

예로서 2003년 여름에 유럽 전역이 고온과 가뭄으로 극심한 기상 이변현상을 겪었음은 주목할 만하다. 그리고 프랑스의 포도 수확이 절망적이라는 보도와 함께 농작물의 수확이 거의 절반이하로 감소하고 있다는 것도 지구의 온난화 현상 또는 기후의 변화로 인한 사항이라고 하겠다.

다른 한편으로는 우리나라의 기후변화와 기온의 상승에 주목해야 한다. 2003년 여름에 우리나라는 잦은 비로 인하여 연속 9주째 비가 오는 주말을 기록했으며, 고유한 여름철의 더운 기후가 변화되었음을 보였다. 겨울철의 온난화 현상도 두드러지게 나타나고 있었다.

4. 불가리아인의 장수에 대하여

불가리아는 세계적인 장수나라이다. 이 나라의 국민성과 자연환경을 고찰해보면 다음과 같다.

첫 번째, 불가리아에서는 미네랄이 풍부한 자연 생수가 생산되고 이 나라 사람들은 생수에 허브를 섞어 마신다. 불가리아에는 치료용으로 사용되는 온천수가 약 400곳에서 생산되고 있다. 이런 온천수는 도심에서도 분출되고 있어서 시민들은 길거리에 설치되어 있는 공중 수도에서 24시간 자유롭게 마실 수 있다. 사람들은 이 물을 받아 일상적으로 음용하거나 씻는데 사용을 한다. 물은 건강과 장수에 직결되는 요인이 될 수 있다. 이곳의 생수는 우리나라의 삼다수와 비견할 만하다

두 번째, 불가리아 사람들은 야구루트를 다량으로 먹는다. 2007년 노벨 생리학상을 받은 러시아의 과학자 메치니코프는 불가리아인은 서구인보다 식생활이 풍요롭지 못함에도 불구하고 장수하는 것을 찾아냈다. 그는 불가리아 사람에게는 장속에 락토바실러스 불가리스_Lactobacillus bulgaricus_라는 유산균이 있기 때문이라고 발표하였다. 메치니코프는 사람은 150세까지 살 수 있는 잠재력을 가지고 있다고 하였다. 불가리아에서는 100세 이상 생존하는 사람들을 쉽게 볼 수 있다. 비록 불가리아 사람들의 흡연율은 세계에서 2위로 건강에 커다란 장애요인임에도 불구하고 장수하는 것이다.

세계의 보건 기구는 1977년에 "야구루트는 _Lactobacillus bulgaricus_와 _Streptococcus thermophilus_인 두 개의 유산균이 서로 엉겨있는 것이다"라

고 정의를 내렸다. 불가리아 사람들은 매일 유산균 1억 마리를 먹는다. 500ml 야구르트 2개를 먹는 양이다.

야구르트는 장 청소를 하는 정장작용이 뛰어 나며, 암 발생 인자를 억제해주며, 피를 맑게 해주는데 이는 식품으로 인하여 생성된 산성 노폐물을 약 알카리성으로 중화시킴으로서 정혈작용에 기여하는 것이다. 그리고 야구르트는 비타민 B군을 함유하고 있으며 칼슘의 흡수율을 높여 주어 골다공증이나 골연화증을 막아준다.

야구르트와 함께 불가리아인의 식생활에서는 항산화제(폴리페놀)를 함유하고 있는 포도주를 한 잔 씩 마시는 식습성을 지니고 있다. 이것은 건강유지에 아주 좋은 역할을 한다. 다시 말해서 장수의 기본적이고 원천적인 요인인 것이다. 야구르트는 기원전 삼천여 년 전에 우유를 가죽부대에 넣어 운반하는 과정에서 생긴 발효 식품으로 알려져 있다.

세 번째, 불가리아 사람의 일상생활에는 하루에 30분 정도 햇빛을 받으면서 산보를 하거나 산행을 한다. 이것은 비타민 D를 형성하는데 크게 기여하고 나아가서 칼슘을 흡수하게 하는 동력이 된다. 다시 말해서 뼈대를 튼튼하게 해준다. 불가리아의 자연은 삼청의 자연이다. 삼청이란 하늘이 푸르고 공기가 맑은 것이며, 땅에서는 물이 맑으며 푸른 초원의 환경이다. 그리고 다른 하나는 사람의 마음에 욕심이 없고 바른 생각을 하는 것이다.

네 번째, 불가리아 사람들의 식생활에는 단백질원으로 콩으로부터 만들어 지는 식품을 많이 먹으며 암 발생을 억제하는 기능이 있다는 브로콜리를 많이 먹고 익힌 토마토를 많이 먹는데 여기에는 항산화제인 라이코펜이 다량 들어 있는 것이다. 그리고 얼리지 않은 육류를 먹는 것이 이들의 식습관으로 장수에 도움이 되는 것으로 알려졌다.

다섯 번째, 불가리아 사람들은 노년시절을 외롭지 않게 살아가는 가족관계를 유지하고 있다. 이들의 생활 습성 중에는 자식 중의 하나는 반드시 부모를 모시고 생활한다. 주위 사람들, 친척과 이웃은 물론 주위 사람들과 대단히 좋은 인간관계를 유지하며 살아가고 있다. 그 효과로 남자는 7년, 여자는 2년 정도의 수명이 길어진다고 한다.

여섯 번째, 불가리아 사람들은 일반적으로 독실한 신앙을 지니고 살아간다. 국민의 85%가 그리스 정교를 믿으며 14%는 회교도이고 1%는 개신교를 믿는다. 장수에는 종교가 필요하고 절대자에게 귀의하는 마음이 중요하다. 예로서 이슬람교도들에게 '인쌀라' 라는 말이 있다. 이것은 '신의 뜻대로'라는 말로써 절망이나 슬픔과 고통이나 시련을 극복하고 순화시키는데 아주 긴요하게 필요한 생활태도인 것이다.

일곱 번째, 불가리아 사람들은 여유로운 마음을 지니고 온화하게 생활한다. 그러한 방편의 일례로 장미 기름을 많이 사용한다. 장미유는 향이 좋아 엔돌핀을 돌게 하며, 침실에도 비치하는데 체음효과를 지닌다. 이런 것들이 생활을 여유롭게 하는 것이다. 장미기름은 생수에 한방울 떨어 뜨려 마시기도하고 반신욕, 또는 발마사지에도 사용되고 있다. 장미꽃 1톤에서 1리터의 장미기름 즉 엑기스를 추출한다고 한다. 그래서인지 2ml에 20유로 정도로 비싸다.

여덟 번째, 발칸 산맥의 40%가 불가리아의 국토에 있어서 불가리아 사람들은 보통 600~800m의 고지에서 생활한다. 이러한 고도는 사람이 호흡하는데 최적의 산소 흡수량을 지니게 하는 고도라고 한다. 일반적으로 알려진 바에 의하면 고도 600m에서 1,000m사이가 건강에 최적 생활 공간이라고 한다. 예로서 우리나라 평창은 800m 고지에 위치하고 있어 좋은 주거환경을 이루고 있다. 그리고 이러한 자연 환경 속에 소나무 숲을 지니고 있다면 '피톤치드' 라는 소나무 숲에서 풍겨 나오는 향기의 물질이 사람들에게 좋고 면역력을 제공하여, 자연스러운 삼림욕의 효과를 지니고 생활할 수 있다.

아홉 번째, 이상에서 살펴 본바와 같이 불가리아 사람들이 건강하게 오래 사는 것은 자연환경과 직결되어 있음을 알 수 있다. 그리고 불가리아 사람들은 심리적인 안정 속에 낙천적으로 살아가고 있어서 강한 스트레스를 받지 않고 있음을 알 수 있다. 불가리아 사람들은 공기 맑고, 물맑고, 마음이 깨끗한 소위 삼청三淸의 생활을 실천하고 있다.

위와 같은 관점에서 불가리아가 세계적인 장수마을을 이루는 것은 대단히 좋은 자연환경과 이 나라에 사는 국민들이 좋은 생활 습관과 훌륭한 인간관계를 유지하며 살아가고 있는데 있는 것이다.

5. 건강은 인생의 전부이다
- 무엇을 어떻게 먹느냐가 건강의 근원이다

1) 서언

사람이 살아가는데 건강이 전부라는 것은 너무나 당연한 사실이다. 살아 움직이는 데는 에너지를 써야하고, 몸을 구성하는 양분을 조달해야 한다. 우리 몸을 구성하고 있는 세포는 무려 50조개나 되는데, 세포 하나하나는 나름대로 필요한 활동을 유지하기 위하여, 끊임없이 영양물질을 요구하고 있다. 이러한 욕구를 충족시키기 위한 노력이 생명활동이며, 곧 생활이다.

우리 인생은 수많은 욕심, 즉 먹으려는 욕심, 사랑하려는 욕심, 나아가서는 출세하려는 욕심, 부자가 되려는 욕심 등으로 편한 날이 거의 없을 정도로 욕구 충족을 위해서 생활하는 것이 보통이다. 이것은 바로 세포가 요구하는 욕구의 총합이기도 하다.

수십 년 전 우리는 기아 속에서 참으로 어렵게 살았다. 그때는 너무 못 먹어 굶어 죽을 수밖에 없었다. 그러나 지금은 너무 잘 먹고 너무 많은 영양분이 몸속에 흡수되어 남아돌기 때문에 심각한 성인병이 발생되어, 많은 사람이 고통을 받고 있다.

다시 말해서, 북한에서처럼 너무 못 먹게 되면 굶어 죽게 되고, 부자 나라에서처럼 너무 잘 먹게 되면 영양이 넘쳐 그것 때문에 질병이 된다. 인생은 한 번 밖에 살지 않는 것이고, 여러 가지 요인에 따라 즉 유전에 따라, 환경에 따라, 자신의 의지에 따라, 장수할 수도 있고, 단명할 수도 있다.

우리의 몸을 자동차에 비유해 보면, 어떤 종류의 기름Oil을 쓰느냐에 따라 자동차의 엔진이 얼마나 오랫동안 사용될 수 있는가가 결정되듯이, 우리의 몸도 어떤 음식을 먹느냐에 따라 건강이 좌우되는 것이다. 우리 몸에 이로운 건강식을 하면, 피가 맑아지고 신진대사가 원활하고 노폐물의 배설이 순조로우며, 에너지 생산이 좋아 활기에 넘치는 생활을 할 수 있다.

그러나 몸에 해로운 편협한 식생활을 하게 되면, 피가 탁해져서 영양분의 공급과 노폐물의 배설이 원활하게 이루어지지 못하여 몸의 구석구석에 노폐물이 쌓인다. 그러면 몸은 활기를 잃으며 건강을 유지하지 못하여, 질병이 유발되는 것이다. 우리는 사는 동안 건강하고 활력 있게 주어진 능력을 발휘하면서 신나게 사는 것이 최상의 목표이다.

개인적인 체험을 통하여 먹는 식생활이 건강을 좌우한다는 것을 강조하고 싶다. 나는 민족의 수난기였던 해방 전에 태어나 6.25 한국전쟁을 겪으면서 초근목피의 기아시절을 참으로 어렵게 살았던 것에 깊은 감회를 느끼는 때가 가끔 있다. 또한 4.19와 5.16같은 역사의 소용돌이 속에서 가난했고 더욱이 청년기에 결핵으로 대단히 허약했던 지난 날을 회상할 수 있다.

그리고 오랜 세월 고달픈 유학생활을 했다. 성장하면서부터 김치에 인이 박혔던 식생활은 한동안 서양의 기름진 식생활과 조화를 이루지 못했다. 유학 초기에는 아침 식사로 또는 점심식사로 빵 속에 버터, 쨈 그리고 김치와 김海苔을 함께 넣어 먹는 경우가 비일비재하였다. 그것은 그런 대로 건강을 유지하는데 좋았던 것 같다.

지금 생각해 보면, 그 때나 지금이나 식성이 거의 변하지 않았다. 특히 바다식품을 좋아하는 식성이다. 그리고 바다의 깨끗한 공기를 자주 접하며 살고 있는 것도 일관된 생활이다. 그래서인지 젊었을 때나 장년인 지금이나 체중에는 변함이 거의 없다.

이러한 경험과 오랫동안 축적된 전공지식을 바탕으로 신선한 바다식품과 청정한 자연환경이 건강을 유지하는데 크게 도움이 된다는 것을 『건강과 바다』(김, 1999)의 내용으로 피력하고자 한다.

2) 식품의 성격과 바다식품의 장점

단백질, 탄수화물, 지방 같은 영양물질은 산성식품이며, 미네랄을 포함하고 있는 식품은 대개 알칼리성 식품이다. 산성식품이 만들어 내는 대사물질은 이에 알맞은 알칼리성 대사물질을 만나 중화 또는 배설됨으로써 혈액의 고유 성격이 유지되는 것이다.

알칼리성 식품으로는 미역, 다시마, 김, 톳, 파래, 청각 등과 같은 해조류가 있는 동시에 생강, 감자, 고구마, 콩, 배추, 무, 양파, 호박, 가지, 버섯, 오이, 수박, 당근, 오렌지, 사과, 배, 포도, 커피, 홍차, 우유,

두부 등과 같은 것이 있다.

그리고 산성식품으로는 쌀, 보리, 밀, 빵, 백설탕, 청량음료, 계란, 버터, 치즈, 땅콩, 오트밀, 맥주, 닭고기, 돼지고기, 쇠고기, 양고기, 잉어, 도미, 연어, 삼치, 참치, 조개, 굴, 새우, 청어 같은 식품들이다.

바다식품은 자연성과 영양의 다양성과 균형성으로 보아 건강에 대단히 좋은 편이다. 그 성격을 대략 살펴보면 다음과 같다.

첫째, 바다식품에는 양질의 단백질이 풍부하게 포함되어 있어서, 생장, 유지 및 세포의 재생 등의 체 구성 물질로 유용하게 활용된다.

둘째, 바다식품에는 양질의 지방과 기름이 풍부하게 포함되어 있어서, 열량을 내는 에너지원으로서 이용되고 있다.

셋째, 바다식품은 다양한 해양생물 즉, 어류, 해조류, 연체류, 갑각류, 패류 등으로 되어 있는데, 개개 생물은 독특한 맛과 영양소를 지니고 있다.

넷째, 바다식품에는 다시마, 미역, 해태, 모자반, 파래, 톳 같은 식품은 노폐물의 산, 알칼리의 중화를 통한 배설작용에 효력을 갖고 있다. 다시 말해서, 노폐물의 원활한 배설은 세포 활력에 도움이 되며, 고혈압과 같은 성인병을 예방할 수 있다.

다섯째, 바다식품에는 등푸른 생선처럼 불포화 지방산을 다량 포함하고 있을 뿐만 아니라 다가多價의 불포화 지방산, 예로서 DHA 또는 심해 상어의 간인 스쿠알렌Squalene 같은 것이 들어 있다. 이것은 강력한 산소 공급체의 기능을 가지고 있고 심신을 젊게 하는 영양소이다.

바다식품 즉, 해조류와 생선을 항상 적절하게 섭취하게 되면, 각종 성인병, 고혈압, 동맥경화, 뇌졸중, 골다공증, 골연화증, 빈혈, 시력 감퇴, 변비, 노화방지, 감기, 간장병, 피부질환 등을 효과적으로 예방할 수 있으며, 각종 스트레스와 체력 저하를 막을 수 있고, 그밖에 다이어트 식품으로도 활용될 수 있다.

3) 해조류는 신선한 건강식품이다

해조류는 바다의 신선한 맛을 지닌 건강 식품중의 하나이다. 해조류는 양적으로 풍부한 식품이고, 질적으로는 우수한 알칼리성 식품이며, 맛으로는 신선한 바다 식품이다. 예로서, 미역, 다시마, 김, 청각, 파래 등은 바다의 싱그러움을 풍기는 바다 식품이다.

해조류는 이온적으로 체내의 산성 노페물과 결합하여 배설됨으로써 신진대사 작용에 크게 도움을 준다. 다시 말해서, 생명 현상에서 발생되는 노폐물을 화학적 결합 방법을 통하여 청소하는 작용을 가지고 있다.

다른 한편으로, 해조류에는 양질의 식물성 섬유인 '알긴산'이 많이 들어 있어서 대장의 연동 운동을 원활하게 도와줌으로써 변비 해소에도 좋은 효력을 나타내고 있다.

해조류 속에 풍부하게 들어 있는 요오드 성분은 식욕을 촉진하는 역할도 하고, 갑상선 부종도 막아 주며, 머리칼을 부드럽게 해 주는 기능도 있다. 예로서, 바다와 접하지 않고 해조류를 먹기 힘든 내륙에 위치하는 몽고 사람들에게는 요오드 성분의 부족으로 갑상선 질병이 많다.

해조류에는 건강에 필수 불가결한 무기염류Mineral salts가 많이 들어 있으며, 동시에 단백질 같은 체體 구성 영양소도 포함되어 있다. 따라서 오늘날 해조류는 비만과 성인병 예방에 좋은 효과를 나타내는 건강식품으로써 성과를 얻고 있다.

우리나라에서는 관습적으로 산모가 미역국을 먹어 왔다. 이것은 현명한 식생활 문화의 하나로 생각된다. 미역에는 알칼리성을 띠는 칼륨

분이 많이 들어 있어서, 산모의 여러 가지 피로소와 노폐물을 원활하게 배설하는데 화학적으로 좋은 기능을 하고 있다. 다시 말해서 혈액 순환을 원활하게 해 주는 효과를 발휘하고 있다.

김 역시, 좋은 알칼리성 식품인 동시에 쇠고기만큼이나 단백질의 양이 많다. 그리고 탄수화물도 많이 포함되어 있으며, 각종 비타민과 미네랄이 풍부하게 들어 있다. 또한 방향성 물질이 포함되어 있어서 맛과 향이 좋아 총애를 받는 식품이다. 생 김은 향긋한 바다 냄새를 담고 있으며, 특히 비타민 C가 많이 들어 있다.

해조류는 건강에 좋다. 그렇다고 해조류만 먹고 살 수는 없다. 이것은 마치 인삼·녹용이 좋은 선약이라고 인삼·녹용만 먹는다고 불로장생하는 것이 아닌 것과 같다. 해조류의 장점을 나열해 보면 다음 같다.

- 해조류는 알칼리성 식품이다.
- 해조류는 각종 미네랄(K, Ca, Mg, Fe, P, I, Zn 등)의 보고이다.
- 해조류는 각종 비타민(비타민 A, 비타민 B1 B2, B6, B12, 나이아신, 판토테인산, 비타민C, 비타민 E 등)의 보고이다.
- 해조류는 식이섬유인 알긴산의 보고이다.
- 해조류의 성분은 피를 맑게 한다.
- 해조류의 성분은 활성산소의 생성을 억제한다.
- 해조류의 성분은 과산화 지질의 생성을 억제한다.
- 해조류의 주요기능은 노폐물의 원활한 배설에 있다.
- 해조류는 장의 연동운동을 도와 배변을 원활하게 한다.
- 해조류의 성분은 노화를 방지한다.
- 해조류의 성분은 비만 방지에 좋다.
- 해조류의 철분은 빈혈을 예방한다.

· 해조류의 요오드 성분은 갑상선 장애를 방지한다.

· 해조류는 동맥경화를 방지한다.

· 해조류는 고혈압을 방지한다.

· 해조류는 장암을 비롯한 암류의 발생을 억제한다.

· 해조류는 각종 성인병을 예방한다.

해조류는 무엇보다도 영양과 식단의 균형을 맞추는데 바람직한 식품이다. 균형 잡힌 식생활이란 산성식품과 알칼리성 식품의 화학적 균형이 필수적이다. 왜냐하면 혈액은 식품의 성격에 적응하고 반응하면서 생명현상을 적절하게 발현하기 때문이다. 우리의 식생활은 때로 균형이 깨지는 경우가 있다. 오랜 세월 편식의 나쁜 식생활 습관은 영양의 균형을 깨뜨리고 건강유지를 어렵게 만든다. 다시 말해서, 영양결핍증 내지 질병을 발생시키는 것이다.

4) 생선은 건강식품이다

어류의 근육 색깔이 흰색을 띠고 있는 어류를 편의적으로 흰살 생선이라고 하는데, 예로서 생태, 가자미, 도다리, 광어, 도미, 조기, 민어, 복어, 전어, 갈치, 농어, 뱀장어, 아귀, 곰치 같은 것들이다.

이들은 영양적으로 단백질을 많이 함유하고 있어서 우리 몸의 체 구성물질과 에너지원으로 활용되고 있다. 흰살 생선에는 유황S분을 지닌 아미노산의 일종인 타우린Taurine을 많이 함유하고 있는데, 이것은 빈혈 방지와 시력 회복에 도움이 되며, 특히 콜레스테롤 치를 떨어뜨려 고혈압을 예방하는데도 도움을 준다.

또한 풍부하게 포함하고 있는 비타민 A는 감기에 저항력을 길러 주기도 하고 시력을 보호하여 주는 역할을 한다. 그리고 비타민 B_1은 각기병을 막아주고, 비타민 E는 노화를 방지해 주고 젊음을 유지하는데 도움을 준다.

등이 푸른 생선을 등푸른 생선이라고 하는데, 전갱이, 꽁치, 학꽁치, 고등어, 청어, 방어, 정어리, 연어, 은어, 삼치, 참치류, 가다랭이, 멸치 등 많은 어류가 등푸른 색깔의 어류이다.

등푸른 생선은 질이 좋은 단백질, 즉 아미노산을 많이 함유하고 있으며, 불포화 지방산인 디에취에이DHA와 이피에이EPA를 많이 지니고 있다. 최근에는 건강보조식품으로 개발되어 각광을 받고 있기도 하다.

등푸른 생선이 지니는 영양학적 성격은 불포화 지방산인 DHA와 EPA가 콜레스테롤 치를 하강시키는 역할을 하고 성인병을 예방한다는 점이다. 특히 동맥경화를 예방하고, 고혈압을 예방할 수 있는 식품이다. 뿐만 아니라 이것은 어린아이들에게는 뇌세포에 산소를 공급하는 역할을 함으로써 두뇌를 명석하게 하고 노인들에게는 뇌세포의 노화 및 사멸을 예방시킴으로써 치매 현상을 예방하고 있다.

다른 한편으로 등푸른 생선은 다양하고 풍부한 양질의 비타민을 가지고 있다. 특히 비타민 A를 많이 지니고 있어서 야맹증을 막아주며, 질병에 대한 저항력, 즉 면역성을 함양시켜 줌으로써 감기에 대해서 저항력을 길러주고 있다.

또한 등푸른 생선에는 비타민 B군이 많이 들어 있어서 빈혈이나 각기병을 예방하는 데 효력이 있으며, 세포의 재생을 돕는 역할도 한다. 비타민 E도 많이 포함되어 있어서 생리적인 면에서 세포 내의 과산화 지질을 막아주기 때문에 노화 현상을 방지하는 기능도 한다.

생선은 식품으로써 여러 가지 장점을 지니고 있다. 그렇지만 어류

즉, 생선은 식품이고, 식품은 우리 몸이 필요로 하는 고른 영양소를 조달하는 것이다. 생선이 지니고 있는 좋은 점을 간략하게 열거하면 다음과 같다.

- 생선에는 종류가 다양하고 맛과 영양이 다양하다.
- 생선은 일반적으로 산성식품이지만 알칼리성인 것도 있다.
- 생선에는 양질의 단백질이 많이 들어 있다. 아미노산 중에 유황분을 지닌 타우린이 많다.
- 생선에는 질병에 대한 저항력을 길러 주는 영양분이 들어있다.
- 생선에는 감기를 예방하는 다양한 영양분이 많이 들어있다.
- 생선에는 비타민류가 많이 들어 있는 편이다.
- 항산화제인 비타민 C와 비타민 E가 많아 노화를 막아준다.
- 야맹증을 막아주는 비타민 A가 많다.
- 각기병을 막아주는 비타민 B가 많다.
- 피부를 튼튼하게 해주는 비타민 B군인 나이아신이 많다.
- 각종 염증을 막아주는 다양한 비타민류가 들어 있다.
- 생선에는 인체에 필수적인 미네랄이 많이 들어 있는 편이다.
- 뼈의 성분을 이루는 칼슘분이 많고 흡수율이 좋다.
- 혈액의 구성 성분인 철분이 많다.
- 생선에는 고가의 불포화 지방산인 DHA 또는 EPA가 많이 들어있다.
- 고가의 불포화 지방산은 어린이의 뇌세포에 산소를 공급하여 두뇌를 명석하게 한다.
- 고가의 불포화 지방산은 노인의 뇌세포에 산소를 원활하게 공급하여 치매 현상을 예방한다.
- 생선의 꾸준한 섭취는 각종 성인병의 예방에 효과가 있다.

· 생선의 영양분에는 콜레스테롤 치를 하강시키는 성분이 있다.

· 동맥 경화를 예방하는 영양분이 있다.

· 생선의 섭취는 고혈압을 예방하는 성분이 있다.

· 암류cancer의 발생을 억제시키는 영양분이 있다.

5) 적당한 운동은 건강에 좋다

인체에서 끊임없이 생성되는 노폐물은 대단히 다양하다. 탄산가스 및 여러 가지 가스류는 폐와 피부를 통하여 쉽없이 배출되고, 배변 같은 고형 노폐물은 장을 통과하여 배설되며, 액상의 노폐물은 혈관을 통하여 집합되어 배설기관으로 이동된다.

혈관은 온 몸에 거미줄보다도 더 복잡하게 분포되어 있다. 혈관은 대단히 길어서 무려 14만 km나 된다. 혈관을 통하여 양분의 조달과 노폐물 이동이 이루어지며, 이 밖의 모든 생명현상이 직·간접으로 이루어지고 있다.

혈관은 일시적인 체력의 변화에 따라, 신체적인 피로에 따라, 오랜 세월 반복하는 기계적인 작용의 오차에 따라, 무엇보다도 노화 현상에 따라 노폐물의 처리 기능이 저하 될 수 있다. 만일 노폐물이 원활하게 배설되지 못하는 경우 건강에는 문제가 발생한다.

다시 말해서 노폐물의 체내 축적현상은, 혈관에 잔류 노폐물이 남아 있는 경우, 핏줄이 손상되어 기능이 원활하게 발휘되지 못하는 경우, 때로는 실핏줄 자체가 수축되어 막히는 경우 등에서 발생 될 수 있다.

이와 같이 대단히 길고 복잡하게 얽혀 있는 혈관이 언제나 아무런 자극도 없이 원활하게 수축·이완이 골고루 이루어지는 것은 아니다.

그래서 자극을 자연스럽게 유도하는 것이 바로 운동이며, 건강 유지에 대단히 중요한 역할을 담당하고 있다.

혈관의 수축과 이완은 어떤 형태이든 운동을 통하여 이루어진다. 적당한 운동을 통하지 않고서는 혈관의 수축 활동이 원만하지 않아 노폐물의 수송과 배설이 원활하게 이루어지지 않으며, 신선한 산소의 공급도 원만하게 이루어지지 않는다.

다시 말해서, 운동을 통하여 모세혈관이 활성화되고, 그 결과 노폐물이 원활하게 제거되는 것이다. 우리가 운동을 하게 되면 땀을 흘리는데, 이 때에 우선 가슴이 더워지고 혈액이 더워지며, 혈액순환이 박동 있게 진행되어 온몸의 혈관이 활성화되면서 노폐물의 수송이 원활하게 이루어지는 것이다.

한 가지 유념할 것은, 너무 격렬한 운동을 장시간 계속하게 되면 세포내의 영양분이 과다하게 소비됨으로써 오히려 노폐물이 쌓이는 결과를 초래하는 것이다. 이것은 피로를 몰고 온다.

6) 좋은 공기와 좋은 물은 건강에 좋다

근대사에서 산업 혁명이 인류에게 가져온 공과는 대단히 크다. 그 전에는 오염이 아주 적어 산천의 초목과 더불어 신선한 공기를 마음껏 마시면서 살아갔다. 그러나 산업의 발달은 우리 모두에게 편리한 생활을 선사하였다. 특히, 자동차와 비행기의 발달은 인류 문화에 있어서 거리감을 탈피시키는 축지법을 실현시켰다.

환경면에서 자동차가 인류의 건강에 자충수가 될 줄은 미처 몰랐다. 자동차의 홍수는 엄청난 환경의 변화를 가져왔고, 이제 우리 모두는 자동차의 환경 공해를 담당하기 어려워졌다.

오늘날 우리의 호흡 환경은 어떠한가? 많은 양의 자동차 배기가스와 기간산업에서 배출하고 있는 가스의 양은 다대하다. 이러한 것의 누적은 탄산가스로 인한 온실효과 또는 오존층의 파괴를 발생시키고 있어서 인류의 생존자체를 위협하고 있다.

특히 도심 속 여름의 더위는 자동차와 각종 에어컨(냉방기)으로부터 극심한 대기오염을 부채질하고 있다. 세월이 흐를수록 도심의 생활환경은 극악해지고 있는 현실이다.

우리는 좋은 물을 마시는 것이 질병을 예방하고, 노화를 막고, 건강을 유지하는데 도움이 됨을 알고 있다. 물은 체중의 70~80% 정도를 차지하며, 다양하고 복잡한 생리 현상에 깊이 개입하면서 생명 현상을 좌우하고 있다.

우리가 사용하는 음용수는 정성스럽게 소독되고 관리된 하천 또는 인공호의 물이 수도관을 타고 가정으로 보급되는 것이다. 그리고 우리는 이 물을 생명수로서 마시고 살아간다. 그럼에도 불구하고 최근에 수돗물은 끊임없이 논란의 대상이 되면서 생수 또는 먹는 샘물이 생산되어 우후죽순처럼 나타나고 있다.

사람의 건강 정도에 따라 또는 물의 종류에 따라 물이 인체의 생리작용에 미치는 영향력은 천차만별 다를 수 있다. 그래서 자기가 마시는 물에 확신을 가지고 건강하게 생활하는 것은 대단히 중요한 기본자세이다.

약수의 성격이나 효능을 정의한다는 것은 쉽지 않다. 약수의 성격은 일반적으로 약알칼리성을 띠고 생리현상에 도움이 되는 미량원소, 예로 게르마늄, 불소, 철분, 칼슘 같은 것을 포함하는 경우도 있고, 산소 같은 유용한 가스를 풍부하게 포함하고 있는 경우도 있다. 온천 같은 수원지에서 생산되는 생수의 경우에도 활성화된 독특한 이온을 함유하고 있어서 건강에 도움이 되는 예가 흔히 있다. 그리고 심산유곡에서 생산되는 생수는 여러 가지 미네랄이 적당량 들어 있어서 순환기에 도움이 되는 경우도 있다.

누구나 자기 체질에 잘 맞는 생수 또는 약수를 음용할 수 있다면, 건강상으로 커다란 행운이 아닐 수 없다. 그러나 미세하게 보면 사람마다 지니고 있는 근본 체질이 다르고 건강의 정도가 다름으로 그런 물을 만난다는 것은 쉽지 않은 일이다. 자기의 건강에 도움이 될 수 있는 물을 찾아 마시는 것은 지혜로운 식생활중의 하나이다.

7) 바다 같은 넓은 마음은 건강에 좋다

덕을 쌓는 마음은 순하고 착하다. 장구한 세월을 살아 온 큰 나무는 온갖 풍상의 연륜을 지니고 있으면서도 말이 없으며 묵직하다. 큰 나무는 생존生存하고 있다는 사실만으로도 너그럽고 여유 있게 베풀고 있는 것이다. 마음으로 본다면, 도량이 넓고 큰마음을 드리고 있는 것이다. 건강을 누리며 장수하는 마음이기도 하다.

이웃하는 사람과 희로애락을 나누지 못하는 차갑고 한심한 마음은 참으로 무미건조하고 매정한 사회를 만들고 있다. 냉랭한 마음은 정이라고는 없어서 마치 암흑의 세상처럼 어둡고 답답하게 만든다.

간사한 마음은 애교같이 보이지만 불신의 원천이다. 그 여파는 이 풍진세상이라는 말을 절로 나오게 한다. 부드럽지 못한 언행은 불쾌와 짜증을 상승시킨다. 악한 마음들이 모이면 질서가 없는 아수라장이 된다. 건강에 도움이 될 리 없는 마음이며 언행들이다.

사람은 사람마다 달라서 좋다. 천차만별한 성격과 사고력은 서로를 다르게 만든다. 가난한 사람도 있고, 부유한 사람도 있다. 재능이 있는 사람도 있고, 어리석은 사람도 있다. 그리고 고뇌와 번민, 각고의 노력과 실패, 시련과 불행을 이끌고 다니는 사람이 있다. 그래서 사람마다 천차만별한 건강을 영위하고 있는 듯하다.

이 세상은 나生고 지死고 아프고 괴로워하는 희로애락의 마음으로 가득 차 있다. 그리고 사람마다 순간마다 마음의 변화는 가이없이 펼쳐지고 있다. 극기하는 마음은 축복을 받는다. 세상사 모든 것이 마음먹기에 달려 있다. 어쩌면 마음 한구석에 바다가 있고, 우주宇宙가 있고, 사바娑婆의 세계가 있고, 천당天堂이 있고, 지옥地獄이 있다.

바다처럼 넓은 마음은 건강의 근원이다. 옹색한 마음도, 실제 바다를 접하게 되면, 생각이 달라지고 마음이 달라진다. 바다같이 넓고 광활하고 시원한 마음은 인간 세상에 첩첩이 쌓인 근심 걱정과 스트레스를 씻어 주는 자연 환경이다. 자연의 순리를 따르는 것은 건강을 지키는 근원이기도 하다.

참고문헌

김기태, 1983. 독보적인 해태의 영양분. 현대해양 156: 61.

김기태, 1983. 하구 생태학. 자연보호 6(6): 19-20.

김기태, 1984. 적조현상(Red Tide). 자연보호 7(1): 18-19.

김기태, 1984. 적조현상(Red Tide). 자연보호 7(2): 14-15.

김기태, 1985. 해양 오염. 자연보호 8(2): 17.

김기태, 1986. 바닷물 속에는 미생물이 가득하다. 현대해양 190: 64-65.

김기태, 1986. 우리나라의 바다와 해양과학. 자연보호 9(2): 22-23.

김기태, 1987. 흑조현상(Black Tide). 자연보호 10(3): 14-16.

김기태, 1987. 심층 해수와 양식. 현대해양 207: 60-61.

김기태, 1987. 해양 생산. 자연 보호 10(4): 24-26.

김기태, 1988. 장기천 하구를 경관 지역으로 보호하자. 현대해양 220: 48-52.

김기태, 1988. 녹조현상(Green Tide). 자연보호 11(4): 30-32.

김기태, 1988. 물, 바다, 생물. 현대해양 223: 64-67.

김기태, 1989. 원시 해양 - 맛과 시각의 고향. 현대해양 225: 56-59.

김기태, 1989. 동해는 어떻게 활용되고 있는가. 현대해양 228: 62-66.

김기태, 1989. 바람, 물꽃, 어황. 현대해양 231: 74-78.

김기태, 1989. 영일만의 자연과 해양오염. 현대해양 233: 80-83.

김기태, 1990. 어느 어촌의 자연환경 조사 - 영일군 지행면의 경우. 현대해양 241: 36-40.

김기태, 1990. 대만의 자연, 바다와 수산업. 현대해양 244: 50-53.

김기태, 1990. 대만의 자연, 바다와 수산업. 현대해양 245: 59-63.

김기태, 1990. 남미, 우루과이강의 자연과 초어잡이. 현대해양 246: 61-64.

김기태, 1990. 남미, 우루과이강의 자연과 초어잡이. 현대해양 247: 116-1.

김기태, 1990. 해양 자원의 보고, 아르헨티나의 바다, 자연, 풍토. 어항 13: 94-100.

김기태, 1991. 남미, 파라나강의 자연과 자원. 현대해양 249: 78-81.

김기태, 1991. 남미, 파라나강의 자연과 자원. 현대해양 250: 110-113.

김기태, 1991. 남미, 파라나강의 삼각주와 생물자원. 현대해양 251: 118-122.

김기태, 1991. 남미, 파라나강의 삼각주와 생물자원. 현대해양 252: 114-117.

김기태, 1991. 바람과 명태잡이. 어항 15: 85-86.

김기태, 1991. 프랑스, 지중해변의 자연과 해양연구소. 현대해양 255: 116-122.

김기태, 1991. 경북의 어촌과 관광개발. 어항 16: 84-85.

김기태, 1991. 동해 남부역에 해양연구소를 세우자. 현대해양 259: 81-87.

김기태, 1991. 경북의 연어(Oncorhynchus keta) 자원. 어항 17: 88-90.

김기태, 1992. 동해의 잠재력과 연구의 필요성. 현대해양 264: 26-27.

김기태, 1992. Africa의 황금어장, 모리타니 해역. 수산계 39: 69-79.

김기태, 1992. 경북의 은어자원과 보호 - 은어를 살리자. 새어민 291: 114-115.

김기태, 1992. 해양 생태계와 Blue Belt의 조성. 수산계 40: 84-89.

김기태, 1992. 호배자연과 청정수역의 보존. 현대해양 268: 88-90.

김기태, 1992. 호미반도의 자연과 개발 - 한국적 해안공원의 조성을. 새어민 292: 62-64.

김기태, 1992. 영일만의 저층오염. 자연보존 79: 6-11.

김기태, 1992. 대게 자원의 보호. 자연보호 15(5): 23-25.

김기태, 1992. 경북의 양식 어업과 그 전망 - 바다를 양식장으로. 새어민 294: 126-129.

김기태, 1992. 모리타니의 수산업과 생활풍토. 수산계 41: 109-118.

김기태, 1992. 해양오염과 기소현상. 현대해양 271: 48-51.

김기태, 1992. 연안어장의 자원 번식과 보호 - 인공어초로 먹이사슬을 만들어줘야 자원이
        늘어난다. 새어민 295: 119-121.

김기태, 1992. 동해 남부 해역의 연구. 영남대 출판부, 1-260.

김기태, 1992. 영일만의 저층오염. 자연보존, 79 : 6-11.

김기태, 1993. 해양, 생산과 오염. 영남대 출판부, 1-219.

김기태, 1993. 내수 및 하구 생태학. 영남대 출판부, 1-258.

김기태, 1993. 프랑스 지중해안의 다양한 생태계연구 . 자연보존, 83 : 27-32.

김기태, 1993. 남미, 라 쁠라따(La Plata)강의 자연과 하구 생산성. 새어민 302: 121-123.

김기태, 1993. 백령도의 매립공사와 자연 보호. 현대해양 279: 34-37.

김기태, 1993. 아프리카, 세네갈강의 하류 자연. 자연보호 16(4): 20-22.

김기태, 1993. 대만의 하천과 하구 자연. 새어민 303: 82-84.

김기태. 1993. 해양생산과 오염. 영남대 출판부. pp.219.

김기태. 1993. 내수 및 하구 생태학. 영남대학교 출판부. pp.269.

김기태. 1994. 수계생태학: 지중해안의 에땅 드 베르호 연구(I). 영남대 출판부. pp.251.

김기태. 1994. 연안 생태계 보호와 간척사업. 자연보호 17(2): 13-16.

김기태. 1994. 대서양의 참다랑어 자원. 현대해양 287: 76-78.

김기태. 1994. 대서양, 카나리아 군도의 자원과 수산자원. 자연보존 85: 21-25.

김기태. 1994. 괌(Guam)의 바다와 해양생물. 현대해양 290: 84-88.

김기태. 1994. 지중해안의 에땅 드 베르호의 연구(I). 영남대 출판부, 1-251.

김기태. 1995. 북극권의 자연과 생물. 현대해양 303: 44-48.

김기태. 1995. 남극권의 자연과 생물자원. 현대해양 304: 85-90.

김기태. 1995. 미 동부, 체사피크만(Chesapeake Bay)의 자연과 수질. 자연보존 91: 1-6.

김기태. 1995. 하와이 군도의 자연과 해양생물. 현대해양 306: 86-91.

김기태. 1995. 미, 태평양의 해안자연과 문화. 현대해양 307: 130-135.

김기태. 1995. 미, 대서양의 해안자연과 문화. 수산계 56: 82-88.

김기태. 1995. 남해안의 한려수도 자연 : 환경오염과 수산양식. 새어민 331: 100-105.

김기태. 1995. 남해와 동해의 적조발생 메카니즘. 새어민 332: 124-129.

김기태. 1995. 프랑스, 대서양 해안의 자연과 생물. 현대해양 308: 124-129.

김기태. 1995. 미국의 자연과 자연보전. 자연보전. 89: 10-14.

김기태. 1996. 바다를 살리자. 해양오염원과 대책. 한국수산신문 4면, 신년특집.

김기태. 1996. 동해의 심해 자연과 해양생물. 새어민 333: 130-133.

김기태. 1996. 서해의 천해 자연 : 간척사업과 해양생물. 새어민 334: 102-105.

김기태. 1996. 우리나라의 바다와 국민정서. 새어민 335: 96-99.

김기태. 1996. 영불해협의 자연과 해양생물. 현대해양 312: 140-144.

김기태. 1996. 건강과 바다. 새어민 336: 100-103.

김기태. 1996. 바다식품 : 맛과 영양의 다양성. 우리바다 337: 126-129.

김기태. 1996. 물과 건강. 현대해양 313: 136-137.

김기태. 1996. 생명현상은 노폐물을 생성한다. 우리바다 338: 126-129.

김기태. 1996. 건강은 노폐물의 원활한 배설에 있다. 우리바다 339: 142-145.

김기태. 1996. 미국의 수자연과 자원. 수산계 59: 84-96.

김기태. 1996. 해조류는 신선한 건강식품이다. 우리바다 340: 128-131.

김기태. 1996. 독도의 해양생태. 주간한국 1635: 46.

김기태, 1996. 물과 건강. Ⅰ. 물의 성격과 생명현상. 수산계 60: 75-78

김기태, 1996. 생선은 건강에 좋다. 우리바다 341: 134-139.

김기태, 1996. 해산 불포화 지방산은 건강에 좋다. 우리바다 342: 126-129.

김기태, 1996. 독도의 수비약사와 자연. 현대해양 318: 128-131.

김기태, 1996. 울릉도, 독도해역의 어업과 해양생태. 현대해양 319: 90-93.

김기태, 1996. 바다식품의 성격과 혈액. 우리바다 343: 108-113.

김기태, 1996. 물과 건강. Ⅱ. 물의 생리기능과 질병. 수산계 61: 78-85.

김기태, 1997. 해중림과 건강. 우리바다 345: 98-101.

김기태, 1997. 체사피크만(Chesapeake Bay)으로 유입되는 James강, York강, Rappahanouck강의 자연과 수질. 수산계 62: 84-92.

김기태, 1997. 어류의 우수한 맛과 영양 및 변질. 수산계 63: 62-71.

김기태, 1997. 호미(虎尾)·호배(虎背)의 해안 자연. 현대해양 325: 80-82.

김기태, 1997. 해조류의 우수한 맛과 영양. 수산계 64: 81-87.

김기태, 1998. 해양 생태학와 해양생산. 현대해양 333: 88-91.

김기태, 1998. 해양 생물학의 비죤. 현대해양 334: 84-85.

김기태, 1998. 호수와 산악의 나라, 스위스. 현대해양 336: 86-88.

김기태, 1998. 아드리아해와 물의 도시, 베네치아. 현대 해양 338: 110-112.

김기태, 1998. 발트해(Baltic Sea)의 자연. 현대해양 340: 104-106.

김기태, 1998. 노르웨이의 바다와 피오르드 자연. 현대해양 341: 104-106.

김기태, 1999. 건강과 바다. 양문 출판사, 1-268.

김기태, 2000. 독도의 바다자연과 국토관리. 어항. 53 : 70-72.

김기태, 2001. 싱가폴 해역의 자연과 생물. 현대해양 372: 86-89.

김기태, 2002. 독도의 자연보호와 영토권. 현대해양 384: 72-75.

김기태, 2002. 지중해안의 에땅 드 베르호의 연구(Ⅱ). 영남대 출판부, 1-350.

김기태, 2006. 해양생물학. 해양생산과 해양오염. 영남대 출판부, 1-245.

김기태, 2007. 독도와 동해연구. 탐구당, 1-239.

김기태, 2008 세계의 바다와 해양생물. 채륜, 1-462

김기태, 2012. 따뜻한 바다에 대한 로망, 프랑스 지중해변. 해양환경관리공단(KOEM)43: 34-37.

김기태, 2012. 서아프리카의 황금어장, 모리타니해역. 해양환경관리공단(KOEM)46: 18-21.

Anonymous, 1976. Guide Ecologique de La France, Sélection du Reader's Digest, 1-544.

Anonymous, 2004. Southern African Travel Guide. 35th Edition, Promo(Pty) Limited, 1-304.

Carruthers. V.C.(ed.), 2000. Southern The Wildlife of Southern Africa. Struik Publishers, 1-310.

Jacobs, W. and Smith R. 1999. A Portrait of New Zealand. New Holland Publishers Ltd, 1-192.

KIM K.-T., 1982. Un aspect de l'écologie de l'étang de Berre(Méditerranée nord-occidentale): les facteurs climatologiques et leur influence sur le régime hydrologique. Bull. Musée Hist. nat. Marseille., 42 : 51-68.

KIM K.-T., et TRAVERS M., 1985. L'étang de Berre : un bassin naturel de culture du phytoplancton. Rapp. Comm. Int. Mer Médit., 29(4) : 101-103.

KIM K.-T., et TRAVERS M., 1985. Apports de l'Arc à l'étang de Berre(Côte méditerranéenne française). Hydrologie, caractères physique et chimique. Ecologia Méditerranea, 11(2/3) : 25-40.

KIM K.-T. et al. 1989. Ecosystem on the Gulf of Yeongil in the East Sea of Korea. 5. Dissolved oxygen and rate of oxygen saturation. Marine Nature, 2(1) : 111-127.

KIM K.-T. et TRAVERS M., 1990. Un modéle intéressant: les étangs saumâtres de Berre et Vaine(Méditerranée nord-occidentale). L'hydrologie, le phytoplacton et la production. Marine Nature, 3(1) : 61-73.

Lik, P. and Reid, R., 1999. Australia : Images of A Timeless Land. Wilderness Press, 1-188.

Mazard, B., 2006. Lybia. Darf Publishers Ltd, 1-155.

Marshall H.G., 1976. Phytoplankton distribution along the eastern coast of the USA. I. Phytoplankton composition. Mar. Biol., 38: 81-89.

Marshall H.G., 1982. The Composition of phytoplankton within the Chesapeake Bay plume and adjacent waters off the verginia Coast. U.S.A.. Estuarine. Costal and Shelf Science. 15: 29-43.

Marshall H.G., , Ranasinghe J.A., 1989. Phytoplankton distribution along the eastern coast of the USA. VII. Mean cell concentrations and syanding crop. Continental shelf Research, 9(2): 153-164.

MCNally R,. 1992. Deluxe road atlas and travel guide, United States·Canada·Mexico. p.1-134.

Meredith, P. and Fuchs D., 1999. The Australian Geographic Book of Blue Mountains. Australian Geographic Pty Ltd, 1-157.

Muir J,. 1991. The mountains of California, Ten speed Press/California. p.1-389.

O'Reilly R., Marshall H.G., 1988. Phytoplankton assemblages in the Elizabeth River, Verginia, Castanea. 53(3): 197-206.

Park G.S., Marshall H.G., 1993. Microplankton in the lower Chesapeake Bay, and the tidal Elizabeth, James, and York Rivers. Virginia. J. of Sci., 44(4):329-340.

Potton, C. and Wheeler A., 1998. New Zealand : The National Parks. Everbest Printing Ltd, 1-135.

Spritzer, L., 1982. Birnvaum's Bermuda 1992. Harper Collins puvlishers/INC. New York, p. 1-220.

Swanny, D., 1999. The Artic. 1st Edition, Lonely Planet Publication Pty Ltd, 1-456.

TRAVERS M. et KIM K.-T., 1985. Le phytoplancton apporté par l'Arc à l'étang de Berre(Côte méditerranéenne française): dénombrements, composition spécifique, pigments et adénosine-5-triphosphate. Ecologia Méditerranea, 11(4) : 43-60.

Weil T,. 1992. The Misissippi River: Nature, culture and travel sites along the "Mighty Mississip" Hippocrene Books/INC. New York, p.1-514.

에필로그
– 흐르는 강물에 씨를 뿌리며

푸른 초장

유년기에 해방을 맞이하고, 크면서 전쟁이 나고, 피난 생활은 조령鳥嶺의 북쪽 기슭인 두메에서 보냈다. 산천초목의 아름다움을 체험하면서 6km 정도 떨어진 면사무소가 있는 초등학교에 다녔다. 학교와 마을사이의 길가에는 두 세 곳에 임시적으로 만들어진 커다란 전쟁 피해자의 무덤이 있었다.

등교나 하교 길에는 학생들이 모여서 다녔기 때문에 이런 무덤에 대하여 관심을 가지지 않았다. 그러나 방과 후에 선생님의 심부름을 하게 되면 혼자서 이런 시골길을 다닐 수밖에 없었고, 어린 마음에 무척이나 무서웠다.

그 시절에 그 길을 밤에 다니기에는 멀고 무서운 길이었다. 그러나 저녁 예배를 보기 위하여 형님 두 분이 그 길을 다녔다. 그곳에서 그야말로 열렬하게 불을 토하는 듯 하던 전도사를 만났다. 나는 그냥 형님들을 따라가서 참석하는 것 뿐이라고 했으나 실제로는 출렁이는 마음이 컸다.

그는 예수를 믿으면 하늘나라에 가고 낙원에서 행복하게 산다고 열변을 토해냈다. 이상스럽기도 했으나 신기했다. 전쟁으로 그렇게 많은 사람들이 죽어서 무덤이 되어 있고, 당장 언제 어떻게 죽을지도 모르는 상황인데 죽은 사람도 다시 산다는 것은 생각만 해도 신기하기만 했다. 어린 마음에도 그렇게 좋은 세상에서 살면 얼마나 좋을까 하는 생각이 들었다.

전도사가 말하는 성경책에는 천당에 대한 내용이 있고, 전쟁에서 이기고, 영원히 살며, 낙원에 들어가게 하는 글이 쓰여 있는 것으로 믿게 하였다. 그 후에 세월이 지나고 고등학교를 다니면서 성경을 배우게 되었다. 그러나 성경책은 읽기가 어려웠고 읽어도 무슨 내용인지 몰랐다. 때로는 작심을 하고 읽고 또 읽어도 모르겠고 진도가 나가지 않아 독파가 되지 않는 난해한 책이었다.

반세기가 훨씬 넘도록 살아온 세월을 뒤 돌아 보면 마치 드라마의 한편 같다. 인생 항로는 격변하는 시대상황에 따라서 격렬하게 출렁이고 있었다. 젊은 날의 한 가운데 자리 잡고 있었던 일을 하나 들추어 보기로 한다.

그 시절 연구생활을 시작했지만 학위를 취득하는 일은 힘들고 어려웠다. 교수들도 박사 학위가 거의 없던 시절이었으며, 석박사 과정을 이수하여 교수가 된다는 것은 마치 찬바람이 휘날리는 엄동설한의 논바닥에 떨어진 벼이삭을 주워서 연명을 하는 것만큼이나 처량한 상황이었다.

그렇다고 외국 유학을 떠난다는 것은 절대 빈곤의 환경에서 하늘의 별을 따기만큼이나 어려운 일이었다. 당시에는 유학의 모든 경비가 외국으로부터 조달되어야 가능한 일이었다. 참담한 전쟁의 최빈국가로서 대학의 연구 분위기인들 어떠했겠는가. 여러 해 동안 무던히도 연구실에서 어정거리다가, 한불 과학기술 협정이 체결되면서 천행으로 프랑스 정부의 국비 장학생으로 선정된 것은 지금 생각해도 꿈만 같은 일이었다.

그 후에도 출국을 하기 까지는 한 동안 우여곡절이 있었으나, 프랑스에서 본격적인 유학 생활을 시작하였다. 낯선 타향 외국이라고, 당장 먹을 것이 없고 입을 것이 없어서 어려웠던 것은 아니었다. 그렇다고 누가 자유를 억압하거나 함부로 대해서 힘들었던 것은 더욱 아니었다. 어려움의 실체는 능력에 비하여 힘든 일에 도전을 한 것이었다.

나는 체력적으로 허약했고, 서구인에 비해서 갸날퍼서 바람이 불면 날아갈 것만 같은 체구였다. 그리고 전공이 비슷하다고는 하지만 바다에 대해서 본격적인 공부를 하지 못해서 전문성이 부족하였다. 또한 언어적 표현능력이 서투르고 어색했으며, 생활전반에 걸쳐 문화적 격차가 너무 심했고, 사고방식은 고지식하였다.

새로운 나라, 새로운 연구 환경에서 새로운 실험방법으로, 한마디로 훈련되지 않은 어설픈 자세로 최고급 과정의 학문에 도전한다는 것은 계란으로 바위를 치는 듯한 막막함을 느끼게 했다.

꿈을 이루기 위해서는 무엇보다도 학문적인 깊이가 있는 대학이나 명성이 있는 연구소에서 학구적인 친구들을 만나서 연구를 해야 하는데, 몸을 담고 있는 곳은 프랑스 수산 과학 연구원이었다. 이곳은 실용주의에 입각한 연구를 다루고 있었다. 그것도 자기 나라에 이득이 될 수 있는 분야를 집중적으로 다루고 있었다. 나에게도 후한 지원을 하면서 자기들의 목적에 맞도록 전공을 몰아가고 있었다. 고민스러운 나날이 아닐 수가 없었다.

그곳에서 정통적인 국가 박사학위를 한다는 것은 어려워 보였다. 또한 여러가지 면으로 능력이 모자라고, 경제적으로는 가진 것이 거의 없는 빈손이었다. 다만 프랑스 정부의 국비 장학금이 전부였으며 생명줄이었다. 그런데 프랑스 정부산하의 수산 연구소가 필요로 하는 연구 분야에 적격하게 쓰려고 생각하고 있는데 그것을 등지고, 자리 이동을 모색한다는 것은 마치 철벽을 넘는 것만큼이나 힘에 겨웠다. 고심을 거듭하면서 마음속에서는 죽으면 죽으리라는 결단을 요구하고 있었다.

그야말로 천신만고 끝에 대서양에서 지중해로 해양연구의 본거지중의 하나인 대학으로 자리를 옮기게 되었다. 대학에 정착을 하면서 안도의 한숨을 쉬었으나 쉼 없이 찾아 드는 난관은 극복하기 힘들었고 신세는 고달프기 짝이 없었다.

이곳에서는 해양학 연구가 활발하였고 학생, 교수, 연구원들이 많아서 모든 연구 활동이 경쟁적인데 해양연구의 실험선을 정기적으로 확보하는 것은 쉬운 일이 아니었다. 그리고 실험경비와 연구비가 확보되어 있어야 실험선을 탈 수 있는 것이다. 이러한 경제적인 것도 연구소의 지원으로 어렵기는 했지만 해결이 되었다. 이런 막대한 연구비의 확보는 전례없는 획기적인 것이라고 했다. 너무나 감사한 일이나, 이것은 연구의 일차적인 관문에 불과하였다.

초기의 선상 작업은 감당하기 어려울 만큼의 많은 실험량을 미숙한 선상 경험으로 수행해야 했다. 선상의 실험 작업은 모든 것이 생소했다. 오랫동안 잘 훈련된 선원들의 일거일동은 이미 익혀져 있어야 하는 기본적인 것이었다. 이것을 모르면서 실험 작업을 그들에게 지시해야 하는 위치에 있고 보니 참으로 당혹스럽지 않을 수 없었다. 한마디로 실수의 연발이었다.

그 뿐만 아니라 선원들의 거친 정서와 적당 안일성을 극복하는 일도 쉽지가 않았다. 거친 파도소리와 배의 엔진소리에 선원들이 외치는 소리는 소통이 되지 않았다. 그들은 대개 실험을 적당히 또는 쉽게 하자고 하는 압박이었다. 그러나 나의 고집은 선원들의 기세를 꺾는다기보다는 그들에게 마이동풍馬耳東風격이었으나, 어떻든 차질 없이 실험을 수행하였다.

　이러한 선상 실험은 실제로 논문을 완성하기까지는 신발 끈을 매는 정도에 불과한 기본적인 업무에 불과하였다. 어떻든 생활 전체의 일거 일동이 실험과 연구에 집중되어 있었다. 더욱이 임기응변적이거나 무슨 요령으로 일을 할 만큼 꾀가 없었으며, 따라서 거짓된 행동이 없었고, 주어진 일을 정직하게 하려는 학구적인 노력이 보였던 것 같다. 그리고 인간적으로 진지하고 겸손한 면도 인정이 된 모양이다. 지도교수와 연구소장은 이러한 것들을 긍정적으로 보고 신뢰하기 시작했나 보다. 그들은 내가 일할 수 있는 환경을 만들어 주었다. 연구실, 실험실, 실험선의 활용, 자동차와 운전사의 배려, 실험기자재의 구입과 실험경비 등 모든 것을 베풀어 주었다. 이러한 혜택은 생각치도 못한 천운이 아닐 수 없다.

　시일이 지나 갈수록 무엇보다도 실험 능력이 조금씩 개선되었다. 상당한 시일이 지나자 각종 실험 작업에도 달인에 가까울 만큼 능숙해 졌다. 나아가서는 전통이 있는 연구소의 선진 연구 시스템에 수시로 잠재 능력을 접목시켜보기도 했다. 질투 섞인 어느 연구원은 물을 많이 채수해서 실험을 하니 지중해가 마르겠다는 농담인지 진담인지 모르는 말을 하기도 했다. 실험에 관한 한 능력이 닿는 만큼 원 없이 날이면 날마다 2년 동안 억척스럽게 일을 했다. 너무 많은 실험 데이터가 쌓이고 쌓였다.

　그러나 논문을 쓰는 작업은 해상 실험같은 단순한 작업이 아니고, 다양한 식견과 전문적인 지식을 요구하고 있었으며, 도서실에는 마치 밀물처럼 밀려드는 논문들을 대략이나마 파악해야 했고 논문의 원고는 유창한 언어구사를 강요받고 있었다. 논문의 내용을 구상하는 새로운 아이디어는 피를 말릴 듯이 힘이 들었고, 그 내용을 불어로 표현하는 것도 숨이 막히듯이 힘에 겨웠다. 때로는 별을 보고 구름을 보며 한숨을 쉴만큼 무력감을 느끼지 않을 수 없었다.

그렇게 많은 양의 실험 데이터를 처리하는데는 엄청난 시간과 노력이 불가피 하였다. 그래도 날마다 밤마다 끊임없이 매진한 결과 한가닥의 실마리를 풀듯 조금씩 진전되었다. 티끌모아 태산이라고 실력이 늘었으며, 일차적으로 유의성있는 일부분의 실험 데이터를 논문으로 작성하여 학술지에 시리즈로 발표하기 시작하는 한편 전체적인 학위논문에 총력을 집중하니 난관은 조금씩 해소되어 갔고 상당한 노력이 투여되니 속도도 다소 빨라지고 있었다.

이러한 과정은 마치 바싹 마른 스펀지가 물기를 흡수하듯 새로운 지식을 받아 들였다. 지도 교수는 적극적으로 도와주었으며, 가까이 지내는 연구원들은 여러 가지로 도움을 주려고 했고, 나 역시 그들에게 스스럼없이 때와 장소를 가리지 않고 협조와 도움을 청하여 시간을 최대한으로 절약하였다. 그리고 고국의 가족과 친지들의 성원이 눈에 보이는 듯 저력의 에너지원이 되었다.

프랑스에서 생활하기 6~7년의 흐름 속에서, 학위논문을 최 단기간에 훌륭하게 완성했으며, 방대한 연구업적이라는 평가를 받으면서 학위를 마칠 수 있었다. 날릴듯이 허약한 체력으로 수많은 풍파와 시련을 극복하면서 겨자씨만한 능력이 이렇게 자란 것이다. 사람의 능력이 어디까지인지 가늠할 수 없음을 느끼게 하였다.

대하드라마의 마지막같이 논문을 마치면서 절실한 것은 쉼이었다. 자나 깨나 목표를 달성하려는 끈질긴 노력의 보상은 휴식이 아닐 수 없었다. 그 때에 신기하게도 머릿속에 떠오르는 것은 다음 같은 시편의 구절이었다.

여호와는 나의 목자시니 내게 부족함이 없으리로다

그가 나를 푸른 초장에 누이시며 쉴만한 물가로 인도하시는도다

이와 같이 평화롭고 풍요로운 곳을 그리워하는 마음이 가슴속 깊이 간직되어 있었음이 틀림없다. 언젠가는 그런 곳에서 편안하고 즐겁게 살아가기를 바라는 꿈같은 잠재의식이었던 것이다.

수수한 인생

먼 훗날
연두 빛 사랑의 꿈속을 헤메면서
화려하게 춤을 춘다고 한들
무슨 소용이 있겠는가.

일상의 순간속에
생활의 쾌적함을 즐기는
여유와 능력이 귀하다.

꽃잎처럼 아름답게 사는 것도 좋고
연인의 첫키스처럼 황홀함도 좋다.
건강하게 오래 사는 것은 더 없이 좋다.

누구든 진하게 사는 것이
맹물처럼 사는 것보다 좋다.
그러나 적당히 애를 태우며 사는 것이
살아가는 맛이 있어서 좋다.

사람이 늙어도
연달래의 연분홍 꽃잎처럼
화사하고, 부드러움이
은은히 풍기면 좋겠다.

창공의 나룻배

성채같이 크고 화려한
비행기가 굉음을 내며
하늘로 날아 오른다.

참새보다 가볍고
황새보다 빠르게
찬란한 구름 속을 질주한다.

암벽처럼 두꺼운
구름층도 뚫는
수직상승의 괴력은
숨이 멎을 듯 신기하다.

궁전만큼이나 넓으며
가물거릴 만큼 긴 날개는
땅과 하늘을 잇는 오작교인가

세상 도처에서 시각마다
하늘로 사뿐이 튀어 오르는
창공의 나룻배
어디로 기쁨을 나르는 사도들인가.

찾아보기

세계의 다양한 생태계와 생물

1판 1쇄 펴낸날 2016년 08월 30일

지은이 김기태

펴낸이 서채윤 펴낸곳 채륜
책만듦이 김승민 책꾸밈이 이현진

등록 2007년 6월 25일(제2009-11호)
주소 서울시 광진구 자양로 214, 2층(구의동)
대표전화 02-465-4650 팩스 02-6080-0707
E-mail book@chaeryun.com Homepage www.chaeryun.com

책값은 뒤표지에 있습니다.
ISBN 979-11-86096-37-6 93470

이 도서의 국립중앙도서관 출판예정도서목록(CIP)은 서지정보유통지원시스템 홈페이지(http://seoji.nl.go.kr)와 국
가자료공동목록시스템(http://www.nl.go.kr/kolisnet)에서 이용하실 수 있습니다. (CIP제어번호 : CIP2016019417)

🌱 채륜서(인문), 앤길(사회), 띠움(예술)은 채륜(학술)에 뿌리를 두고 자란 가지입니다.
　물과 햇빛이 되어주시면 편하게 쉴 수 있는 그늘을 만들어 드리겠습니다.